新编地球概论

吴显春　蒋焕洲　尚海龙　编著

西南交通大学出版社

·成　都·

图书在版编目（CIP）数据

新编地球概论 / 吴显春，蒋焕洲，尚海龙编著. —成都：西南交通大学出版社，2020.9（2022.12 重印）
ISBN 978-7-5643-7623-9

Ⅰ. ①新… Ⅱ. ①吴… ②蒋… ③尚… Ⅲ. ①地球科学－高等学校－教材 Ⅳ. ①P

中国版本图书馆 CIP 数据核字（2020）第 169224 号

Xinbian Diqiu Gailun

新编地球概论

吴显春　蒋焕洲　尚海龙 / 编　著

责任编辑 / 牛　君
助理编辑 / 赵永铭
封面设计 / GT 工作室

西南交通大学出版社出版发行
（四川省成都市金牛区二环路北一段 111 号西南交通大学创新大厦 21 楼　610031）
发行部电话：028-87600564　028-87600533
网址：http://www.xnjdcbs.com
印刷：四川森林印务有限责任公司

成品尺寸　185 mm × 260 mm
印张　17.75　　字数　389 千
版次　2020 年 9 月第 1 版　　印次　2022 年 12 月第 2 次

书号　ISBN 978-7-5643-7623-9
定价　49.00 元

课件咨询电话：028-81435775
图书如有印装质量问题　本社负责退换

前 言

“地球概论”是高等师范院校地理科学专业的一门先行的专业基础课程，其教学目的是着重对地球整体知识的阐述，为后续地理专业核心课程教学奠定基础，培养本科生地理核心素养，帮助学生初步建立辩证唯物主义自然观。该课程内容由地球天文学和地球物理学两大部分组成，讲述关于地球的宇宙环境以及地球的整体性知识，阐述行星地球的一般规律，揭示这些规律同地球环境形成的本质联系，是其他课程无法替代的。同时，课程中大部分内容是中学地理教学不可缺少的，又与人们的日常生活息息相关。

地球天文学包括地理坐标（地理定位），天体和天球坐标（天体定位及视运动研究），地球的宇宙环境，地球的运动（自转和公转）及其地理意义（四季五带、历法和时间），太阳、地球和月球的关系（日月食与天文潮汐）。其中地球的宇宙环境，从远到近，由大及小，被概括为恒星和星系、太阳和太阳系、月球和地月系。地球物理学包括地球的形状和结构、地球的内部物理性质等。

该课程能帮助地理科学专业本科生了解地球的整体知识及其宇宙环境；理解天体运动规律及其运动的相互关系；掌握地球运动及其所产生的地理意义，地球运动对地理环境产生的重要影响，时间的规定和历法的编制及其对人类生活的重要作用；了解地球的结构和物理性质等。该课程对于培养本科生空间思维能力和计算能力与科研能力具有重要意义。

该课程覆盖面广、知识点多、概念定义多，还有不少计算公式等，并涉及一些天体物理和数学的应用；许多内容具有“立体、抽象、运动”等特点，需要通过空间结构的想象与理解，使理论问题形象化、抽象问题具体化。随着高校地理科学专业的改革，课程课时被大幅度压缩，师生的教与学难度加大。鉴于此，本书编写团队根据多年的教学实践积累，使本书力求做到既注重基本知识、基本技能训练，同时突出培养学生分析和解决问题的综合能力和探索创新能力。

本书作为贵州省教育厅青年科技人才成长项目（KY2017336）与凯里学院“地理学”校级重点学科（编号 KZD2014008）的重要成果，既是地理科学基础理论与方法的学术文献，也是服务地理科学专业本科生的实用型教材。本书以华东师范大学教授金祖孟、陈自悟主编的《地球概论》教材为基础，参考余明、徐庆华等教授编写的不同版本的《地球概论》教材内容和方明亮教授编写的《地球概论习题集》内容。本书能够做到在保留教材内容知识精华的基础上，增加图表，编写例题和练习题，练习题增加不同类型的题型。因此，本书与同类书相比较，具有如下特点：

1. 编写体系合理。内容编排由近及远再从远到近，本书的出发点和落脚点讲述行星地球整体性的基础知识。先了解地球自身状况，然后学习宇宙天体和地球的宇宙环境，突出讲述地球本身在宇宙环境中的运动状况及其引发的地理意义和日地月关系。因此，本书共安排六章，第一章：地球的物理特性、形成演化与地理坐标；第二章：天体与天球坐标；第三章：地球的宇宙环境；第四章：地球运动及地理意义；第五章：时间和历法；第六章：日月食和天文潮汐。此外，书后编排了课程实验实训和附录。

2. 内容和形式新颖。一是突出基本理论和基本知识，保留教材中之精华，删繁就简，避免重复；二是内容编写形式上，针对教材中的重点和难点，结合教学经验，编写相应的例题，同时设计了名词解释、填空题、选择题、判断题、问答题、计算题、综合题等不同题型的练习题；三是改变多数教材偏重于描述的现象，基本上每章节都增加图表，既注重图文结合，以图释文，又能适时将文字信息条理化、表格化形式归纳总结说明问题。

3. 教材应用性强。为了有效解决课程内容抽象枯燥，学生学习兴趣缺乏的情况。在注重知识体系构建的基础上，结合现实生活，通过图表、案例、练习题和实验实训项目的方式来丰富教学内容，使学生能够全方位深化对教学内容的理解和掌握，从而有效激发学生的过程性学习。在加强基本技能训练的基础上，达到强化学生求知能力的培养，使学生能有效地运用所学知识发现问题、解决问题和进行深层次研究的目的。

本书编写分工如下：吴显春编写第一章、第二章、第四章、第五章以及每章练习题、课程实验实训和附录，蒋焕洲、肖冬冬编写第三章，尚海龙编写第六章。吴显春对全书内容进行审定和统稿，组织编著者充分讨论和进一步完善，最后定稿。

在本书的研究和编写过程中，得到了教研室同行们的极大支持和鼓励，在此，特向他们表示衷心的感谢！

尽管我们做了不少努力，但由于学识水平所限，书中难免存在疏漏和不足之处，真诚地欢迎大家批评和指正。

编 者

2020 年 6 月

基础理论

第一章 地球的物理特性、形成演化与地理坐标 …… 2
第一节 地球的物理特性 …… 2
第二节 太阳系和地球的形成与演化 …… 14
第三节 地理坐标 …… 17
练习题 …… 25
第二章 天体与天球坐标 …… 31
第一节 天体及天体系统 …… 31
第二节 天体观测及其信息处理 …… 33
第三节 天 球 …… 38
第四节 天球坐标 …… 41
练习题 …… 58
第三章 地球的宇宙环境 …… 61
第一节 恒星和星系 …… 61
第二节 太阳和太阳系 …… 78
第三节 月球和地月系 …… 90
练习题 …… 106
第四章 地球运动及地理意义 …… 110
第一节 地球自转及其地球意义 …… 110
第二节 地球公转及地理意义 …… 123
第三节 变化的地球运动 …… 157
练习题 …… 160
第五章 时间和历法 …… 166
第一节 时 间 …… 166

第二节　历　法 …… 189
练习题 …… 204
第六章　日月食和天文潮汐 …… 210
第一节　日月食 …… 210
第二节　海洋天文潮汐 …… 223
练习题 …… 235

课程实验实训

实验一　地球仪的使用 …… 239
实验二　天球仪的使用 …… 241
实验三　星象仪的使用 …… 245
实验四　经纬网图的应用设计 …… 246
实验五　地方时和标准时换算 …… 249
实验六　阳历和农历的推算 …… 251
实验七　星空观测 …… 254
实验八　日月食形成图设计 …… 255
实验九　日食观测 …… 257
实验十　月食观测 …… 259
参考书目 …… 261
附　录 …… 262
附录 1　希腊字母表 …… 262
附录 2　恒星识别 …… 263
附录 3　北半球中纬度地区各季节最亮星 …… 266
附录 4　八大行星的主要物理参数 …… 267
附录 5　八大行星自转数据 …… 267
附录 6　世界大洋的面积和深度 …… 268
附录 7　世界大洲的面积和高度 …… 268
附录 8　各纬度上的最长昼和最短昼 …… 268
附录 9　农历（夏历）（1898～2060 年）闰月表 …… 269
附录 10　2005—2035 年我国可见日食的时间、类型及主要可见地区 …… 270
附录 11　2005—2035 年我国可见的月食时间、类型及交食 …… 271
附录 12　常用数据 …… 272
附录 13　中国直辖市及省会城市的经纬度表 …… 277

基础理论

第一章 地球的物理特性、形成演化与地理坐标

地球是人类赖以生存的家园。自古以来，人类就在不断地探索自己生存的地球环境。人类对地球的认识，由浅到深，由局部到整体，经历了漫长曲折的过程，人类已经从地球的一般特征，如形状、大小、内外圈层结构及其物质组成，深化到了解地球在太阳系中诞生、发展、演化到目前状态的历史。对地球的物理、化学、地质作用过程，不仅是“将今论古”，而且要建立详细的、定量的概念性预测模式，以提高对地球时空演化过程及其与人类社会经济之间关系的认识。本章首先从质量、密度、大小、形状、重力、磁性、结构等物理方面来认识地球的自身状况，其次从太阳系的形成与演化的假说来简要介绍行星地球的演变过程及其现状规律性认识。最后学习地理坐标，既是强化中学阶段这方面知识的巩固，又为之后学习天球坐标奠定基础。

第一节 地球的物理特性

行星地球是人类的家园。关于地球的物理特性及现状可以从质量、密度、大小、形状、重力、磁性、结构等方面来认识。

一、地球质量、大小和形状

（一）地球质量的测定

地球质量巨大。天文上测定地球质量，如同日常生活中用秤测定物体质量一样，都是根据万有引力的原理。

所不同的是，测定物体质量，是比较该物体（m）同另一物体（M）受地球引力的大小，从而得到两者的质量比，由已知的 M 质量推知 m 的质量。

测定地球质量，则是比较地球（E）与另一物体（M）对同一物体（m）所施加的引力大小，从而得到地球（E）与物体（M）的质量比，引用万有引力常数 G（$G=6.67\times10^{-11}\ \mathrm{N\cdot m^2/kg^2}$），由已知的 M 质量推知地球的质量。

（1）地球对于物体（m）的引力，就是该物体本身的重量：

$$f = mg = \frac{GMm}{R^2}$$

式中，M 为地球质量，R 为地球半径，G 为万有引力常数，即

地球质量：
$$M = \frac{gR^2}{G} \tag{1-1}$$

重力加速度（g）、地球平均半径（R）和万有引力常数（G）皆已知，代入（1-1）式，即可求得 M。

（2）根据牛顿修正后的开普勒第三定律：

$$\frac{a^3}{T^2} = \frac{GM}{4\pi^2}$$

地球质量：
$$M = \frac{4\pi^2 a^3}{GT^2} \tag{1-2}$$

测定人造卫星的地心距离 a 和运行周期 T，及万有引力常数 G，代入（1-2）式，同样可求得 M 值。

据测定，地球质量 M 为 5.976×10^{27} g。

测定了地球质量，也就解决了地球的平均密度问题。地球的体积为 $1.08\times10^{21}\ \mathrm{m^3}$，于是得地球的平均密度为

$$\rho = \frac{5.976\times10^{27}\ \mathrm{g}}{1.08\times10^{27}\ \mathrm{cm^3}} = 5.52\ \mathrm{g/cm^3}$$

地壳上部岩石的平均密度约为 2.65 $\mathrm{g/cm^3}$，约为地球平均密度（5.52 $\mathrm{g/cm^3}$）的 1/2，由此推测地球内部必有密度更大的物质。根据地震资料得知，地球密度是随着深度的加深而增大的，并且在地下若干深度处密度呈跳跃式变化：地壳 2.83 $\mathrm{g/cm^3}$，地幔 3.31 ~ 5.62 $\mathrm{g/cm^3}$，外核 9.89 ~ 12.7 $\mathrm{g/cm^3}$，内核 12.7 ~ 13 $\mathrm{g/cm^3}$。

（二）地球的形状和大小

1. 地球的形状

地球的形状是指大地水准面的形状，如图 1-1 所示。

地球表面崎岖不平，它的真实形状是非常不规则的。但比起地球的大小来，地面起伏的差异又是微不足道的。因此，在讨论地球形状这一课题时，为了使它的总体形状特征不被地面起伏的微小差异所掩盖，人们不去考虑地球自然表面的形状，而是研究它的某种理论上的表面形状。这就是全球静止海面的形状。

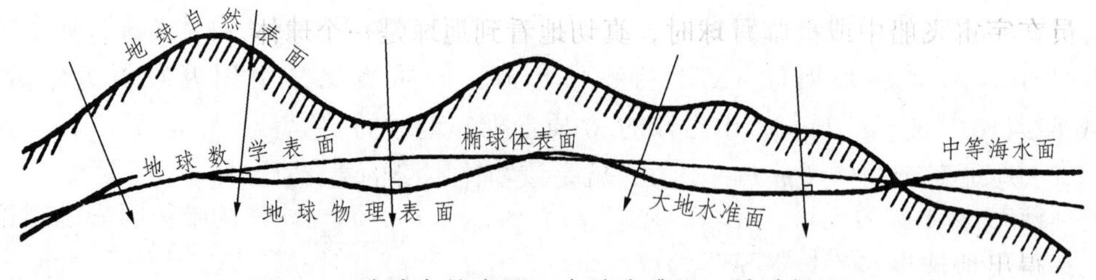

图 1-1　地球自然表面、大地水准面、地球椭面

所谓全球静止“海面”的形状，指的是海水面的形状。它忽视地表的海陆差异，海面显然要简单和平整得多。所谓“静止”海面，指的是平均海面，它设想海面没有波浪起伏和潮汐涨落，也没有洋流的影响，完全平静。所谓“全球”静止海面，它不仅包括实际存在的太平洋、大西洋、印度洋和北冰洋，而且以某种假想的方式，把静止海面“延伸”到陆地底下，形成一个全球性的封闭曲面，称为大地水准面。**大地水准面**是指与静止海面重合并延伸到大陆以下的水准面。这是一个重力作用下的等位面，是地面上海拔高度起算面。

我国大地水准面：1956 年，中华人民共和国规定以青岛验潮站的多年平均海平面为中国统一的高程起算面，称为青岛平均海平面或黄海基准面。中国出版的地图上的海拔高度都由这个基准面起算。

2. 人类认识地球形状的证据

人类对于大地形状的认识，有十分悠久的历史。由于大地本身庞大无比，而人们的视野范围却十分有限，凭直观的感觉不能认识大地的形状。一个人站在平地上，大约只能看到 4.6 km 远的地方。这一小部分大地，看起来是一个平面。我国古时有“天圆似张盖，地方（平）如棋局”的说法，即认为天空是圆的，大地是平的。

然而，许多迹象表明，地面不是平面，而是曲面。例如，登高可以望远。人眼离地高约 1.5 m，只能看到 4.6 km 远；若升到 1 000 m 高处，便能看到 121 km 远的地方。这是地面是曲面的很好证明。

又如，人们在岸边观看远方驶近的船只，总是先见船桅，后见船体；船只离港远去时则相反，先是船体，后才是船桅相继隐入海平面。大地若是平面，那么，不论距离远近，船体和船桅应同时可见。

再如，北极星的高度因纬度而异，越往北方，它的地平高度越大。我国南方各地，人们能见到南天的老人星，而在北方，老人星永远隐没在南方地平。如此看来，不同地点有不同的地平，地面本身只能是曲面。若地面是平面，遥远的恒星应同地面各部分构成相同的高度角。

再根据月食时看到月球面上的地影是个圆，所以古人早有论证地球是个球体。

上述各种现象都证明大地是一个曲面。然而，曲面却不一定就是球面，只有具有相同曲率的曲面，才构成球面。近代测量表明，地面各部分有大致相同的曲率，每度约 111 km。由此可见，球形大地的结论，是以严密的推论和精确的测量为依据的。麦哲伦的环球航行，只是用事实证明大地是一个封闭曲面而已。在进入空间探测的今天，宇航员在宇宙飞船中或登临月球时，真切地看到地球是一个球体。

3. 对地球形状的认识过程

（1）地球是一个**球体**。人类起初认识是从天圆地方，离港船只渐渐消失，到麦哲伦环球航行等，认为地球是球体。同时，依据自引力是形成球体的唯一因素的理论，因此，得出地球也必然是正球体。但是，地球数据表明，地球不是正球体。

（2）地球是一个**扁球体**。如果地球是正球体，则具有统一的半径，经纬线都是正圆。然而重力因纬度而改变，于是把它同地球的运动和形状联系起来。地球是一个旋转球体，受自转惯性离心力的作用，在自转的地球上，每一质点惯性离心力的方向都垂直背离地轴。将惯性离心力 F 分解为相互垂直的两个分力，如图 1-2 所示。与地心引力相反的，为垂直分力 f_1，与铅垂线垂直的，叫水平分力 f_2，指向赤道。在水平分力的作用下，使地球成为赤道略鼓、两极稍扁的椭球体，球半径随纬度的升高而减小。

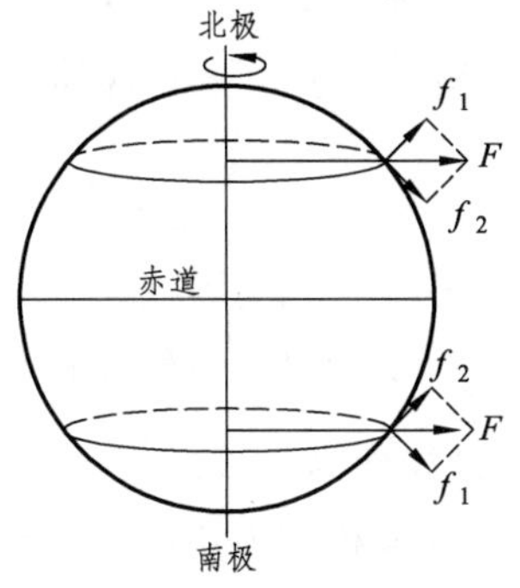

图 1-2　地球惯性离心力

（3）地球是一个**不规则扁球体**。地球的形状（大地水准面）也不是严格的椭圆，其形状是不规则的，纬线不是正圆，经线也不是真正的椭圆；南北半球也不对称，几何中心也不在赤道平面上。地球形状不规则还受地内物质分布不均的作用，物质密集区，重力大，地面高度相应较低，物质稀疏区，重力小，地面高度相应较高。

因此，地球并非正圆球，而是两极稍扁、赤道略鼓的不规则的扁球体。对比参考扁球体，地球的真实形状，便可以用大地水准面的各部分对于参考扁球体的偏离米数表示，如图 1-3 所示。

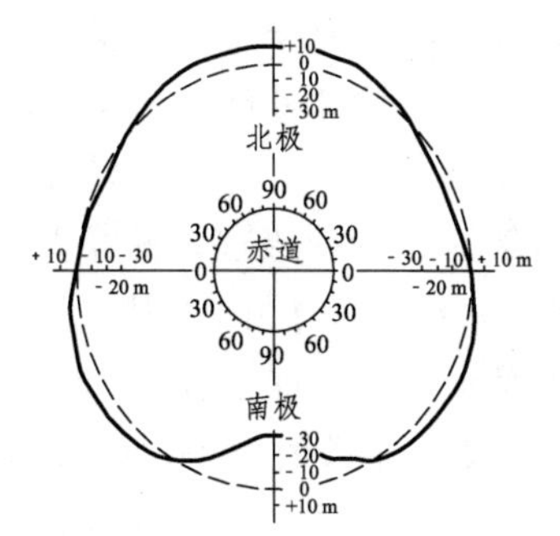

虚线—椭球体；实线—地球形状。

图 1-3　地球的形状

北半球的高纬地区和南半球的低纬地区，大地水准面高出参考扁球体；而北半球的低纬地区和南半球的高纬地区，大地水准面稍低于参考扁球体。特别明显的对比是，南北两半球的极半径的差异：北极的大地水准面高出参考扁球体约 10 m，而南极的大地水准面低于参考扁球体约 30 m。二者有 40 m 之差，比较起来，北半球略显凸起，南半球较为扁平。

4. 描述地球形状、大小常用数据

赤道半径 a=6 378.140 km，极半径 b=6 355.755 km，平均半径：6 371.004 km。

赤道周长：40 075.13 km，扁率 e=（a−b）/a=1/298.257（图 1-4）。

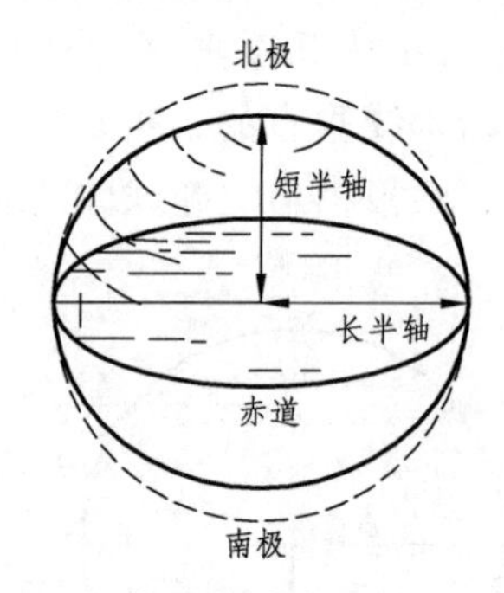

图 1-4　地球的半长轴与半短轴

自然地面实际呈高低起伏，最高处为珠穆朗玛峰顶，海拔 8 844.43 m，最低处为马里亚纳海沟底，海拔−11 034 m，但两者相差为 20 km，若与地球的赤道半径 6 378.140 km 和极半径 6 356.755 km 相比，或与地球的平均半径 6 371.004 km 对比，悬殊较大。若用相同的比例尺缩小来反映地球，则难以表达地表 20 km 的起伏变化。人们把地球视为“圆球体”，如地球仪。所以在研究地球形状时，主要视精度的需求而定。人们或用规则的椭球体来模拟地球，或用规则的球体来模拟地球，或用大地水准面来模拟真实的地面。

二、地球的重力及其特征

地球上的任何质点，既受到地球引力作用，又受到地球自转所产生的惯性离心力的影响。这两个力的方向和大小是互不相同的，两者的合力，称为重力（图 1-5）。惯性离心力对重力的影响有如下解释。其一，地球自转在赤道上最快，到两极为零，惯性离心力的垂直分力 f_1 在赤道最大，向两极逐渐减小至零。计算表明，由于受惯性离心力的影响，赤道上的重力比在两极减小 1/289。其二，当物体质量一定时，重力大小与重力加速度成正比。不同纬度地方的地球半径不等，赤道最大，两极最小，则重力加速度两极最大，赤道最小，这又使赤道的重力比两极再小 1/550。两项合计，赤道重力便比两极减小 1/190。

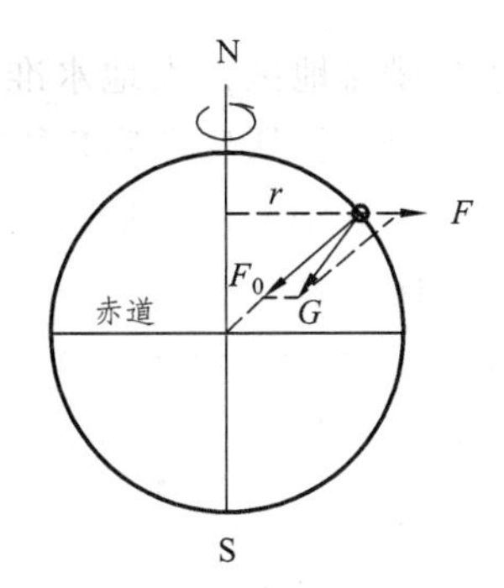

图 1-5　地球的重力

因此，地面重力因纬度而不同，赤道与两极的重力比约为 189∶190，也就是说，同一物体如果在赤道上是 189 kg，那么，到两极将是 190 kg。由此可知，在精度要求不高的情况下，地球的重力基本是地球引力。

由于引力的作用，要把卫星或探测器送出地球应达到一定的速度。如果火箭的任务只是把一个绕地球运动的人造卫星送上天去，它就应该至少有 7.9 km/s 的速度，这叫第一宇宙速度；如果火箭或者宇宙飞船想脱离地球，飞到其他天体上去，它的速度就不能低于 11.2 km/s，即第二宇宙速度，也叫逃逸速度；所谓第三宇宙速度，指的是从地球表面出发的火箭或其他任何物体，想脱离太阳系或飞出太阳系所必须具备的最低速度，即为 16.7 km/s。

某地实测重力值与理论上的正常值比较起来，存在着明显的差异，称为**重力异常**。其原因是地内物质分布不均，往往同地质构造和矿床的存在联系。因此，重力异常的研究，有助于对地质构造的了解和矿床的勘探。

此外，重力还因高度和深度而不同。重力与高度的关系比较简单，即引力大小同距离的平方成反比，惯性离心力可以忽略。重力同深度的关系，一般认为，从地面到地下 2 900 km，重力大体上随深度而增加，但变化不大，并且在地下 2 900 km 处达到最大值；从地下 2 900 km 到地球质心，重力急剧减小，在地球质心处重力为零。

三、地球内部的压力和温度

1. 地球内部的压力

物体受到重力，便产生重量，就要对它下面的物体施加压力。例如，地面上的物体要受到大气的压力；地面以下，物体不但受到大气压力，而且受到岩层的压力。与后者相比，大气压力是微不足道的。因此，地球内部的压力大体上就是岩层的压力。

在讨论地球内部压力的时候，把大气压看成压强单位。地球内部的压力大小，取决于单位面积上的岩层质量和平均重力。单位面积上的岩层质量，又取决于岩层的厚度和平均密度。因此，地球内部的压强的大小，取决于岩层厚度、平均密度和平均重力三个因素。

从地面到地心，地球内部的压力一直随着深度的增加而增加（图 1-6）。但是，压力增加的速度却因深度而不同：在接近地面的层次和接近地心的层次，压力的增加是比较缓慢的；反之，在它们之间的层次，压力的增加是最快的。这是因为：近地面的层次，物质的密度低，而重力很大；近地心的层次，物质的密度高，但重力很小；而二者之间的层次，物质密度既高，且重力也很大。

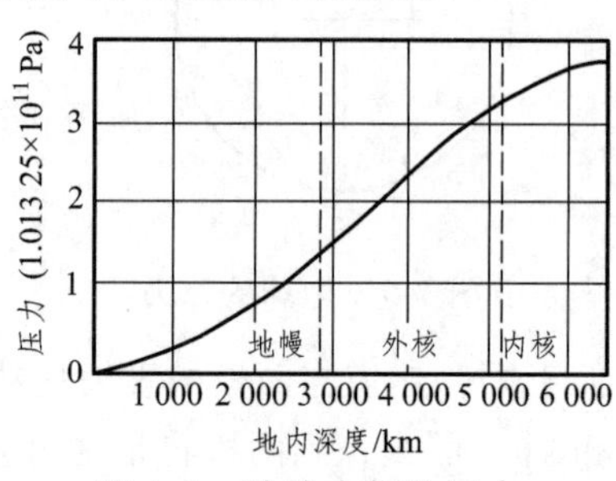

图 1-6　地球内部的压力

2. 地球内部的温度

地面的温度因地因时而异，但全球地面的平均温度大致保持在 15 °C 左右。同地面温度比较起来，地内温度要高得多（图 1-7）。矿井内的温度，涌出地面的温泉和火山喷发的熔岩的温度，都说明了这一点。测量表明，在地球内部，深度越大，温度就越高。地内温度随深度而增加的速度叫**地温梯度**。在不同地区，由于岩层性质和周围环境的不同，地温梯度有很大的差异，一个合理的平均值是每千米约升高 30 °C。

一般地下 100 km 处温度为 1 300 °C，地下 300 km 处温度为 2 000 °C。据最近估计，地核边缘温度为 4 000 °C，地心的温度为 5 500 ~ 6 000 °C。地球内部热能主要来源于地球天然放射性元素的衰变。

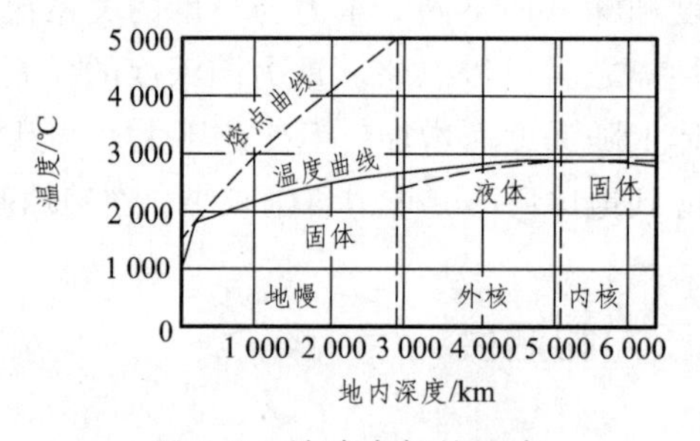

图 1-7　地球内部的温度

四、地球磁场

地球是一个磁化球体，它仿佛像一块巨大的磁石，磁针在地球上受到磁力的作用，指向磁力线方向，磁力线的方向因地点而不同。地面上有两个地点的磁力线是垂直的，以至磁针的方向垂直于地面，那里是磁性最强的地方，叫作**磁极**。按地理学上的习惯，把位于北半球的磁极叫磁北极，位于南半球的磁极叫磁南极。南北磁极的连线叫**磁轴**。现代磁北极位于北半球高纬地区，地磁轴与地球自转轴并不重合，有 11.5°的交角。在南北磁极之间，有一个地带的磁力线是水平的，以致磁针的方向平行于地面。那里是磁性最弱的地带，叫**磁赤道**，如图 1-8 所示。

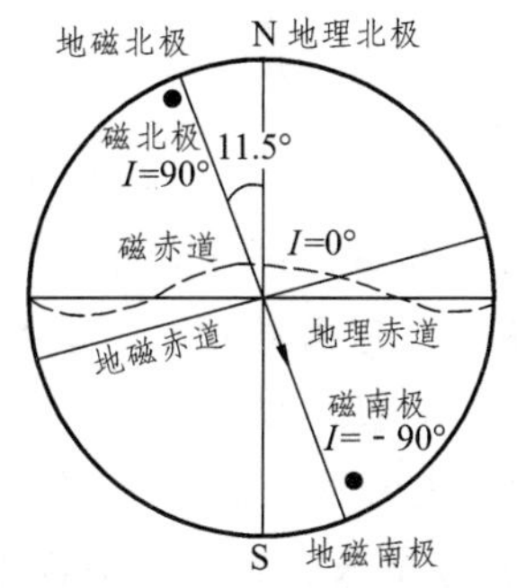

图 1-8 地磁极与地理极交角

由于地球不是均匀的磁化球体，个别地区的地磁要素的量值，可以大大不同于周围地区的正常数值，这种现象，称为**地磁异常**。这种现象以俄罗斯的库尔斯克地区最为突出，那里的磁场强度是磁极的 3 倍，最大的磁倾角达 90°，最大的磁偏角达 180°，即磁南北与地理南北完全相反，称之为“库尔斯克磁针错乱”。造成这种异常情形的原因是地下蕴藏着丰富的磁铁矿。所以，地磁异常的研究对矿藏（特别是铁矿和镍矿）的勘探工作具有重要的意义。

地球处于太阳风的劲吹之中，使磁力线发生向后弯曲。在地球的向日面，地球磁场被压缩成大约 10 个地球半径的一个包层（太阳活动强烈时，只有 4 ~ 6 个地球半径）；而在地球的背日面，地球磁场延伸得很远，形成一个长长的磁尾，其长度可达数百甚至超过一千个地球半径。这样，地球磁场在太阳风中“挖”出一个口袋形的空洞，叫作地球磁层，如图 1-9 所示。这是继地球大气和电离层之外，地球的第三道保护层，它起着“挡风”的作用。

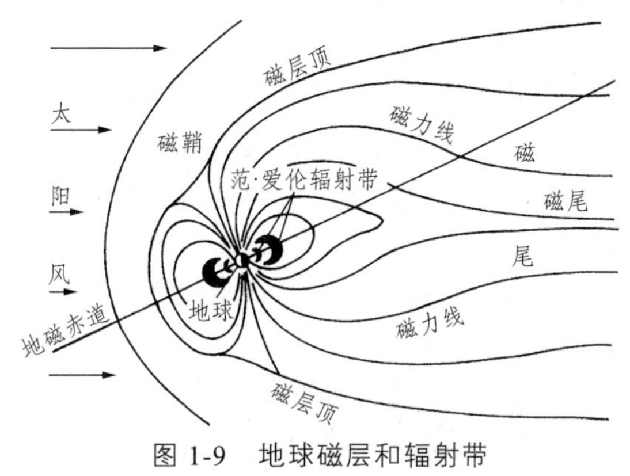

图 1-9 地球磁层和辐射带

五、地球结构及其特征

（一）地球的圈层结构

地球是一个非均质体，内、外部具有分层结构，各层物质的成分、密度、温度各不相同。即地球结构的第一个重要特点，就是地球物质分布形成同心圈层。这种以地心为中心的若干球形圈层所组成的圈层结构的特点是地球长期运动和物质分异的结果，是一种全局性特征。

1. 地球的外部结构

地球的外部圈层是由岩石圈、水圈、大气圈和生物圈等所组成的。

大气圈：成分以氮、氧为主，没有明确上界，主要集中在离地面 10 km 高度的对流层内。分为对流层、平流层、中间层、热层和外层（又称外逸层或逃逸层）。

接近地面、对流运动最显著的大气区域为对流层，在赤道地区高度 17 ~ 18 km，在极地高度约 8 km；从对流层顶至约 50 km 的大气层称平流层，平流层内大气多做水平运动，对流十分微弱，臭氧层即位于这一区域内；中间层又称中层，是从平流层顶至约 80 km 的大气区域；热层是中间层顶至 300 ~ 500 km 的大气层；热层顶以上的大气层称外层大气。

水圈：地球外圈中作用最为活跃的一个圈层，也是一个连续不规则的圈层。它与大气圈、生物圈和地球内圈的相互作用，直接影响到人类活动的表层系统的演化。

水圈也是外动力地质作用的主要介质，是塑造地球表面最重要的角色。它指地壳表层、表面和围绕地球的大气层中存在着的各种形态的水，包括液态、气态和固态的水。

按照水体存在的方式可以将水圈划分为海洋、河流、地下水、冰川、湖泊等五种主要类型。地球上的总水量约 1.36×10^{9} km^{3}，其中海洋占 97.2%，覆盖了地球表面积的 71%。地表水约 2.3×10^{5} km^{3}，其中淡水只有一半，约占地球总水量的万分之一。地下水总量 8.40×10^{6} km^{3}。大气中水量为 1.3×10^{4} km^{3}。

水圈也是外动力地质作用的主要介质，是塑造地球表面最重要的角色。如沟谷、河谷、瀑布都是流水侵蚀的作用形成；溶洞、石林、石峰等喀斯特地貌都是流水溶蚀作用形成。

岩石圈：地球上部相对于软流圈而言的坚硬的岩石圈层，厚 60 ~ 120 km。它包括地壳的全部和上地幔的顶部，由花岗质岩、玄武质岩和超基性岩组成。地壳是地球的最表层，由于地球表面有陆地和海洋，因此，又有大陆地壳和大洋地壳之分。大陆地壳一般厚度为 33 ~ 35 km，最厚地区为 50 ~ 70 km。中国青藏高原是世界上地壳厚度最大的地区之一，平均厚度可以达到 70 km。大陆地壳通常分为三层，由三种不同成分的岩石组成。最上面是沉积岩层，向下依次是花岗岩层和玄武岩层；大洋壳的厚度很小，平均仅为 6 ~ 8 km；大洋地壳最上面是很薄的海底沉积物，向下是玄武岩。

生物圈：地球上所有生态系统的统合整体，是地球的一个外层圈，其范围大约为海平面上下垂直约 10 km。它包括地球上有生命存在和由生命过程变化和转变的空气、陆地、岩石圈和水。

从地质学的广义角度上来看，生物圈是结合所有生物以及它们之间的关系的全球性的生态系统，包括生物与岩石圈、水圈和空气的相互作用。生物圈是一个封闭且能自我调控的系统。地球是整个宇宙中唯一已知的有生物生存的地方。一般认为生物圈是从 35 亿年前生命起源后演化而来。生物圈的范围是：大气圈的底部、水圈大部、岩石圈表面。

2. 地球的内部结构

与地球外部相比，地球内部的研究要困难些，只能局限于间接的方法来获取地球内部的信息。目前，关于地球内部的结构，主要是借助地震波来研究。地震波是一种弹性波，主要以面波和体波（纵波和横波）形式在地球内部传播。地球内部主要是通过体波在地球内部不同深度地带的传播特点、传播速度来划分的。在地震学里，把地球深处地震波传播速度发生急剧变化的地方，称为不连续面。根据地内三大不连续面，把地球内部分成三个圈层，如图 1-10 所示。各层物质的成分、密度、温度是不同的。地震波波速一般随深度增大而增加，而且这种随深度的增加通常是逐渐而缓慢的。

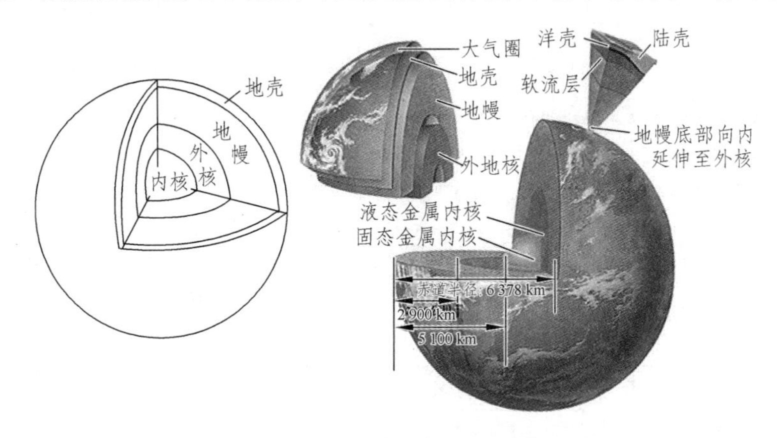

图 1-10　地球内部圈层结构

地震波又分纵波（P 波）和横波（S 波）两种，如图 1-11 所示。**纵波**是一种压缩波，是物质质点以波的传播方向往复运动，使介质发生周期性的压缩和膨胀。这样的震波能在任何介质中传播。**横波**是一种剪切波，是物质质点垂直于波的传播方向的振动，抖动一条绳子所产生的波类似于横波，它使介质发生周期性变形。这种震波不能通过液态和气态介质。纵波传播速度比横波快，它总是比后者先到达测站。根据横波滞后的时间，可以推知震源的所在及其距离。地震波的分类及其在不同介质中传播的特点见表 1-1。

地震波是确定地球内部结构的主要依据，据研究，地震波在地球内部的传播，主要与物质成分、物理状况有关。其传播特点是：① 地震波的传播速度随深度而变化，密度大的固体物质，地震波传播速度快。② 在固体物质内，纵波（P 波）、横波（S 波）都能传播，但波速不一样；而在液体物质内，横波（S 波）不能传播，纵波（P 波）减速。③ 地震波在传播中遇到两种不同物质性质分界面时，由于波速变化，便会发生反射和折射变化，其中部分还可相互转化为另一种波继续传播。因此，可以利用测定天然（人工）地震产生的地震波在地下传播速度和波的折射变化，探测地下不同物质的分界面，用以研究地球内部结构。

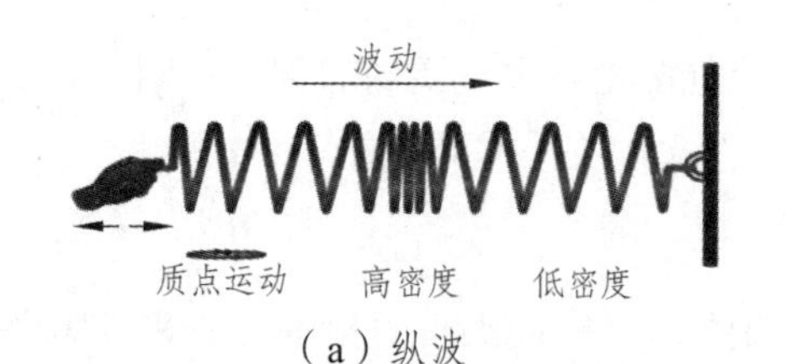

（a）纵波

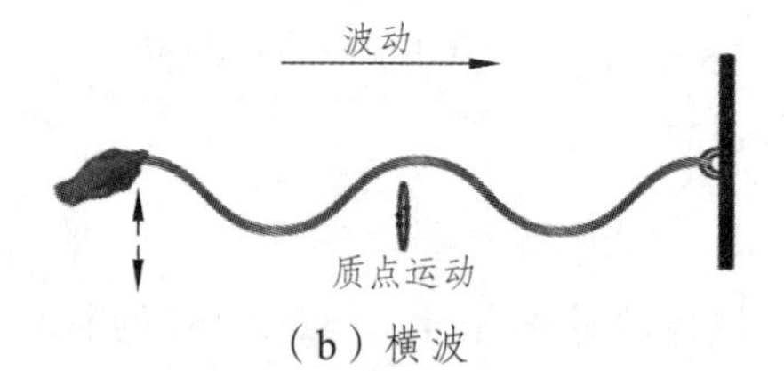

（b）横波

图 1-11　地震波传播特点

表 1-1　地震波的分类及其在不同介质中传播的特点

分类	特点		共同点
	所经物质状态	传播速度/（km/s）	
纵波	固体、液体、气体	较快（9～13）	传播速度都随着所通过物质的性质而变化
横波	固体	较慢（4～8）	

在莫霍洛维奇界面（简称莫霍面）下，纵波（P 波）、横波（S 波）波速都明显增加；在古登堡界面（简称古登堡面）下，纵波（P 波）波速忽然下降，横波（S 波）完全消失。外核和内核之间的界面出现在地下 5 150 km 处，称利曼界面。在这个界面上，纵波又急剧加速，横波重又出现（由 P 波转换而来）。根据波速发生急剧变化的界面来划分地球内部结构，如表 1-2 和图 1-12 所示。

表 1-2　地球内部界面深度及地震波速变化比较

界面	位置/km	波速变化/（km/s）	波速变化特征
莫霍面	17	P：7.6～8.1，S：4.2～4.6	该面下，P、S 波速都明显增加
古登堡面	2 900	P：13.64～8.1，S：7.3～0	该界面 P 波速忽然下降，S 波完全消失
利曼面	5 150	P：10.2～11.2　S：0～3.8	该界面下 P 波速明显增大，S 波又出现

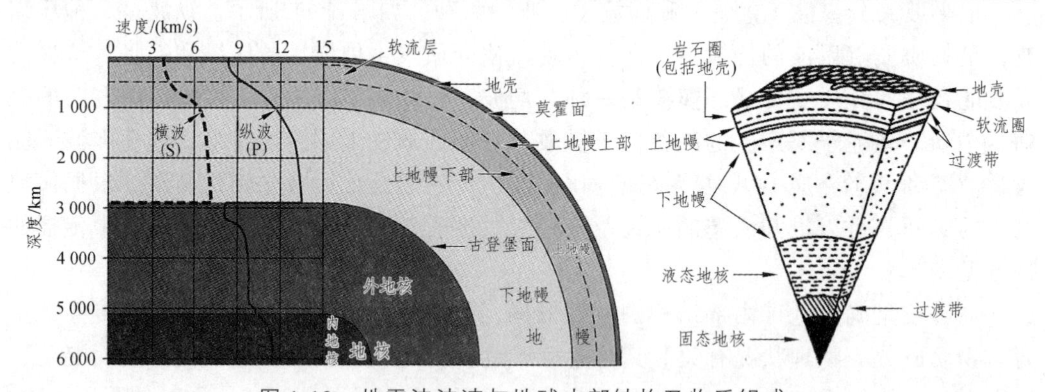

图 1-12　地震波波速与地球内部结构及物质组成

地壳：莫霍面以上，由较轻的固体岩石组成，平均厚度 17 km。地壳由康德拉界面又分为上下两层。上层是花岗岩类岩石，富含较轻的物质硅和铝，表层多为沉积岩，下部为变质岩，叫**硅铝层**。硅铝层（较轻）一般只分布在大陆部分，高山、高原区厚度大，平原地区厚度小；在大洋地壳中很薄，甚至缺失。下层是玄武岩类岩石，除硅和铝外，还含有较多的镁和铁，叫**硅镁层**。在大洋底部，硅镁层直接露出洋底。硅镁层（较重）连续分布，大陆地壳和大洋地壳均有分布。因此，地壳的厚度很不均匀，大陆地壳是双层，包含硅铝层和硅镁层，平均厚度约 17 km，如果把水准面以上的高度算在内，则平均厚度为 33 km；大洋地壳基本上是单层，即硅镁层，平均厚度 6 km。

地幔：莫霍面与古登堡面之间，即地下 17 ~ 2 900 km，厚约 2 800 km，占地球体积 84.3%，占地球质量的 67.8%。由较重的岩石构成，主要是由铁镁含量很高的硅酸盐矿物所组成的橄榄岩组成，由上而下，铁、镁含量渐增。

根据地震波速的变化，在 1 000 km 左右的深度上，还有一个次一级的不连续面，分地幔为上下二层。上地幔厚约 900 km，下地幔厚约 1 900 km。

上地幔顶部有一层固体岩石层，它与地壳共同组成具有刚性的岩石圈。岩石圈的厚度为 70 ~ 100 km。岩石圈以下，深度约 60 或 150 ~ 410 km，地震波速度明显下降，在那里出现一个地震波的低速层。这表明，那里的岩石已接近熔融状态，具有很大的可塑性。同上部的岩石圈比较，它易于流动，称为**软流圈**，其厚度约为 200 km。由于软流圈离地表很近，液态区就成为岩浆作用的发源地。在深度 410 ~ 650 km，物质属于固体，为相变过渡带，波速和密度迅速增高。深度 650 ~ 1 000 km，成分和物相无变化，密度和波速随深度增加而增大。

下地幔深度 1 000 ~ 2 900 km，密度增至 5.1 g/cm^3，成分与上地幔相似，铁和镍含量增高，物质结构没有变化。

地核：古登堡面以下，即地下 2 900 km 至地心。按地震波速分布，地核可分三层，以 4 700 km 和 5 150 km 为界，又分为外核、过渡层和内核，划分过渡层和内核的界面叫利曼面。地核虽只占地球体积的 16.2%，但其密度相当高，地核中心物质密度达 13 g/cm^3，压力大，超过 370 万个大气压。它的质量约占地球总质量的 31.3%。地核主要由铁和镍为主的金属物质组成。

外核，平均密度 10.5 g/cm^3，由于纵波波速急剧降低，横波不能通过，可以肯定铁和镍的物质状态是液态。外核是液态的解释是，可能含有比重较小的轻元素，如硫、硅等，这些元素的加入降低了熔点。过渡层波速变化复杂，能收到波速不大的横波，可能是铁和镍物质形态由液态向固态转变的圈层。内核，厚度约 1 200 km，平均密度 12.9 g/cm^3，纵波和横波都明显。已证实，纵波穿入内核转换成横波，横波穿出内核又转换成纵波，因此内核是由固态铁和镍物质组成。

综上所述，地球内部结构归纳为：

（1）呈圈层状：划分的界面为 2 个一级界面，即莫霍面与古登堡面；5 个二级界面，即康德拉面、岩石圈与软流圈界面、相变界面（拜尔勒面，410 km）、上下地幔界面和内外核界面（利曼面）。

（2）物质组成：地壳（上地壳硅铝、下地壳硅镁）、地幔（铁镁硅酸盐）、地核（铁、镍，少量硫、硅）。

（3）物质状态：地核内层为固态，外层为液态，内外核间为过渡带；地幔顶部为固态，它与固体地壳组成岩石圈；岩石圈下面为呈部分熔融状态的软流圈，它将固体岩石圈与固体地幔分开。

（二）地球表面海陆分布

地球表面各点的高度或深度不仅差异大，而且分布很不规则。海洋和陆地构成地球表面的基本轮廓，即海陆分布是地球表面结构的基本形态。（见附录 6、7）

海陆分布大势是，海洋面积大于陆地面积，其中 70.8%为海洋所覆盖，陆地面积约占 29.2%；海洋不仅面积大，而且相互连通，而陆地是相互隔离的。所以，地球上有统一的世界大洋，包括太平洋、大西洋、印度洋和北冰洋，却无统一的世界大陆，世界陆地主要由欧亚大陆、非洲大陆、美洲大陆、澳大利亚大陆、南极大陆以及大大小小的岛屿构成。在各半球中，其海洋面积都超过陆地面积，各半球的海陆面积见表 1-3。

表 1-3　各半球海陆面积

半球	海洋面积/%	陆地面积/%	半球	海洋面积/%	陆地面积/%
北半球	60.7	39.3	东半球	62.0	38.0
南半球	80.9	19.1	西半球	80.0	20.0

（三）地球圈层结构的形成与演化

1. 地球圈层形成的条件

（1）地球必须具有足够的质量以保住气体包层和液态水。

（2）地球内部必须积聚足够的热能（核能、位能）使内部物质熔融或极具可塑性完成重力分异。

2. 地球内部圈层的形成

当地内温度足够高时（达到熔点），比重大的铁镍流向地心形成地核，比重次之的橄榄岩上浮形成地幔，较轻的玄武岩、花岗岩则形成地壳。

3. 地球外部圈层的形成

（1）原始大气以氮、甲烷、一氧化碳、二氧化碳为主，植物出现后便演变现今以氮、氧为主的大气。

（2）地表水源于火山喷发的岩石结晶水或陨落彗星的固态水，通过海陆水循环不断将岩石的盐分带到大海使海水渐渐变咸。

第二节　太阳系和地球的形成与演化

一、太阳系的形成与演化的主要假说

1. 二十世纪的各种星云说

（1）灾变说认为，行星物质是因某一偶然的巨变事件从太阳中分出的。

（2）俘获说认为，太阳从星际空间俘获物质形成原始星云，后来星云演变成行星。

（3）共同形成说认为，整个太阳系所有天体都是由同一个原始星云形成的。星云中心部分的物质形成太阳，外围部分的物质形成行星等其他天体。

2. 康德-拉普拉斯星云说

法国数学家、力学家拉普拉斯于 1896 年发表《宇宙体系论》，其中提出了他的太阳系起源的星云假说（图 1-13）。拉普拉斯认为：太阳系是一个气体星云收缩形成的。星云最初体积比现在太阳系所占的空间大得多，大致呈球状。温度很高，缓慢地自转着。由于冷却，星云逐渐收缩，根据角动量守恒定律可知，星云收缩时转动速度加快。在中心引力和离心力的联合作用下，星云越来越扁。当星云赤道面边缘处气体质点的惯性离心力等于星云对它的吸引力时，这部分气体物质便停止收缩，停留在原处，形成一个旋转气体环。随着星云的继续冷却和收缩，分离过程一次又一次地重演，逐渐形成了和行星数目相等的多个气体环。各环的位置大致就是今天行星的位置。这样，星云的中心部分凝聚成太阳。各环内，由于物质分布不均匀，密度较大的部分把密度较小的部分吸引过去，逐渐形成了一些气团。由于相互吸引，小气团又聚成大气团，最后结合成行星（如地球）。刚形成的行星还是相当炽热的气体球，后来才逐渐冷却、收缩、凝固成固态的行星。较大的行星在冷却收缩时又可能如上述那样分出一些气体环，形成卫星系统。土星光环是由未结合成卫星的许多碎屑构成的。

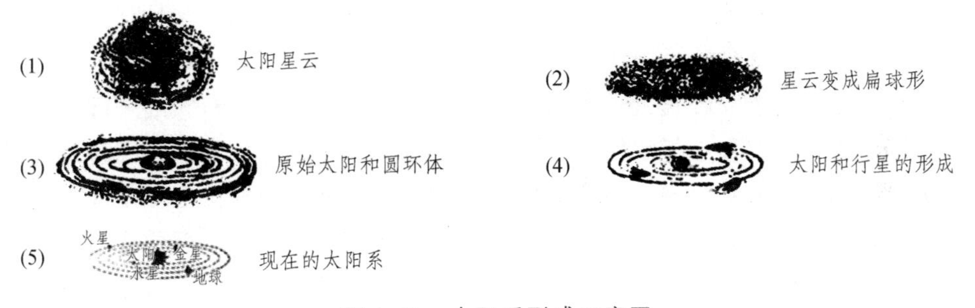

图 1-13　太阳系形成示意图

拉普拉斯在发表他的星云学说时，并不知道康德已于 41 年前提出过一个类似的学说。尽管康德的学说侧重于哲理，而拉普拉斯学说则从数学、力学上加以论述，但它与康德的星云假说基本观点是一致的，都认为太阳系所有天体都是由同一原始星云按照客观规律逐步演变形成的。在拉普拉斯发表了他的星云说以后，康德的星云说才得到再版和广泛流传。后来，人们往往把两个学说并提，称为“康德-拉普拉斯星云假说”。

太阳系所有天体都是由同一原始星云按照客观规律逐步演变形成的。

二、地球的形成和演化

1. 从地球的演化进程来看

行星地球的演化受太阳这颗恒星演化的影响。作为恒星的太阳目前正处在中壮年时期，太阳正常发光、发热从现在起至少还有 50 亿年的时间。一旦太阳演化到晚年红巨星阶段，可能就要占据地球的轨道，那时地球也将走向晚年。

地球的演变：① 原始地球是熔融状态的火球。② 逐渐冷却后地壳形成，火山活动喷出水汽、二氧化碳和氮氧。③ 温度再降低，水汽凝结形成江、河、湖、海，繁衍生命。原始地球形成后，就处于不断的运动发展中，其发展表现在时间上有阶段性，空间上有地域性。

2. 地球年龄的估算

现在科学界所公认的测定地球年龄的方法是放射性同位素半衰期法。其方法是测定古老岩石中放射性衰变的母元素和一些子元素的含量关系来推断地球的年龄。用这种方法测定地球上最古老的岩石，得到地球的年龄是 38 亿 ~ 39 亿年。现在科学界所认为的地球年龄 45.4 亿年，实际上是从太阳系中的最古老的陨石年龄推断的。

地球演化的地质年代确定主要有 3 种方法：① 利用同位素测定获得地球物质形成的绝对年龄；② 利用沉积成因的岩石中的古生物演化特征，确定沉积地层形成的相对时间；③ 利用地层叠置关系和各种地质、构造交切关系确定相对时间顺序。

3. 大陆漂移和板块构造

薄薄地壳下面的一层仍旧被放射性衰变持续地加热。衰变产生的热量不足以把所有的物质完全熔化，但也使它们不能完全成为固体，称为塑性层。塑性层上面的固体层称为岩石圈，岩石圈破碎成板块漂浮在塑性层上。

因为板块是漂浮着、慢慢地移动。在它们移动的同时，又带着大陆一起运动，所以称这种运动为**大陆漂移或板块构造（活动）**，如图 1-14 所示。板块构造理论提到的岩石层板块之间的相对运动导致大洋启闭与大陆离合，从而在时间上和空间上出现阶段性和地域性的地质演化史。岩石层板块的运动机制有如传送带，新的岩石层产生于洋脊，老的岩石层消亡于海沟，表现出新陈代谢的演化旋回。

地球是永恒发展的，是运动而不是静止的，其发展是有规律的。因此，地球演化既是可以认识，又是可以预测的。所以，研究地球必须在运动中对其加以考察和认识。

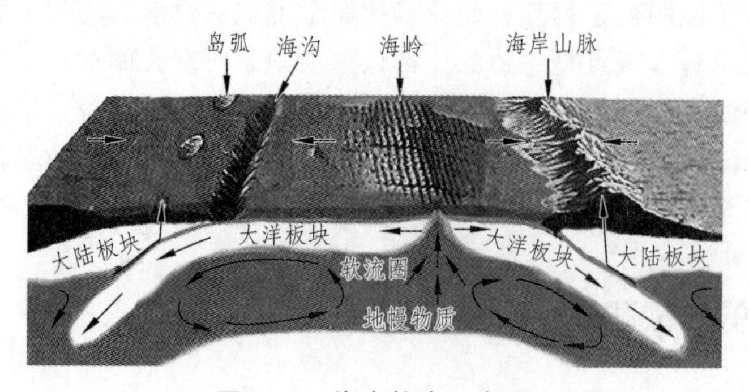

图 1-14　海底扩张示意图

第三节 地理坐标

一、地球与地球仪

地球是一个球体，地球的中心称为**地心**。地球的自转就是地球的旋转，地球自转轴线，简称**地轴**（实际不存在）。地球的这种绕轴旋转称为**自转**，自转方向自西向东，如图 1-15 所示。地轴通过地心与地表相交于两个交点，叫作**地极**。其中指向北极星附近的一极，叫作北极（N），另一极叫作南极（S），是地理坐标的两极。

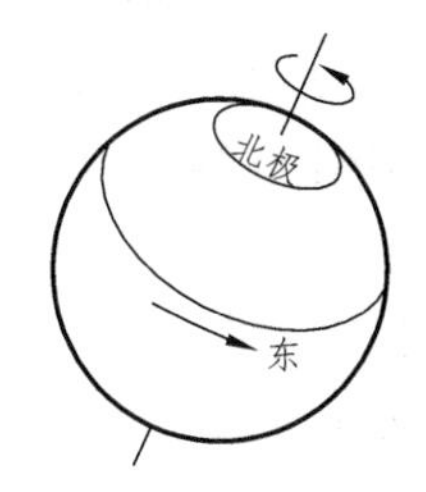

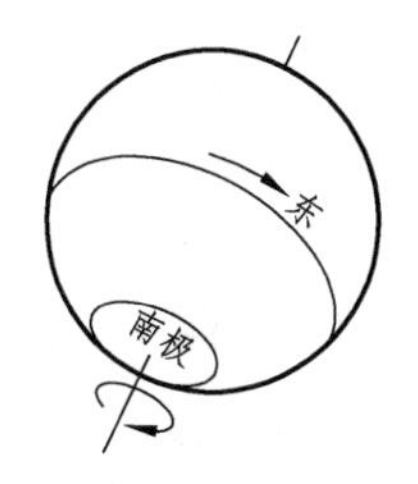

图 1-15 地球自转方向

虽然地球并非正球体，然而，人们在解决一些实际应用问题时，常常把地球当作正球体来处理。制作地球模型时，就是这样处理的。地球仪是地球的模型，但它并不完全反映地球的真实情况，所有的地球仪都是按照正球体制作的。

为了地理定位的需要，人们设置地理坐标系。在地球上划分许多纵横交叉的线——经线和纬线，经纬线是地球上大大小小的圆。经线和纬线都是人们为了实际的应用，而假设出来的线。经线和纬线是依据地球自转来确定，即一切与地球自转方向相平行的圆圈就是纬线（纬圈），而一切通过地极并交汇于地极的圆圈就是经线。

地球球面上可以作出无数个圆，其中有大圆和小圆之分。地球上的大圆也有无数个，但作为地理坐标应用的大圆只有两类：一是通过地心垂直于地轴的平面与地球相交的大圆——赤道；二是通过地轴的平面与地球相交的大圆，这类大圆有无数个，在地理坐标中称之为经线圈。地球上的小圆也有无数个，但在地理坐标中应用的是垂直于地轴的平面与地球相交的圆，在地理坐标中我们称之为纬线圈，其中只有赤道为大圆。

二、经线和纬线

一个平面与一个球体相割，平面和球面相交成一条封闭的弧线，即存在于球面上的圆圈。通过球心的平面，与球面相交成的圆圈都是大圆；不通过球心的平面，与球面相交成的圆圈都是小圆。

1. 经圈和经线

通过地轴的平面可以有无数个，它们都通过地心。所有通过地轴的平面，与地球表面相割成的圆圈，都称为**经圈**。经圈都是地球上的大圆，所有经圈都在两极相交，这样，以两极为界所有经圈都被等分为两个正相对的半圆，称为**经线（子午线）**，如图 1-16 所示。经圈要分成两条经线是为了地理定位的需要。经线是有端点的线段，两端都在两极相交，以极点为中心呈放射状分布，呈南北方向；所有经线平面都通过地轴与赤道垂直相交；所有经线都等长，为 40 009 km（注：赤道为 40 075.24 km）。

2. 纬圈和纬线

同地轴相垂直的平面有无数个，其中通过地心的只有一个。这个既垂直于地轴，又通过地心的平面，与地球表面相割成的圆圈，是地球上的大圆，称为**赤道**。赤道把地球分为南、北半球。除了赤道平面以外，其他所有与地轴相垂直的平面，同地球表面相交成的圆圈，都是地球上的小圆。一切垂直于地轴的平面与地球表面相割成的圆圈，都称为**纬圈**。所有的纬圈都互相平行，大小不相等。赤道是最大的纬圈，从赤道向两极，纬圈越来越小，到极点缩小成了点。除赤道之外，其他所有纬圈都成对分布于赤道两侧，南北半球相对应的两个纬圈大小相等。纬圈也叫作**纬线**，如图 1-16 所示。所有纬线都是没有端点的圆圈，它们都与经线垂直相交。

3. 经纬网

经线和纬线是相互垂直的，因而必然相交，是因为它们所在的平面与地轴的关系，即经线平面通过地轴，而纬线平面垂直于地轴。因此，任何一条经线与任何一条纬线都垂直相交，而且都只有一个交点。在地球仪上，经线和纬线互相交织而成的网，叫作**经纬网**，如图 1-16 所示。地球仪上的经纬网完全是人们为了实际应用的需要而设想和制作出来的。

图 1-16　经线和纬线组成经纬网

三、经度和纬度

地球上有众多的经线和纬线，要使它们具有实际的应用意义，需要给每一条经线和纬线命名，以示互相区别。都是采用编号的方式命名，而这种“编号”是按一个特定的角度大小为序，故称经度和纬度，如图 1-17 所示。

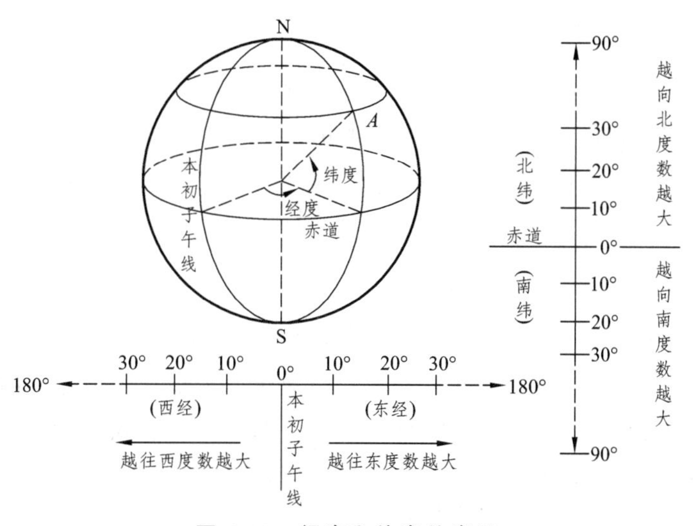

图 1-17　经度和纬度的度量

1. 经度的划分

如何使无数条经线的每一条经线具有与众不同的经度呢？1884 年 10 月 13 日举行的国际子午线会议做出决定，采用英国伦敦格林尼治天文台埃里子午仪中心所在的子午线，作为全球统一共用的**本初子午线**。1957 年，格林尼治天文台迁移到赫斯特孟尼秀斯，其子午仪中心的经度为西经 0°20′16″，但国际上仍然以通过格林尼治天文台原址的那条子午线为全球统一共用的本初子午线。

在立体几何上，经度是一种两面角，即一个是本地子午线平面，另一个是本初子午线平面。两个平面的夹角，即为**本地经度**。起始面是本初子午线所在的本初子午面，终止面是本地子午线所在的本地子午面。

经度的度量一般在赤道上进行，也可以在所在地的纬线上度量。在赤道上度量经度是更为方便的，因为赤道是纬线中的唯一大圆，它使经度的度量不但有全球共同的起始面，而且有全球共同的起始点。这个点就是赤道与本初子午线的交点，位于非洲的几内亚湾，即为地理坐标系的原点。

地球上一地的**经度**，就是本地相对于本初子午线的东西方向和角距离。即某地的经度就是通过该地点的经线（本地子午线）与本初子午线在赤道上所截的弧（或弧所对应的球心角）。经度通常用 λ 表示，单位为度（°）、分（′）、秒（″）。

经度通常沿赤道（或其他纬圈）从原点（或本初子午线）开始，向东和向西度量，各有 0°～180°，分别叫作**东经**、**西经**（图 1-17）。东经和西经通常分别用英文字母 E、W 表示。本初子午线的经度是 0°，无所谓东经西经。东、西经 180°是同一条经线，它同本初子午线共同构成一个经圈。同样，其他任何相对的两条经线的经度数值相加为 180°，共同构成一个经圈。为了照顾欧洲和非洲在半球图上的完整，习惯上用西经 20°和东经 160°经线划分东、西半球。

经度划分记忆：① 与地球自转方向相同，经度数值越来越大，属于东经。反之，与地球自转方向相同，经度数值越来越小，属于西经。② 经圈上两经线的度数互补（即数值相加为 180°)，符号相反。

经线都是大圆，所以，纬度的间隔大体上相同，每 1°约为 111 km。同一经度的两地，根据它们的纬度差，就能估算它们之间的距离。纬线除赤道外，其余都是大小不等的小圆，因此，经度的间隔随纬度增高而减小。具体地说，它与纬度的余弦成反比。例如，在南北纬 60°，经度的间隔是赤道的一半。

2. 纬度的划分

在纬度划分的度量中，赤道及其所在的平面（赤道面），具有特殊的意义。在立体几何上，纬度是一种线面角，即直线同平面的交角，其中的面指赤道面，线指本地的法线（即在各地点与地表切面相垂直的直线）。地表任何一个地点的纬度，就是该地点地面法线同赤道面之间的交角。如果地球是正球体，那么，每个地点的地面法线将与该地点的地球半径相重叠，其纬度显然也就是该地点地球半径与赤道平面所构成的夹角，即地球的球心角。虽然地球是个接近于正球体的球体，但它毕竟不是真正的正球体。因此，在地理学中，关于地理纬度的确切定义，都是用地面法线与赤道平面夹角来表述的。

纬度是沿经线度量的，赤道面是起始面，所在地是终止点。一个地点的纬度，实际上就是从该地点到赤道之间的经线弧线。地球上一地的**纬度**，就是该地相对于赤道的南北方向和角距离。通常把地球半径当作地面法线，这样某地的地球球心角就是它的地理纬度，常用φ表示，单位为度（°）、分（′）、秒（″）。

纬度在本地经线上度量，南北纬各分 90°。赤道以北称作**北纬**，赤道以南称作**南纬**，如图 1-17 所示，南、北纬分别用英文字母 S、N 表示。赤道的纬度为 0°，无所谓南纬北纬，北极为 90°N，南极为 90°S。赤道是南、北半球的分界线。通常，人们把南、北纬 0° ~ 30°、30° ~ 60°、60° ~ 90°分别叫作低、中、高纬度。

与地球形状有关的三种纬度：

① 地心纬度——地面某点和地心的连线与赤道平面的夹角。

② 地理纬度——参考扁球面某点的法线与赤道平面的夹角。

③ 天文纬度——某地铅垂线（大地水准面的法线）与赤道平面的夹角。

三种纬度的差值：

① 天文纬度与地理纬度差值甚小（±1″.5 ~ 2″）一般不加以区分。

② 地理纬度和地心纬度的差异本身，又因纬度而不同。在南北纬 45°处，两种纬度的差值最大（11′32″），由此向赤道和两极递减为零。我们知道，经线的曲率自赤道向两极减小，其中，南北纬 45°处的经线曲率，可以被认为是经线的平均曲率。同它相比，自赤道至南北纬 45°，这一段经线的曲率大于平均曲率，因此，它的地理纬度均大于地心纬度，而且，二者的差值随纬度增高而持续增大。反之，自南北纬 45°到南北两极，这一段经线的曲率均小于平均曲率，两种纬度的差值自 45°起开始递减，至南北两极，积累起来的差值减小为零。

四、地理坐标系及地理坐标的意义

1. 地理坐标系

一地的纬度，表示该地相对于赤道的南北位置；一地的经度，则表示该地的子午面相对于本初子午面的东西位置。二者相结合，标志一个地点在地面上的特定位置，被叫作这个地点的**地理坐标**。度量全球各地的地理坐标，需要一个统一的制度，叫作地理坐标系，它是一种球面坐标系。

球面坐标系与平面坐标系不同，它的坐标轴不是两条相交的直线，而是两条垂直相交的球面大圆弧线；而且，球面坐标系内各点的两个坐标值，不是线距离，而是角距离。按照地理坐标系的制度，地面上同一个特定地点的地理坐标相联系的有三个大圆，它们是赤道、本初子午线和本地子午线。赤道是纬度度量的自然起点所在，是地理坐标系的横轴；本初子午线是经度度量的人为起始所在，是地理坐标系的纵轴；二者的交点即为坐标系的原点。它们是坐标系的框架，都是一成不变的。本地子午线则随地点的不同，可以在本初子午线的东西两侧变动，而点在本地子午线上的具体位置，则随地点的不同可以在赤道的南北两侧变动。通过这两种变动，同一坐标系可以用来表示地面上任何一个地点的地理位置。

2. 地理坐标的意义

在读取和书写地理坐标时，总是纬度在先，经度在后；数字在先，符号在后。例如，北京的地理坐标是：39°57′N，116°19′E。它表示，北京的地理位置在北纬 39°57′的那条纬线与东经 116°19′的那条经线的交会处。

地理坐标系的建立具有重要的意义，世界上的一切地理事物和地理现象，都存在于一定的地理空间，一切地理事物的发展演变，也都在一定的地理空间进行。利用地理坐标系，不仅能精确地确定地表任何一个地点的地理位置，而且可以确定各个不同地点之间的相互方向，计算它们之间的地面距离。这样，就能够有效地研究各种地理事物、地理现象的空间分布和特点。在大海上航行的船只和在天空中飞行的飞机，通过纬度和经度的测定，就可以确定它们在海上和空中的位置及航行的方向。

五、地球上的方向和距离

（一）地球上方向的判定

人们常用的方向，主要有上、下、东、西、南、北。在地球上，指向地心的方向为下，逆地心的方向为上，上与下都是垂直方向。地球上的方向，通常是指地平方向，东（正东）、西（正西）、南（正南）、北（正北），是地平面上最基本的四个方向。地平圈上的东南西北四正点，代表地平方向的东南西北四正向。

地球上方向的确定与地球的自转有关。人们把地球自转的方向，叫作自西向东。

在地球上，顺地球自转的方向为东，逆地球自转的方向为西，与东西方向垂直的地平方向，则称为南北方向。

1. 东西方向

一切纬线都表示正东、正西方向。沿着纬线顺地球自转的方向为正东，反之，沿着纬线逆地球自转的方向为正西。东西方向分两种情况：

（1）亦东亦西，因为纬线是无头无尾的闭合圆圈，所以东西方向是无限的。如同一条纬线上的 A 地和 B 地，A 地既位于 B 地的东方，也位于 B 地的西方，如图 1-18 所示。

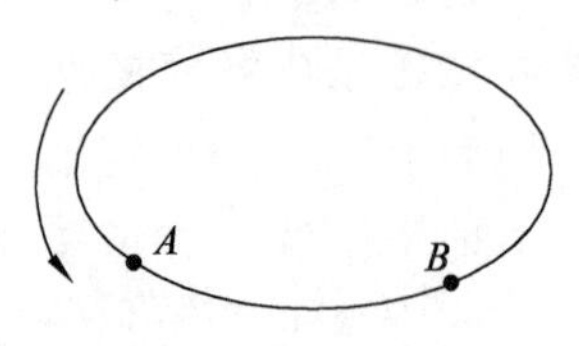

图 1-18　亦东亦西

（2）非东即西，也就是结合地球自转方向，用同一条纬线上两点间的劣弧（小于 180°）来确定。如同一纬线上的 C 地和 D 地，依据自转方向，处于劣弧前端的 D 地，则有 D 地位于 C 地的正东方；而处于劣弧后方的 C 地，则有 C 地位于 D 地的正西方，如图 1-19 所示。

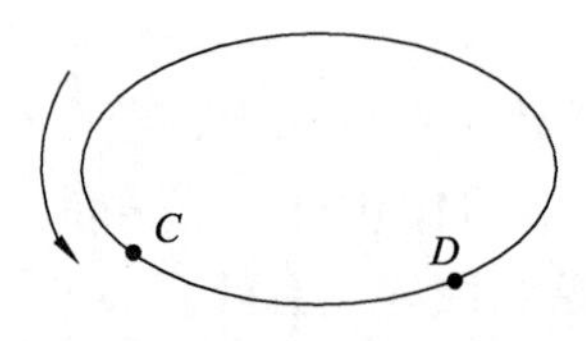

图 1-19　非东即西

2. 南北方向

一切经线都表示正南、正北方向。所有经线都相交于南北两极点，向北就是向北极，向南就是向南极。它们分别是南北方向的终点，同时又是二者的起点。沿着经线朝着北极的方向为正北，反之，沿着经线朝着南极的方向为正南。因为经线是半圆线，两端在南极点和北极点终止，因此，南北方向是有限的。如某人从某地出发沿某经线前进，在到达北极点之前，是向正北方向前进；从北极点不论朝前后左右哪个方向走都是向正南方向。

例 1-1　如图 1-20、1-21 所示，已知经纬度间隔为 10°，写出 A、B、C、D 地的地理坐标，并判断 A 地在 B、C、D 地的什么方向？

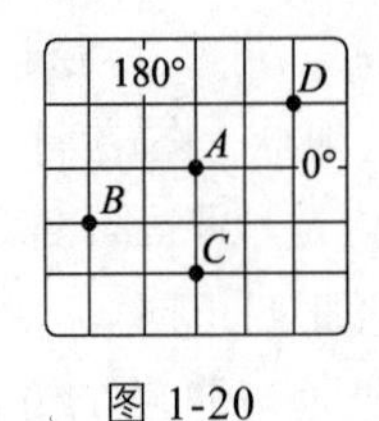

图 1-20

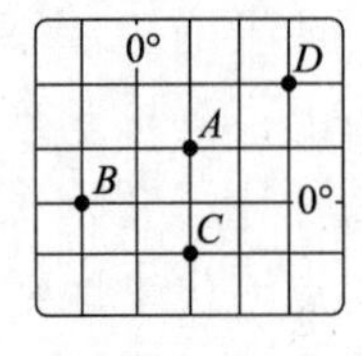

图 1-21

答：在图 1-20 中，已知 0°纬线和 180°经线，以及经纬度间隔为 10°，则 *A*、*B*、*C*、*D* 地的地理坐标为

A（0°，170°W）、*B*（10°S，170°E）、*C*（20°S，170°W）、*D*（10°N，150°W）。

A 地在 *B* 地＿东北＿方，在 *C* 地＿北＿方，在 *D* 地＿西南＿方。

在图 1-21 中，已知 0°纬线和 0°经线，以及经纬度间隔为 10°，则 *A*、*B*、*C*、*D* 地的地理坐标为

A（10°N，10°E）、*B*（0°，10°W）、*C*（10°S，10°E）、*D*（20°N，30°E）。

A 地在 *B* 地＿东北＿方，在 *C* 地＿北＿方，在 *D* 地＿西南＿方。

例 1-2　如图 1-22、1-23 所示，写出 *A*、*B*、*C*、*D* 地的地理坐标，并判断 *A* 地在 *B*、*C*、*D* 地的什么方向？

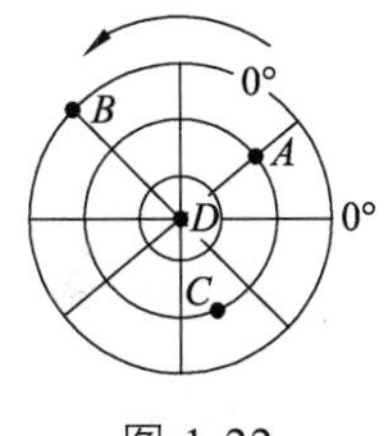

图 1-22

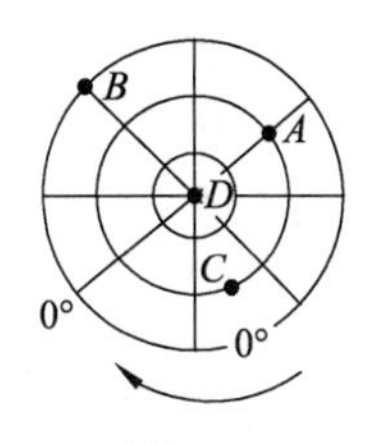

图 1-23

答：在图 1-22 中，根据地球自转方向符号判断，该图示为北半球。

已知图中的 0°纬线和 0°经线，以及依据经纬线间隔数判读的经纬度，则 *A*、*B*、*C*、*D* 地的地理坐标为

A（30°N，45°E）、*B*（0°，135°E）、*C*（30°N，67.5°W）、*D*（90°N）。

A 地在 *B* 地＿西北＿方，在 *C* 地＿东＿方，在 *D* 地＿南＿方。

（提示：不在同一条纬线的两点的东西方向判断方法是，将其中一点移到与另一点所在的纬线，根据"非东即西"方法判断；不在同一条经线的两点的南北方向方法是，将其中一点移到与另一点所在的经线，哪一点更靠近北极（或南极），则该点位于另一点的北方（或南方），反之亦然。下同。）

在图 1-23 中，根据地球自转方向符号判断，该图示为南半球。

已知图中的 0°纬线和 0°经线，以及依据经纬线间隔数判读的经纬度，则 *A*、*B*、*C*、*D* 地的地理坐标为

A（30°S，180°）、*B*（0°，90°E）、*C*（30°S，67.5°W）、*D*（90°S）。

A 地在 *B* 地＿东南＿方、在 *C* 地＿西＿方、在 *D* 地＿北＿方。

（二）地球上距离的测定

1. 距离的单位

（1）海里（n mile）：经线 1 分的弧长（即大圆 1′的弧长），1 n mile≈1.852 km。

（2）千米（km）：地球周长的四万分之一。华里：地球周长的八万分之一。

（3）经度 1°≈111 km。（即大圆 1°≈111 km，由 360°=4 万 km 得出）。

2. 地球上的距离

在球面上，两点间的最短距离，是通过它们的大圆弧线，就要应用球心角来计算地表距离，并假设地球为正球体。这样，就可以把任意两点，都看作是地球上在同一个大圆上的两点，它们间的连线也就是该两点间大圆弧段的长。根据测算，地球大圆一度弧长约为 111 km 或 60 n mile。

因此，求地面上两点之间的最短距离，首先是它的角距离，然后把角距离换算成线距离，而角距离是由这段大圆弧相对应的球心角来求得。即

$$L=\theta\times 60\text{（n mile）或 }L=\theta\times 111\text{（km）} \quad (1\text{-}3)$$

（1）同一经线上两点间的距离

因为经线是地球的大圆弧，通过同一条经线上的两点间的弧段是其最短距离。那么同一经线上的两点（经度相同）间的弧线对应的球心角，等于这两点的纬度差。即

$$\theta=\varphi_A-\varphi_B \quad (1\text{-}4)$$

注意：φ 在北半球取正值，在南半球取负值；数值大减数值小，结果要求为正数。

根据两地的纬度差和一度弧的长度，依据（1-3）式计算出两地点之间的地表最短距离。

例 1-3 求 A（60°N，30°E）和 B（20°S，30°E）的地表最短距离。

解：依题意得，两地处于同一条经线上，则两地的距离可用“同一条经线上两点间线段距离公式”来计算。

已知 $\varphi_A=60°$，$\varphi_B=-20°$，根据公式 $\theta=\varphi_A-\varphi_B$，得

$$\theta=\varphi_A-\varphi_B=60°-(-20°)=80°$$

则 $L=\theta\times 60=80°\times 60=4\,800$（n mile），或 $L=\theta\times 111=80°\times 111=8\,880$（km）

答：AB 两地的地表最短距离为 4 800 nmile 或 8 880 km。

（2）赤道上两点间的距离

在纬线中，只有赤道是地球大圆，通过赤道上的两点间的弧段是其最短距离。那么同处于赤道上两点的弧线对应的球心角，等于这两点的经度差。即

$$\theta=\lambda_A-\lambda_B \quad (1\text{-}5)$$

注意：λ 是东经时取正值，为西经时取负值；数值大减数值小，结果要求为正数。

根据两地的经度差和一度弧的长度，依据（1-3）式计算出两地点之间的地表最短距离。即

例 1-4 求 A（0°，40°E）和 B（0°，20°W）的地表最短距离。

解：依题意得，两地同处赤道上，则两地的距离可用“赤道上两点间线段距离公式”来计算。

已知 $\lambda_A=40°$，$\lambda_B=-20°$，根据公式 $\theta=\lambda_A-\lambda_B$，得

$$\theta=\lambda_A-\lambda_B=40°-(-20°)=60°$$

则 $L=\theta\times60=60°\times60=3600$（n mile），或 $L=\theta\times111=60°\times111=6\ 660$（km）

答：AB 两地的地表最短距离为 3 600 n mile 或 6 660 km。

（3）任意纬线或地表任意两点间的距离

任意一条纬线上两点间距离计算，不同于赤道上两点间距离的计算方式，因为这两点间的纬线弧长不是地表最短距离，其所在的圆不是地球大圆。因此，任意纬线上的两点间的距离和任意两点间的距离，要用球面三角形的余弦公式求出两点间的大圆弧线对应的球心角，即

$$\cos\theta=\sin\varphi_A\sin\varphi_B+\cos\varphi_A\cos\varphi_B\cos(\lambda_A-\lambda_B) \quad (1\text{-}6)$$

注意：① 如果两点分属不同的半球，φ 在北半球取正值，在南半球取负值；λ 为东经时取正值，为西经时取负值。② 如果两点处于同一半球，φ、λ 都取正值，且 $\lambda_A-\lambda_B$ 由大值减小值。

$$\theta=\arccos[\sin\varphi_A\sin\varphi_B+\cos\varphi_A\cos\varphi_B\cos(\lambda_A-\lambda_B)] \quad (1\text{-}7)$$

如果得负值时要运用下式求算

$$\theta=180°-\arccos[\sin\varphi_A\sin\varphi_B+\cos\varphi_A\cos\varphi_B\cos(\lambda_A-\lambda_B)] \quad (1\text{-}8)$$

求出两点间的大圆弧线对应的球心角后，依据（1-3）式计算两地点之间的地表最短距离。

例 1-5 求北京（39°57′N，116°19′E）和莫斯科（55°45′N，37°37′E）的地表最短距离是多少千米？

解：从北京和莫斯科的经纬度来看，两地的地表最短距离将根据“任意两点间线段距离公式”来计算。

已知 $\varphi_A=39°57'$，$\varphi_B=55°45'$，$\lambda_A=116°19'$，$\lambda_B=37°37'$，

根据公式 $\cos\theta=\sin\varphi_A\sin\varphi_B+\cos\varphi_A\cos\varphi_B\cos(\lambda_A-\lambda_B)$，得

$$\cos\theta=\sin39°57'\sin55°45'+\cos39°57'\cos55°45'\cos(116°19'-37°37')$$
$$=0.6151$$
$$\theta=\arccos0.6151=52°3'27''=52.0575°$$

则 $L=\theta\times111=52.0575°\times111=5\ 778.38$（km）

答：北京和莫斯科两地的地表最短距离为 5 778.38 km。

练习题

一、名词解释

1.大地水准面　2.重力　3.重力异常　4.地磁异常　5.经圈　6.经线　7.纬线（纬圈）　8.本初子午线　9.经度　10.纬度　11.地理坐标

二、填空题

1. 地球的形状指__________的形状，它是一个________________球体，赤道半径比

极半径长____km，北极半径比南极半径约长______m。

2. 地球的平均半径为________km，由于____________________力的作用，使它成为一个两极稍____赤道略____的____球体，由于地内物质的____________，使得地球变成不规则的球体。

3. 根据____________传播情况的研究，地球内部可分成__________、__________和________。

4. 地面（大地水准面）的重力随纬度的增加而________，这是由于惯性离心力随纬度的增加而________，地球半径随纬度的增加而________造成的。

5. 地球表面的热能主要来自__________，地球内部的热能主要来自__________，目前主要是________产生的热能。

6. 地球形状是一个两极稍_______，_______略鼓的球体。

7. 地球的平均半径为_______km，赤道半径_________km，极半径 6 357 km。赤道周长约为______km。

8. 地理坐标的基圈是________，始圈是________。地球上的坐标原点位于非洲的__________，该点属于_______半球。

9. 通过英国伦敦格林尼治天文台原址的经线，定为_____度经线，又叫作_____线。

10. _________划分南北半球，以西经______和________的经线划分东、西半球。

11. 在立体几何上，纬度是一种线面角，这个“线”，对于天文纬度来说是指_____，对于大地纬度来说是指________。除赤道和两极外，大地纬度总是____于地心纬度，其最大差值出现在纬度______处。而经度是一种________角，通常沿________度量。

12. 赤道：________半球的分界线，即南北纬度界线。

13. 经线：在地球仪上，连接_________的线，又叫子午线。

14. 东、西两个半球划分：______和______组成的经线圈，将地球分为东、西两个半球。

15. 在地球仪或地图上，由_______和_____相互交织的网格，就是经纬网。

16. 低纬、中纬和高纬划分：低纬度______ ~ _____；中纬度______ ~ _____；高纬度____ ~ 90°。

三、选择题

1. 大地水准面的形状是（　）。

A. 正球体　　B. 扁球体　　C. 椭球体　　D. 不规则扁球体

2. 在地球内部圈层中，地壳与地幔的不连续界面叫（　）。

A. 莫霍面　　B. 康德拉面　　C. 古登堡面　　D. 利曼面

3. 地球内部由地壳→地核，其物质主要成分依次是（　）。

A. 硅镁→硅铝→铁镍→铁镁　　B. 硅铝→铁镁→硅镁→铁镍

C. 硅铝→硅镁→铁镁→铁镍　　D. 铁镍→铁镁→硅镁→硅铝

4. 软流层是在（　）。

A. 地壳以下　　B. 岩石圈以下　　C. 下地幔　　D. 上地幔

5. 整个地壳平均厚度约为（　）。

A. 6 km　　B. 17 km　　C. 33 km　　D. 60 ~ 70 km

6. 地球形状的正确叙述是（　）。

A. 两极稍偏、赤道略鼓的不规则的球体　　B. 正球体

C. 长椭球体　　D. 圆形

7. 最先证明地球是球形的事件是（　）。

A. 哥伦布到美洲大陆　　B. 麦哲伦环球航行

C. 人造地球卫星发射和使用　　D. 大地测量技术产生与进行

8. 在日常生活中，能够说明大地是球形的自然现象是（　）。

A. 太阳东升西落　　B. 站得高，看得远　　C. 水往低处流　　D. 日全食

9. 下列现象不能证明地球是球体的是（　）。

A. 月食的形状　　B. 登高望远　　C. 昼夜交替　　D. 海边观船

10. 岩石圈是指（　）。

A. 地面以下、莫霍界面以上很薄的一层岩石外壳

B. 地面以下、古登堡界面以上由岩石组成的固体外壳

C. 莫霍界面以下、古登堡界面以上厚度均匀的一层岩石

D. 地壳和上地幔顶部，由岩石组成的圈层

11. 甲地（0°，90°E）位于乙地（0°，90°W）的（　）。

A. 东方　　B. 西方　　C. 可东可西

12. 甲地（6°N，156°E）位于乙地的（2°S，176°W）的（　）。

A. 东北方向　　B. 西北方向　　C. 东方　　D. 西方

13. 经线就是（　）。

A. 子午线　　B. 子午圈　　C. 经圈

14. 地球上某点，它的北侧是热带，南侧是温带，东侧是西半球，西侧是东半球，该点是（　）。

A. 23.5°N，160°E　　B. 23.5°S，160°E

C. 23.5°N，20°W　　D. 23.5°S，20°W

15. 某地北为中纬度，南为低纬度，用的是“北京时间”，该地的地理坐标是（　）。

A. 23°26′ N，120°E　　B. 30°N，115°E

C. 23°26′ S，116°E　　D. 30°N，140°E

16. 关于地轴的说法，不正确的是（　）。

A. 地轴与地球表面的交点是北极点和南极点

B. 地轴是地球自转的旋转轴

C. 地球上有一根巨大的地轴

D. 地轴是一根假想的轴线

17. 有关纬线的叙述，正确的是（　）。

A. 都是半圆状　　B. 所有纬线长度都相等

C. 所有纬线都指示南北方向　　D. 所有纬线都指示东西方向

18. 本初子午线是（　）。

A. 南北纬度的分界线　　B. 南北半球的分界线

C. 东西经度的分界线　　D. 东西半球的分界线

19. 东西两半球划分界线的正确叙述是（　）。

A. 0°和 180°的经线圈　　B. 20°W 和 160°E 的经线圈

C. 10°W 和 170°E 的经线圈　　D. 100°W 和 170°E 的经线圈

20. 下列各点中既位于东半球，又位于北半球的是（　）。

A. 30°W，30°N　　B. 10°W，10°N

C. 170°E，30°S　　D. 175°E，10°N

21. 与诗句“坐地日行八万里”最吻合的地点是（　）。

A. 89°S，90°W　　B. 40°N，80°E

C. 71°N，180°W　　D. 1°S，10°E

22. 能构成经线圈的两条经线分别是（　）。

A. 30°E 和 150°E　　B. 10°W 和 170°E

C. 10°W 和 10°E　　D. 20°W 和 160°W

23. 下列关于地球上东、西、南、北的叙述，正确的是（　）。

① 与地球自转方向一致的是“西”，相反的是“东”

② 站在地球南极看四周，处处都是“南”

③ 如果沿纬线向东走，永远走不到东方的尽头

④ 如果沿经线向南走，最终可以走到南方的尽头

A. ①②　　B. ②③　　C. ③④　　D. ②④

24. 地球仪上，0°纬线和 0°经线相比（　）。

A. 两者等长　　B. 0°纬线稍长

C. 0°经线稍长　　D. 0°经线约为 0°纬线的一半长

25. 下列经线中，按由西向东排列顺序正确的是（　）。

A. 20°E、0°、20°W、40°W　　B. 160°E、180°、160°W、140°W

C. 120°E、100°E、80°E、60°E　　D. 80°W、100°W、120°W、140°W

26. 与某点（30°N，114°E）地心对称点的坐标是（　）。

A. 30°S，114°W　　B. 30°N，114°E

C. 30°N，66°E　　D. 30°S，66°W

四、判断题

1. 地内温度随深度增加而升高，地心温度最高。（　）

2. 地表重力随纬度的增高而增大，两极最大，赤道最小。（　）

3. 地壳的组成物质其密度比地幔、地核小，温度也低。（　）

4. 某地的东西方向是纬线的切线方向，而南北方向是经线的切线方向。（　）

5. 依据经纬线所在平面与地轴的关系，则经纬线相互垂直相交。（　）

6. 所有经纬线都是地球大圆。(　　)

7. 实际上，南北方向和东西方向都是有限的。(　　)

8. 同地理坐标相联系的有三个大圆，即赤道、本初子午线和180°经线。(　　)

9. 除了赤道和两极，各地的地理纬度总是大于其地心纬度。(　　)

五、计算题

1. 求贵阳（26°34′N，106°42′E）与雅加达（6°13′S，106°51′E）两城市之间的最短距离。(提示：可以认为贵阳与雅加达位于同一条经线)

2. 哈尔滨的地理坐标是45°45′N，126°41′E，昆明的地理坐标是25°N，102°41′E。求两地之间的最短距离。

六、问答题

1. 简述人类对地球形状的认识。

2. 地球是一个不规则的扁球体，如何理解？

3. 地球椭球体的形状、大小如何？大地水准面与地球椭球体的关系如何？

4. 地面重力分布如何因纬度而变化？

5. 地球内部分为哪些圈层？它们有哪些重要的界面？在这些界面上，地震波发生怎样的变化？怎么知道地壳和地幔是固体？外核是液体而内核是固体？

6. 地球内部结构有何特点？

7. 康德-拉普拉斯星云学说的要点是什么？

8. 什么是纬线和经线？为什么纬线是整圆，而经线是半圆？

9. 什么是纬度和经度？地球上的某地如何确定？

10. 三种纬度有什么区别？

11. 为什么南北方向是有限方向，而东西方向是无限方向？怎样理解地面上两点间的东西方向既是理论上的“亦东亦西”，又是实际上的“非东即西”？

12. 地表两点间最短距离如何确定？

七、读图综合题

1. 如图1-24所示，试回答：

（1）*A*点位于_____半球（东或西）；*B*点位于_____半球（南或北）。

（2）*A*点位于*B*点的________方向。

（3）*A*点的经纬度是______________。

（4）若甲乙两人分别从*B*、*C*两地出发，匀速向南运动，那么两人在______附近距离最远，在_____相会。

（5）*A*、*B*、*C*三点，位于中纬度的是________。

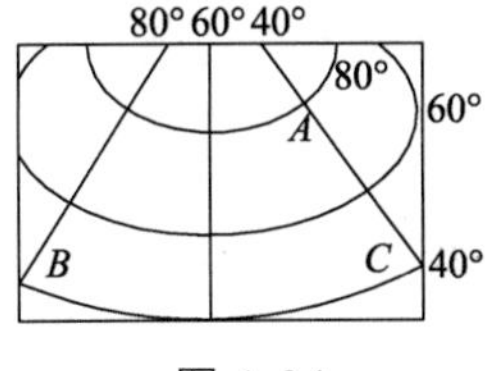

图1-24

2. 如图 1-25，经纬线间隔 20°，并已知 0°纬线和 180°经线，试回答：

（1）写出 A、B、C、D 四点的地理坐标。

A（　　　　　）、B（　　　　　）、C（　　　　　）、D（　　　　　）。

（2）A 点位于 B 点的______方，C 点的______方，D 点的______方。

（3）AB 的地表最短距离是________km，BC 的地表最短距离是______n mile。

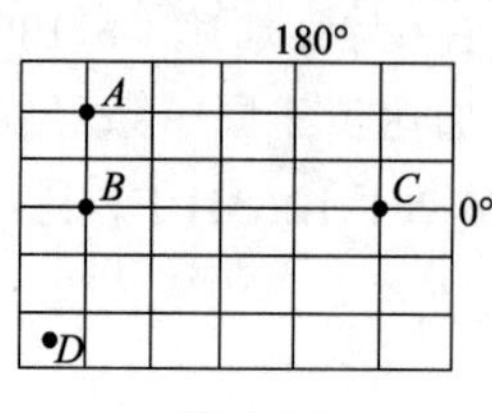

图 1-25

3. 如图 1-26 所示，纬线间隔相等，经线间隔也相等，箭头表示地球自转方向，并已知 0°经线和 0°纬线，试回答：

（1）图中心 D 点是____极。

（2）写出 A、B、C、D、E 四点的地理坐标。

A（　　　　）、B（　　　　）、C（　　　　）、D（　　　　）、E（　　　　）。

（3）A 点位于 B 点的____方，C 点的____方，D 点的____方，E 点的____方。

（4）AD 的地表最短距离是______n mile，BE 的地表最短距离是________km。

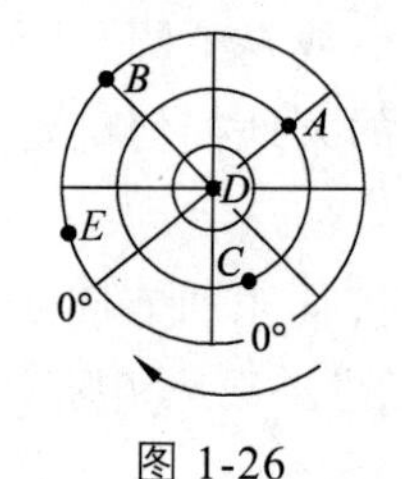

图 1-26

第二章　天体与天球坐标

在晴朗无月的黑夜，抬头仰望天空，繁星满天，人们肉眼可见的全天星星有 6 500 多颗。目前人类已知的宇宙范围约为 930 亿光年，其中包含大约 1 万亿亿颗星球。可见，宇宙之中存在着形形色色、数目无穷、以各种形态存在着的物质，人们把宇宙中的所有物质和能量统称为天体。天体距离我们地球非常遥远，种类繁多，不同种类的天体具体各自的特点。同时，天体都在运动着，因互相吸引和互相绕转，从而形成不同级别的天体系统。因此，本章首先认识天体及天体系统；其次介绍人类观测和获取天体信息的主要渠道、观测工具，以及天文观测数据处理的技术手段；最后学习建立天球和天球坐标的方法，探讨利用天球坐标方法确定天体的位置及其运动规律。天球仅仅是为了便于研究宇宙天体，是人为假想的球，它实际上并不存在。天球的半径是任意的，所有天体，不论多远，都可以在天球上有它们的投影。在天球上，又可人为地确定一些特殊的点和圆，从而建立天球坐标系统，通过一定的天球坐标系就可以定量地表示和研究天体投影在天球上的位置和运动规律。

天球坐标是学习地球概论的基础理论知识，凡涉及地球天文学的内容都或多或少与天球坐标有关，比如地球上的“正午太阳高度计算、昼夜长短”需要用到赤纬和时角，“地球运动”规律需要用到黄道、地平高度，视太阳日长短变化需要时角、赤经及黄经，有关时间计算也需要时角坐标系等。

第一节　天体及天体系统

一、天　体

宇宙是物质的。宇宙间的物质以各种形态存在着，有的是聚集态，构成各类星体；有的成弥散态，构成星云，即云雾状天体；还有弥散于广漠的星际空间，极其稀薄，称星际物质，包括星际气体和星际尘埃。宇宙中所有物质和能量，统称**天体**。天文学研究的对象就是天体。

已知的天体有黑洞、星系、恒星、星云、类星体、行星、卫星、彗星、流星体、星际气体和星际尘埃等，通过射电探测手段和空间探测手段所发现的红外源、紫外源、射电源、X射线源和γ射线源，也都是天体。这些都属于自然天体。在地球上看，天体都在天上。但实际上，地球也是一个自然天体，不过是个特殊的天体。

在天空中运行的人造卫星、宇宙火箭、行星际飞船、空间实验室、各种探测器等，则属于人造天体。

二、主要天体

（1）恒星：天体中的主体。一般认为，由炽热的气体组成的、自身会发热发光的球状或类球状天体，称为恒星。太阳就是一颗恒星，除了月球和行星外，我们在夜晚所见的众星大多为恒星。

（2）行星：绕恒星运行、自身不会发可见光的天体。据现代天文观测获知，行星并不是太阳系独有的。人类已经在800多颗恒星周围发现了1 000多颗行星。

（3）卫星：绕行星运行、自身不会发可见光、以其表面反射恒星光而发亮的天体。如太阳系内的月球就是地球的卫星。据目前资料统计探索发现的太阳系卫星已达160多颗。

（4）彗星：主要由冰物质组成，以圆锥曲线（包括椭圆、抛物线和双曲线）轨道绕恒星运行。当靠近恒星时，彗星冰物质受热融化、蒸发或升华，并在恒星粒子流的作用下（如太阳风）拖出尾巴。

（5）流星体：绕恒星运行的质量较小的天体，其轨道千差万别。在太阳系中有些流星体是成群的，称为流星群。当流星体或流星群进入地球大气层时，由于速度很快，进入地球大气层因摩擦生热而燃烧发光，形成明亮的光迹，称为流星现象。大流星体未燃烬而降落在地面，称为陨星。有些陨星中含有许多种矿物元素，近年来发现在一些陨星中存在有机物。

（6）星云：银河系空间气体和微粒组成的星际云，一般它们体积和质量较大，但密度较小；形状不一，亮暗不等。在星云性质未被了解之前，曾把星云分为银河系以内星云和银河系以外星云两种。

（7）星际物质：恒星之间的物质（除包括星际气体、星际尘埃和各种各样的星际云外，还包括星际磁场和宇宙线），统称“星际物质”。在现代天体物理研究中，星际物质越来越受到人们重视。

（8）人造天体：在1957年人造卫星上天以后才有的天体，包括现有人造卫星、宇航器（宇宙飞船）和空间站等。虽然有的人造天体已瓦解，失去设计时的功能，但每一块小碎片（宇宙垃圾）仍然是人造天体。据估计，现运行在宇宙空间的人造天体已有上万个，为避免碰撞，目前一些国家已开始对它们进行监测。

（9）可视天体和不可视天体（暗物质）：在宇宙中存在大量的物质和能量，人类把肉眼看得见的（在可见光波段）称为“可视天体”，看不见的称为“不可视天体”或“暗物质和暗能量”。据现代天文研究表明，宇宙中存在大量暗物质与暗能量。

三、天体系统

1. 天体系统概念

天体系统是互有引力联系的若干天体所组成的集合体。天体系统由不同的类型的天体构成，天体系统中物质的存在形式是不同类型的天体。一些天体的运动和特征密切相关，存在相互作用，在自然力的影响下形成天体系统。

2. 天体系统

宇宙间的天体都在运动着，运动着的天体因互相吸引和互相绕转，从而形成天体系统。万有引力和天体的永恒运动维系着它们之间的关系，组成了多层次的天体系统。天体系统有不同的级别，按从低到高的级别，依次为地月系、太阳系、银河系、河外星系和总星系，如图 2-1 所示。一般来说，级别越高的天体系统往往质量越大，包含的天体越多，运动越复杂。

已经能够观察到距地球约 200 亿光年的天体，以此距离为半径所绘的天球，就是人类所能观测到的宇宙范围。所有的星系构成了最大的天体系统，称为总星系，但并非宇宙边界。

河外星系与总星系严格说来不能称为天体系统，前者将银河系外的所有物质不分级别地放在一起，而后者仅仅将能观察的天体放在一起，与前面所提的划分标准不同。

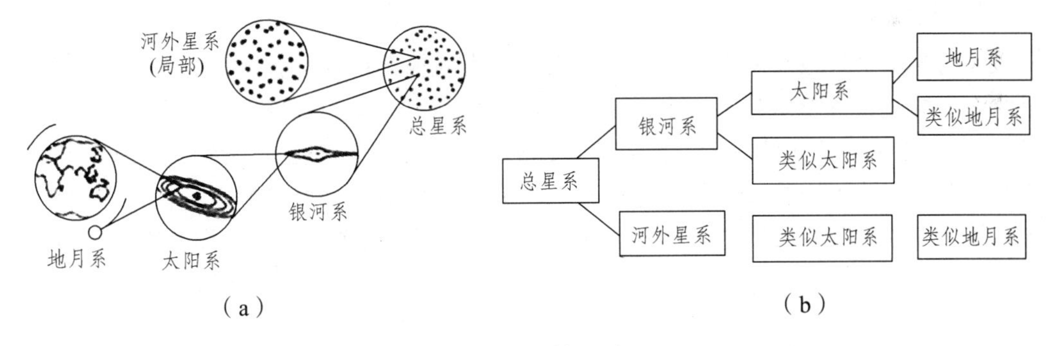

图 2-1　天体系统

第二节　天体观测及其信息处理

一、获取天体信息的主要渠道

人类获取天体信息的主要渠道有电磁波、宇宙线、引力子等。通过对天体信息的研究，了解有关天体的物理性质（如恒星的光度、温度、颜色、寿命等）以及天体的起源和演化。

（1）电磁波。电磁波是在真空或物质中通过传播电磁场的振动而传输电磁能量的波。任何目标物都具有发射、反射和吸收电磁波的性质，目标物与电磁波的相互作用，构成了目标物的电磁波特性，它既是现代遥感探测的依据，也是人类通过电磁波获取宇宙天体信息的主要方法。

（2）宇宙射线。宇宙射线主要指来自宇宙的各种高能粒子流，主要包括质子、α 粒子、电子、不稳定的中子和 μ 子等。中微子质量虽极其微小，但穿透本领很强。通过对中微子观测，人类可以获悉恒星内部热核反应的信息，但不易观测。

（3）引力波。在引力场中，由引力波传播的载体，称为引力子。人类通过对它们进行研究，可以间接得到天体的信息。

（4）其他。如“天外来客（如陨石）”、宇航取样等，也是人类了解宇宙天体的渠道。近年来，随着科学技术的发展，运用近代的科学方法，应用中子活化、电子探针、质子探针、质谱仪等多种新的实验手段，对陨石等展开了多学科的综合性研究，获取了大量新资料。这些资料有力地促进了太阳系起源的研究，为太阳系的物质来源，星云的凝聚过程，行星、卫星以及某些陨石的形成温度，星体内部的化学过程等系列问题的探索，提供了丰富的科学材料。

二、星图、星表和星座

1. 星　图

人们为了更好地观测天体，需要星图和星表的辅助指导。星图指的是把天体在天球曲面上的视位置投影到平面上而绘成的图，可表示天体的位置、亮度和形态等（见图 2-2、图 2-3）。天体的位置可由天球坐标确定，因此，天体坐标、形态、亮度一般标注在星图上。为了查找天体位置，现代大部分星图采用的是第二赤道坐标，即用赤经和赤纬来表示天体的位置；也有采用黄道坐标的星图。星图有古代星图和现代星图等。

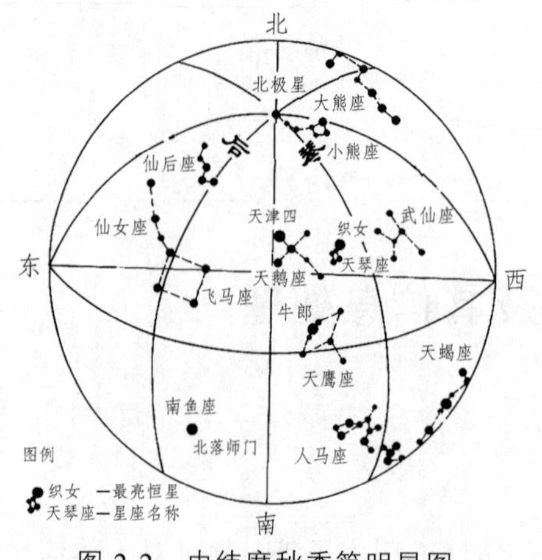

图 2-2　中纬度秋季简明星图

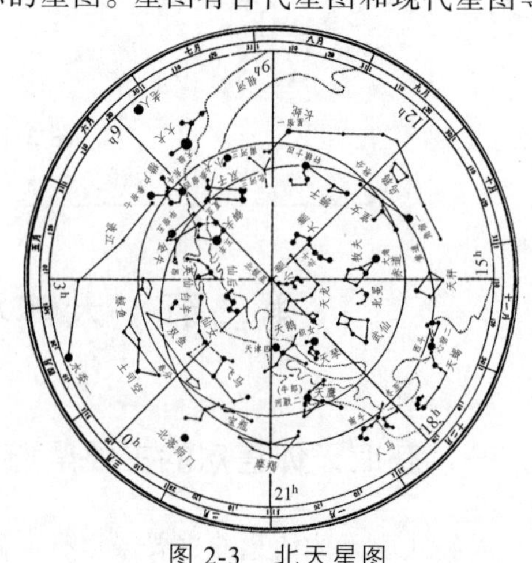
图 2-3　北天星图

现代星图的种类繁多，按投影分，有以天极为中心的极投影星图，有中纬度天区的伪圆锥投影星图，还有以天赤道或黄道为基准的圆筒投影星图；按用途分，有为认证某个天体或某种天象所在位置的星图，有为对比前后发生变化的星图；按内容分，有只绘有恒星的星图和绘有各种天体的星图；按对象分，有供专业天文工作者使用的专门星图，还有为天文爱好者编制的简明星图；按成图手段分，有手绘星图、照相星图和计算机绘制的星图等；按出版的形式分，有图册和挂图等。

一般星图描绘了肉眼可见的恒星、亮星团、星云等，但没有记录行星、彗星及日食、月食等经常变化的天体现象，有关这些动态信息可以从天文年历、有关杂志或天文网站中查阅。

2. 星　表

星表是记载天体各种参数（如坐标、运动、星等、光谱型）和特性的表册，如表 2-1 所示，实际上就是天体的档案。人们可以在星表中查知天体的基本情况，也可以按星表给出的坐标在星空中寻找所要了解的天体。

表 2-1　全天最亮 12 颗星表

序号	名称	英文星名	所属星座	视星等	距离/光年
1	天狼星	Sirius Canis Major	大犬座	−1.46	8.6
2	老人星	Canopus* Carina	船底座	−0.72	80
3	南门二	Rigil Kent* Centaurus	半人马座	−0.27	4.3
4	大角星	Arcturus Bootes	牧夫座	−0.04	30
5	织女星	Vega Lyra	天琴座	+0.03	25
6	五车二	Capella Ariga	御夫座	+0.08	40
7	参宿七	Rigel Orion	猎户座	+0.12	700
8	南河三	Procyon Canis Minor	小犬座	+0.38	11
9	水委一	Achernar* Eridanus	波江座	+0.46	80
10	参宿四	Betelgeuse Orion	猎户座	+0.50	500
11	马腹一	Hadar* Centaurus	半人马座	+0.61	330
12	牛郎星	Altair Aquila	天鹰座	+0.77	16

3. 星　座

宇宙中的天体形形色色，数目无穷，在晴朗的夜晚，我们平常所看到的天体绝大多数是恒星，恒星的数目很多，人们肉眼只能看到全天球约 6 500 多颗恒星，借助仪器进行观测，目前可看到 100 万亿颗。为了便于认识星空，识别这些恒星，古代巴比伦人将天球划分为许多区域，叫作“星座”，国际上把全天球的恒星划分为 88 个星座。北天 29 个，黄道 12 个（见表 2-2），南天 47 个。

表 2-2　黄道十二星座

序号	名称	符号	序号	名称	符号	序号	名称	符号
1	双鱼	♓	5	巨蟹	♋	9	天蝎	♏
2	白羊	♈	6	狮子	♌	10	人马	♐
3	金牛	♉	7	处女	♍	11	山羊	♑
4	双子	♊	8	天秤	♎	12	水瓶	♒

各星座的面积和所含的星数的多少有很大的差别。每个星座可由其中亮星特殊分布（几何图形）情况，与其他星座相区别。其名称可按星座的图形特征，分别采用动物名、希腊神话的人物名和器具名等来命名，如大熊座（北斗七星）、小熊座（北极星）、天琴座（织女星）、天鹰座（牛郎星）、金牛座、猎户座、大犬座等。这样不但为观察天体的视运动提供了良好的背景和参照物，也便于人们对全天球的天体进行分片或逐个观测与研究；还可借助特殊的星座的图形特征在夜间辨别方位，确定时间，对航海、航空以及在深山、沙漠旷野中工作大有益处。

每个星座中，恒星的命名采用了1603年德国人巴耶尔的建议；在每个星座中的恒星，依据肉眼所看到的亮度大小排列顺序，再分别用希腊字母α、β、γ……命名，最亮的为α，次之为β，余者类推；如小熊座的α星就是北极星，它指示地球上正北的方向。大犬座的α星中文名叫天狼星，它是春夏季黄昏后西南天空中最亮的一颗星。天琴座的α星和天鹰座的α星，分别是我国民间神话中的织女星、牛郎星。亮度次序在24之后用阿拉伯数字表示，再加上星座的名字，作为恒星的命名，如天鹅座61星等。

三、观测工具和信息处理

（一）现代天文望远镜

天文望远镜获取天体的信息主要是通过电磁波。除了人眼看到的可见光外，天体还有红外、紫外、射电等电磁辐射，这些辐射或者是天体本身发射的，或者是天体反射及散射其他天体辐射。自1609年伽利略首次用光学望远镜观测天体以来，天文观测仪器不断发展，探测能力不仅在可见光辐射上有显著提高，还扩展到其他波段。观测手段的改进有力地推动了天文学和天体物理学的发展。现在，人类借助望远镜不仅可在地面进行天文观测，而且可以在空间进行天文观测。

光学望远镜功能：一是聚光，尽可能多地收集天体的辐射能量，使人类能看到较暗的天体；二是放大天体的角直径，提高分辨本领，使观测目标的细节看得更清楚。

射电望远镜功能：天线把微弱的宇宙无线电信号收集起来，然后通过波导把收集到的信号传送到接收机中去放大。接收系统将信号放大，从噪音中分离出有用的信号，并传给后端的计算机记录下来。

（二）天文圆顶、天象厅和天文台以及虚拟天文台

1. 天文圆顶、天象厅和天文台

天文圆顶是一种特殊的标志性建筑物，为了模拟星空，可设计成封闭的半球形天象厅。厅内由天象仪和天幕组合构成。通过天象仪，将天文节目放映在天幕上，可以演示日月星辰的升、落、运行变化等，体验置身于太空的感觉。为了天文望远镜安装、观测，可设计成半圆形的专用屋顶，且在圆顶和墙壁的接合部装置了由计算机控制的机械旋转系统，开有天窗。这样，用天文望远镜进行观测时，只要转动圆形屋顶，把天窗转到要观测的方向，望远镜也随之转到同一方向，再上下调整天文望远镜的镜头，就可以使望远镜指向天空中的任何目标了。

天文圆顶是适应天文观测的需要而建的。它不仅使贵重的天文仪器免受日晒雨淋、风沙侵袭、周日温差的影响，而且也是天文观测的标志性建筑。天文台是专门进行天象观测和天文学研究的机构，世界各国天文台大多建在山上。每个天文台都拥有一些观测天象的仪器设备，主要是各类天文望远镜。

2. 虚拟天文台

虚拟天文台由虚拟的数字天空、虚拟的天文望远镜和虚拟的探测设备组成，利用最先进的计算机和网络技术将各种天文研究资源（观测数据、文献资料、计算机资源等，甚至天文观测设备），以标准的服务模式无缝地汇集在同一系统中。它提出后，各国天文学界迅速响应，纷纷提出了各自的虚拟天文台计划。为了将不同地区的虚拟天文台研发力量联合在一起，国际虚拟天文台联盟于 2002 年 6 月成立。中国已参与国际虚拟天文台联盟的活动，同时也投身于虚拟天文台的建设。

（三）天文数据的处理

天文观测数据处理是在天文观测的基础上揭示宇宙奥秘的重要手段，随着科学技术的发展，各种大型天文仪器设备的投入使用，天文学家获得的数据量迅速增加，现代大多是借助计算机处理分析海量天文数据，常见的方法有概率统计、误差和最小二乘法、回归分析、谱分析、傅立叶变换、递推算法分析、判别分析、主成分分析、多变量数据分析等，目前可用 SPSS 等数理统计软件以及天文专业软件分析处理这些数据。

随着计算机与网络技术的普及和不断发展，电子星图、天文软件的出现给天文爱好者开拓了一片崭新的空间。人们只要坐在电脑前便可以看到实时的星空、各种天象，了解各类天体的信息，还可以通过天文软件控制望远镜或 CCD 相机进行天文观测。通过虚拟天文台以及数字地球，获取更多的数据集并快速处理。构建宇宙天体信息系统，以便人类获取更多的宇宙信息。

第三节　天　球

一、天球的概念

引力使运动宇宙中的天体能保持相对的平衡。抬头仰望天空时，从视觉上很难辨别出天体距离的远近，似乎是等距的，它们同观测者的关系，犹如球面上的点与球心的关系。这样太阳、月亮和恒星看起来似乎都分布在一个很大的球面上，地球上的人无论走到什么地方，都有这种感觉。日月星辰等天空的昼夜变化表明，天球不但存在于地平之上，而且还有一半隐入地平之下。

（1）天穹。人们能够直接观测到的地平以上的半个天球，如图 2-4 所示。

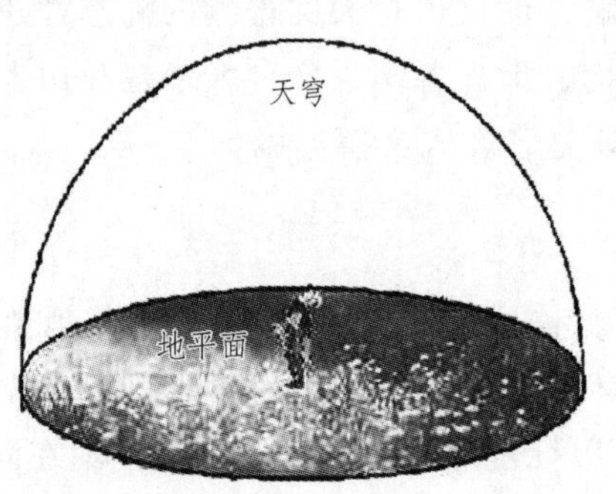

图 2-4　天穹

（2）天球。在天文上，对天球是这样定义的：以观测者为中心、以任意长为半径的一个假想的球体（见图 2-5）。天球仪可作为研究天体视位置和视运动的辅助工具。如太阳每日的东升西落、月球在天空中的圆缺变化、日月食现象出现等都可借助天球仪来表示。

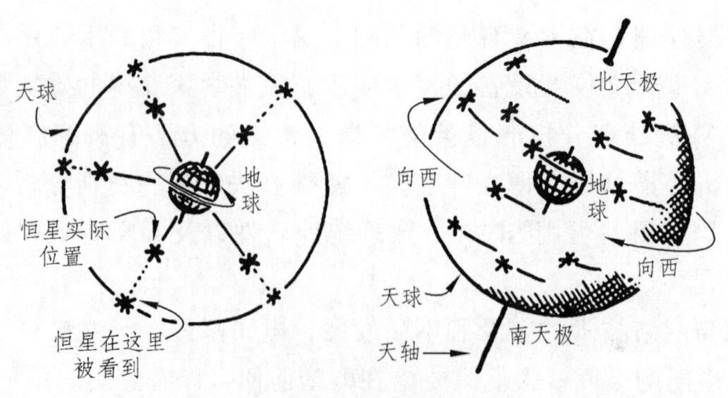

图 2-5　天球示意图

以地心为球心，以无穷远为半径的假想球体，称为天球。天文上在定义天球时，规定了两个条件：第一，天球的球心是观测者或地心；第二，天球的半径是任意的。

二、天球的类型

由于研究任务不同，天球中心可以选择为观测者或地心或日心等，相应地就有地心天球和日心天球等。地心天球，是地球上的观察者所构想的天球，它以地心为天球中心，但地球上的观察者只能在地面上观察，地心与地面的差距就是地球半径，在较大尺度的宇宙空间里，地球半径或直径的距离是可以忽略不计的。所以，地心天球与以地面上的观察者为中心的天球可以被看作是一致的，仅在必要的时候才做某些修正。地心天球主要用以表示太阳系以外的天体视位置和视运动。日心天球，以日心为天球中心，即假设观察者处于日心位置，这种天球主要用于表示太阳系内天体的视位置和视运动。

三、天球的性质

（1）天球是假设的，实际上不存在，来源于视觉（天穹）。

（2）半径是任意长，观测者任何移动，球面形状不变。

（3）球心可根据观测需要确定。可有地心天球、日心天球、银心天球等。

（4）天球上天体位置不是真实位置，而是投影位置或视位置。

（5）天球上天体只有角距离，而无线距离。（图 2-6）

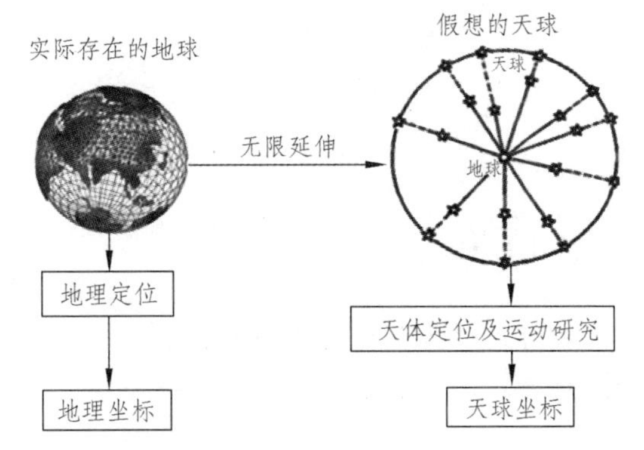

图 2-6　地球及地理坐标与天球及天球坐标联系示意图

四、天球的视运动

在地球上的观测者看来，整个天球像是在围绕着我们旋转。这种视运动是地球自转的反映。地球绕地轴由西向东自转。这种运动是人类感官无法直接感觉到的，人们所感觉到的，却是地外的天空，包括全部日月星辰，概无例外地以相反的方向（向西）和相同的周期（1 日）运动。地球在自转的同时，还绕太阳公转。地球公转的方向与其自转方向相同，都是向东。这种运动同样是不能被感觉到的。在地球上的观测者看来，倒是像太阳在绕地球运动。（天球视运动的现象，如天球周日运动、周日圈、太阳周年

运动等将在第四章详解）

五、天球上的圆和点

在天球上定义一些假想的点和大圆（基本线和基本圈），以便确定天体在天球上的视位置，或研究天体的视运动。因此，利用天球可以把各个天体方向间的相互关系的研究，分为球面上的点与点或点与线或线与线之间相关位置的研究。根据同一球面上最大的圆，其圆心在球心的称为大圆，其他的圆则称为小圆。天球上的大圆和小圆都是无穷的，最重要的大圆有三个，即**地平圈**、**天赤道**和**黄道**，它们是天球上的基本大圆；这些大圆的两极点以及大圆之间的交点是天球上的**基本点**，如图 2-7 所示。天球上的基本大圆和基本点将在各个天球坐标系中予以详细介绍。

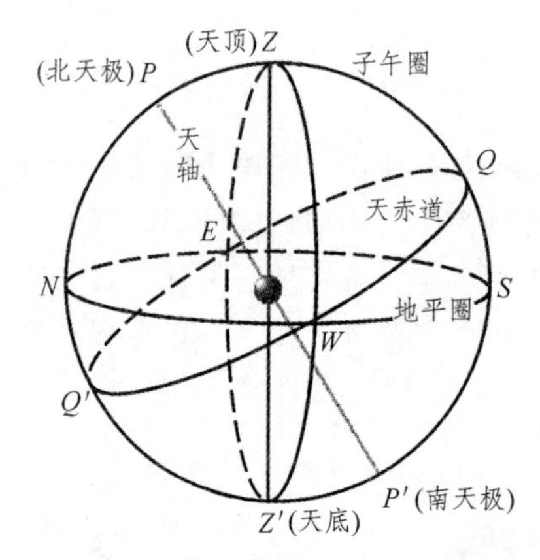

图 2-7　天球上的圆和点

六、天球上的方向和距离

天球上的方向也是以地球自转为基础的。简单地说，它是地球上的方向的延伸。天轴和南北天极是地轴的延伸；天赤道则是地球赤道的扩大。在地球上，南北两极是南北方向的标志，向北就是向北极，向南就是向南极。天球上的南北方向也是有限方向。若某天体比另一天体更接近天北极，那么，该天体就在它的北方，反之亦然。在地球上，赤道和纬线方向都表示东西方向。在天球上，天赤道和赤纬圈方向也表示东西方向。天球周日运动的方向，就是向西；与此相反的方向，则为向东。值得注意的是，若在天外俯视天北极，天球周日运动（向西）是顺时针方向旋转；而在地球上仰视天北极，则天球周日运动（向西）呈逆时针方向旋转。在地球北极仰视天北极，向东是顺时针的旋转方向，向西是逆时针的旋转方向。

在地球表面上，有角距离，也有线距离。但在天球上，只有角距离而没有线距离，因为天球的大小是任意的。天球上的角距离是两个天体在天球内表面的投影点所在的劣弧对应的球心角。即任何两点间的弧长，实际上就是两个方向间的夹角。例如，牛郎星和织女星的角距离约为 35°。至于两天体间的实际距离，牛郎星和织女星相距 16.4 光年，那是指空间的直线距离，而不是天球上的线距离，如图 2-8 所示。

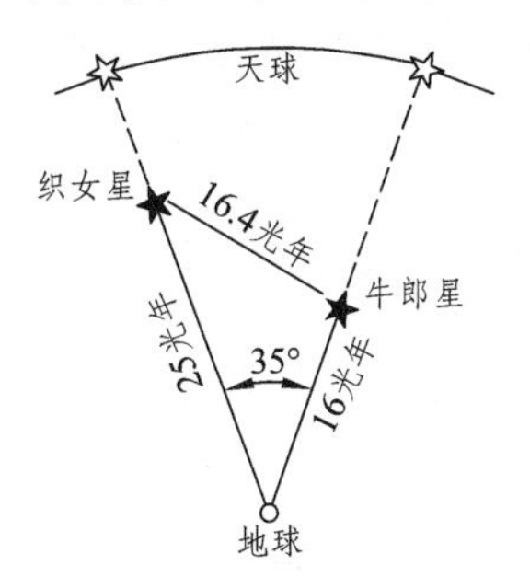

图 2-8　天球上的距离

第四节　天球坐标

为了确定一个地点在地球上的位置，人们设置地理坐标系；同理，为了确定天体在天球上的位置，需要设置天球坐标系。地理坐标系和天球坐标系，都是球面坐标系。在天文学上，根据不同的需要，使用不同的天球坐标系。各种天球坐标系，有不同的特点。但是，它们都有球面坐标系的共同特点。

一、球面坐标系模式

球面坐标系的特点是：

（1）球面坐标系都有一个基本大圆，称为**基圈**。例如，在地理坐标系中，赤道就是基圈。

（2）基圈上都有一个**原点**。原点的选择是以通过它的辅圈为标志的。**辅圈**就是通过基圈的两极而垂直于基圈的所有大圆。在地理坐标系中，它们就是经线。通过原点的辅圈，叫作**始圈**。例如，地理坐标系中的始圈，就是本初子午线。

（3）球面上任一点相对于基圈的方向和角距离，用纬度表示，是点的**纵坐标**。例如，地理坐标系的纵坐标叫地理纬度。

（4）球面上任一点所在的辅圈平面相对于始圈平面的方向和角距离，用经度表示，是点的**横坐标**。例如，地理坐标系的横坐标叫地理经度。

根据上述特点，人们可以归结球面坐标系的一般模式：对于特定的点来说，这个模式实际上是一个球面三角形，如图 2-9 所示。构成这个三角形的三条边，分别属于三个大圆，即**基圈**、**始圈**和**终圈**（点所在的辅圈）。三角形的三个顶点是基圈的极点、原点和介点（终圈与基圈的交点）。三边中的基圈和始圈，分别是坐标系的**横轴**和**纵轴**，是固定的框架。终圈则是可变动的，体现这种变动的是点的**经度**；点在终圈上的位置也是可变动的，体现这一变动的是点的**纬度**。通过这两种变动，天球球面上任何一点的位置，可用该点距离天球基本点和基本圈的大圆弧，或大圆弧所对应的圆心角来度量，都可以用一定的经度和纬度来确定。前者是点的横坐标，后者是点的纵坐标。

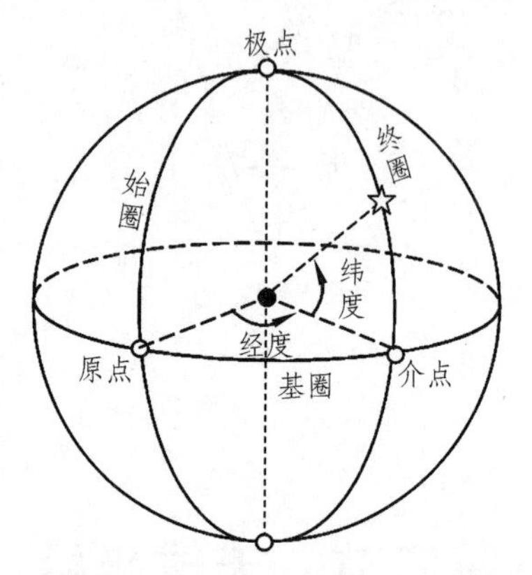

图 2-9　球面坐标系模式

在天文学上，常用的天球坐标系分两大类：右旋坐标系和左旋坐标系。前者与天球周日运动（地球自转造成）相联系，因天球周日运动方向向西（右旋），因此，经度向西度量，有**地平坐标系**和**时角坐标系**。后者与太阳周年运动（地球公转造成）相联系，因太阳周年运动方向向东（左旋），因此，经度向东度量，有**赤道坐标系**和**黄道坐标系**。时角坐标系和赤道坐标系，都以天赤道为基圈，这样，这两种天球坐标都属于赤道坐标系，因此，时角坐标系应称为第一赤道坐标系，赤道坐标系就称为第二赤道坐标系。

二、地平坐标系：方位（A）和高度（h）

1. 用　途

地平圈把天球分割成两部分，人们所见的天空，是地平圈以上的一半。随着天球的周日旋转，天体相对于地平的升落和移动，是人们目睹的最直观的天象：旭日东升，夕阳西下，如日方中……，都是对太阳的方位和高度的描述。地平坐标系就是用来表示天体在当地天空中的方位和高度及其周日变化。

2. 基本圈和基本点

地平坐标系中的基本圈是地平圈，基本点是天顶和天底。

地平圈是指通过地心并且垂直于当地铅垂线的平面无限扩大，同天球相割而成的天球大圆。它把天球分成可见半球和不可见半球，两极分别为**天顶**（Z）和**天底**（Z'）。地平圈对于当地来说，就是地平面与天球相交而成的大圆。沿观测者头顶所指的方向作铅垂线向上无限延伸，与天球相交的一点称即为“天顶”；铅垂线在观测者脚底向地平以下无限延伸，与天球相交的另一点即为“天底”。

由于天球的半径是任意长，相对的地球的半径则很小，因此，观测者所在的点可以认为是与地心重合；地平圈也可以看成是以地心为圆心，这与观测者所在点的地平面在天球上是完全一致的。

通过天顶和天底可以作无数个与地平圈相垂直的大圆，称为**地平经圈**，或简称平**经圈**；也可以作无数个与地平圈相平行的小圆，称为**地平纬圈**（也叫**等高线**）。地平经圈与地平纬圈是构成地平坐标系的基本要素。

地轴的无限延长即为天轴，天轴与天球有两个交点，与地球北极相对应的那个交点叫作**天北极**，与地球南极相对应的那个交点叫作**天南极**。那么通过天顶、天底和天北极、天南极的地平经圈即为子午圈，在子午圈上，靠近天北极的那个交点为**北点**，靠近天南极的那个交点为**南点**。根据“面北而立，左西右东”的原则，可以确定当地地平面的东点和西点，即面向北点左转 90°为西点，右转 90°为东点。这样，就确定了地平圈上的东（*E*）、西（*W*）、南（*S*）、北（*N*）四方点，如图 2-10 所示。*E*、*W*、*S*、*N* 合称为“四方点”或“四正点”。

在地平坐标系中，子午圈被天顶、天底等分为两个 180°的半圆，以北点为中点的半圆弧，称为**子圈**，以南点为中点的半圆弧，称为**午圈**。在地平坐标系中，午圈所起的作用相当于本初子午线在地理坐标系中作用，是地平经度（方位）度量的起始面。通过东点和西点的平经圈，被称为**卯酉圈**，必要时以天顶、天底为界，分为卯圈（东半圈）和酉圈（西半圈）。地平圈、子午圈和卯酉圈，是相互垂直且等分的三个天球大圆。

建立地平坐标系需要借助的大圆——天赤道。天赤道与地平圈相交于 *E*、*W* 两点，地平圈对于天赤道的二个远距点是南点和北点，如图 2-11 所示。

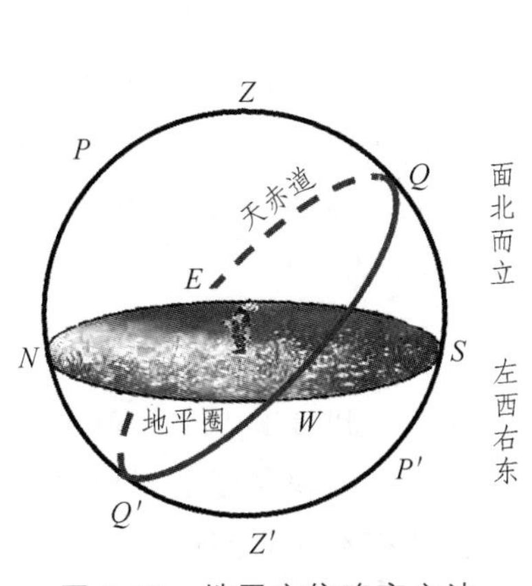

图 2-10　地平方位确定方法

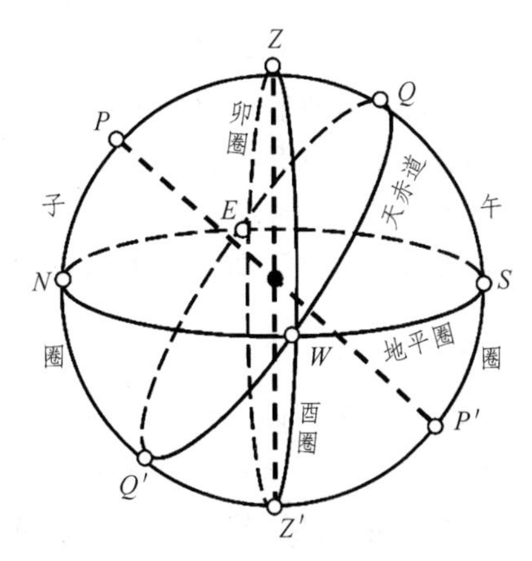

图 2-11　地平坐标系的基本圈和基本点

3. 地平坐标：方位（*A*）和高度（*h*）

通过上述的基本圈和基本点，就有条件来说明天球的地平坐标系，并确定某点或某一天体在地平坐标系中的坐标。根据球面坐标系的一般模式，构成地平坐标系的球面三角形的三条边，分别是**地平圈**、**午圈**和某点或某一天体所在的**地平经圈**。地平圈是基圈，度量高度（地平纬度）的起始面；始圈通常是午圈，午圈与地平圈的交点——南点，通常是度量方位（地平经度）的原点。如图 2-12 所示。

（1）**方位**（A）（地平经度），是天体所在的地平经圈相对于午圈的方向和角距离，是一种两面角，即午圈（$\widehat{ZSZ'}$）所在的平面与通过天体所在的地平经圈平面的夹角。注意，原点在天文上用南点，在大地测量上用北点。

方位以南点（S）为起点，在地平经圈上顺时针（向西）度量，自 0°至 360°，于是地平圈上的南点、西点、北点和东点的方位值，就有 S（0°）——W（90°）——N（180°）——E（270°）。方位之所以要向西度量，是因为周日运动方向向西，使天体方位随时间递增，便于度量。

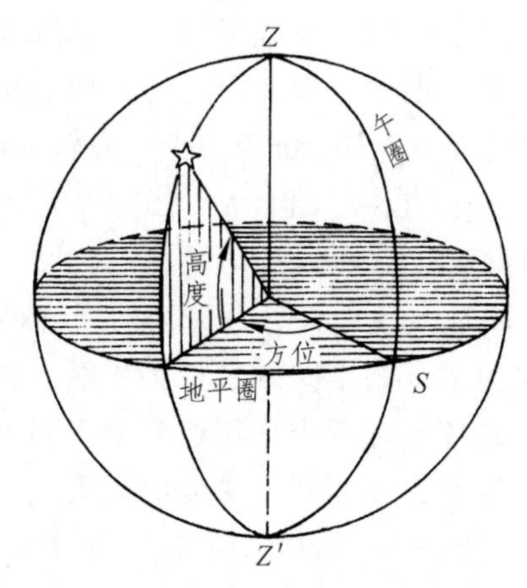

图 2-12　天体的地平坐标：方位和高度

（2）**高度**（h）（地平纬度），是天体相对于地平圈的方向和角距离，是一种线面角，即天体所在的天球半径与地平圈平面的夹角。

因此，高度以地平圈为起点，沿天体所在的地平经圈向上、向下度量，取值为 0°~±90°。某点或某一天体的高度值，在地平圈以上为**正**，在地平圈以下为**负**，即意味着位于不可见半球。在地平圈上为 0°，天顶 90°，天底-90°。高度的余角为天顶距（z）。天顶距：天体高度的余角，或天体相对于天顶的角距离。

4. 地平坐标系的变化

地表各点位置不同，地平坐标系的基本圈（地平圈）和基本点（天顶和天底）也不同。所以，在不同地点同时观察同一天体，所得到的方位和高度是不相同的。在同一地点，由于地球的自转、时间的延续，对于同一天体在不同时刻进行观察，其方位和高度也是不相同的。所以，地平坐标值是因地因时而不同，随时间和地点的变化而变化是地平坐标系的显著特征。

（1）地平坐标值随时间变化。同一天体在不同时刻，其方位和高度不相同。例如，太阳刚升起的时刻，其方位较大，高度为 0°；到了正午时，太阳位于正南方的天空中，其方位为 0°，高度则增到了一天中的最大值；到了太阳落山时刻，其方位和高度又发生了明显的改变。这种变化是地球自转造成的。

（2）地平坐标值因地点变化。某个时刻在不同地点同时观察同一天体，所得到的方位和高度是不相同的。下面分别介绍在北极、赤道和任意纬度φ建立的地平坐标系及其坐标值的不同。

① 极地地平坐标系。例如，观测者在北极点对天体进行观测建立的地平坐标。其特点有：地平圈与天轴垂直，且与天赤道相重合；天北极与天顶重合，天南极与天底重合。因此，天北极的高度就是天顶的高度，其值为 90°，如图 2-13 所示。

② 赤道地平坐标系。即观测者在赤道上对天体进行观测建立的地平坐标。其特点有：地平圈与天轴所在平面位于同一平面，天北极和天南极与天顶、天底的角距离均为 90°；地平圈与天赤道垂直，天北极和天南极位于地平圈上，因此，天北极和天南极的高度都是 0°，如图 2-14 所示。

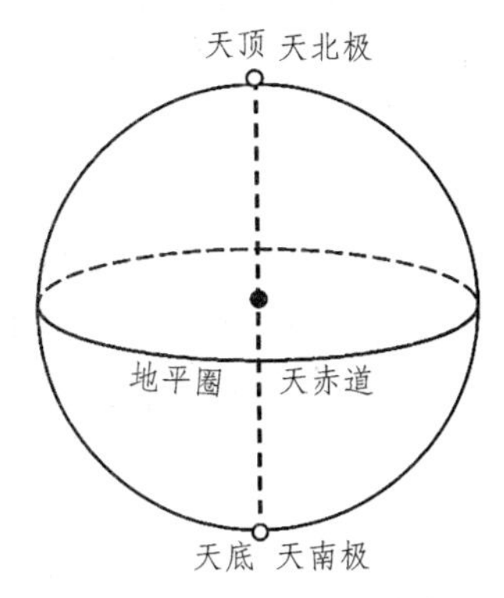

图 2-13　北极的地平坐标系

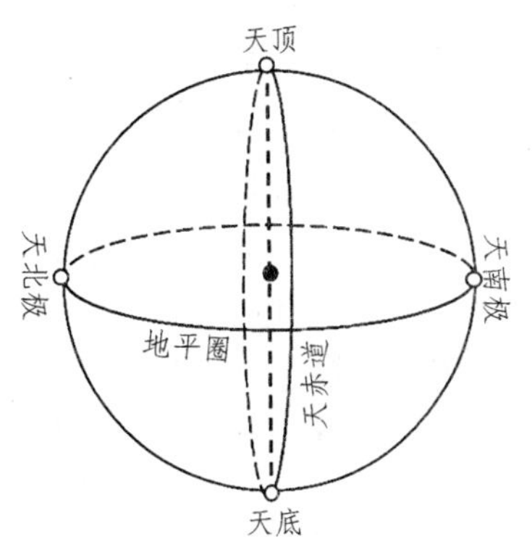

图 2-14　赤道的地平坐标系

③ 任意纬度φ的地平坐标系。例如，观测者在北半球纬度φ的地点上对天体进行观测建立的地平坐标。其特点有：地平圈与天轴的夹角为φ，这是因为地理纬度为φ的地平面与天轴的夹角为φ，因此，天北极（仰极）的高度为φ。所以，在北半球的任何一个地点，天北极的高度等于该地的地理纬度，如图 2-15 所示。

这一规律给我们提供了一种天文上测量纬度的基本方法，只要测量天极在某地的地平高度，就得出了该地的地理纬度。

总之，地平坐标系能把天体在当时当地的天空位置直观地、生动地表示出来。例如，若某一颗星在某时刻的地平坐标值为：方位 270°，高度为 45°，则说明，该颗星在正东方的天空，其仰角为 45°。

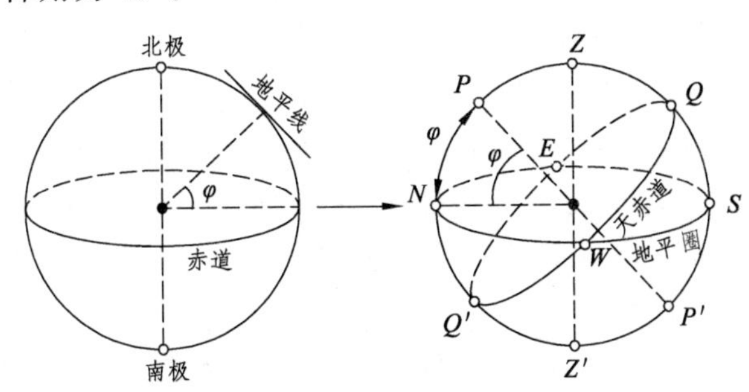

图 2-15　北纬φ的地平坐标系

在某地连续数小时观测某一颗星在天空中的位置变化，则可以看出该颗星的高度和方位是随着时间的推移而变化的。

三、时角坐标系：时角（t）和赤纬（δ）

时角坐标系以天赤道为基圈，属于赤道坐标系。因要区别于之后讲的赤道坐标系，时角坐标系称为第一赤道坐标系。

1. 用　途

时角坐标系，顾名思义，这种坐标系的设置，是用于度量时间。

我们知道，时间的度量总是与事物的均匀运动过程相联系。在天地间，最理想的均匀运动，莫过于天球周日运动。“日出而作，日入而息”，钟表的设计，事实上就是太阳（严格地说应是平太阳）周日运动的翻版。

天球周日运动本身是均匀的。但是，反映在地平坐标系中方位的变化是非均匀的。这是因为，天球的旋转轴——天轴通常并不垂直于地平圈。所以，地平坐标系不能用于度量时间。要使经度随时间而均匀变化，只需把天球坐标系的基圈，由地平圈改为天赤道即可（因为天轴垂直于天赤道）；与此同时，坐标系的原点也由地平圈上的南点，改为天赤道上的上点，保留始圈（午圈）不变。

2. 基本圈和基本点

时角坐标系的基本圈是天赤道，基本点是天北极和天南极。

天赤道是指地球赤道平面无限扩大，同天球相割而成的天球大圆。它把天球分成北天球和南天球两部分，两极分别为**天北极**（P）和**天南极**（P'）。天轴是地轴的无限延伸，从地球北极点延伸的天轴与天球相交的点就是“天北极”，相反，从地球南极点延伸的天轴与天球相交的点就是“天南极”。

天赤道的两极是地轴向南北两个方向无限延伸与天球的两个交点。通过南、北天极，垂直于天赤道的一切天球大圆，是天球的赤道经圈，简称**赤经圈**，因时角坐标系的经度称时角，赤经圈便改称**时圈**；一切与天赤道平行的小圆，是天球的赤纬圈。时圈和赤纬圈是构成时角坐标系的基本要素。

在无数个赤经圈中，通过地平圈上南点和北点的赤经圈为**子午圈**，在这里，子午圈的定义与地平坐标系中子午圈是统一的，只是从两个不同的角度去说明。子午圈与天赤道有两个交点，位于地平圈之上的交点称为**上点**（Q），位于地平圈之下的交点称为**下点**（Q'）。子午圈被天北极和天南极等分为两个180°的半圆，以上点为中点而且过南点的半圆弧为**午圈**，以下点为中点而且过北点的半圆弧为**子圈**。在度量天体的时角（时角坐标系的经度）时，午圈起到起始面的作用，可以类比于地理坐标系中的本初子午线和地平坐标系中的午圈。

通过东点和西点的赤经圈，航海天文学上称为**六时圈**，必要时以南、北天极为界，分为东六时圈和西六时圈。**天赤道**、**子午圈**和**六时圈**，是相互垂直和等分的三个大圆，它们把天球分成 8 个相等的球面三角形。

建立时角坐标系需要借助的大圆——地平圈。天赤道与地平圈相交于 E、W 两点，天赤道对于地平圈的两个远距点是上点和下点，如图 2-16 所示。

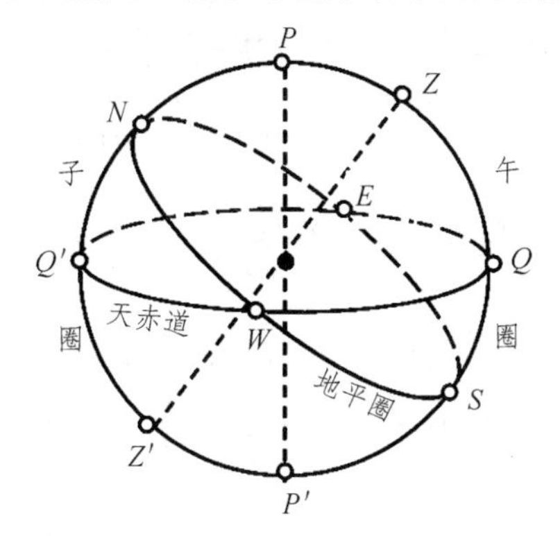

图 2-16 时角坐标系的基本圈和基本点

3. 时角坐标：时角（t）和赤纬（δ）

通过上述的基本圈和基本点，就有条件来说明天球的时角坐标系，并确定某点或某一天体在时角坐标系中的坐标。根据球面坐标系模式下，构成时角坐标系的球面三角形的三条边，分别是天赤道、午圈和某点或某一天体所在的赤经圈（时圈）。天赤道是**基圈**，度量赤纬的**起始面**；始圈通常是**午圈**，午圈与天赤道的交点——**上点**，通常是度量时角（经度）的**起点**。如图 2-17 所示。

（1）**时角**（t）：是一种两面角，起始面是午圈（$\overset{\frown}{PQP'}$）所在的平面，终点面是天体所在赤经圈（时圈）平面。也就是说，时角坐标系的经度称**时角**（t），是天体所在的赤经圈（时圈）相对于午圈的方向和角距离。时角以上点（Q）为起点，沿天赤道顺时针（向西）度量，即 0° ~ 360°或 $0^h \sim 24^h$，为的是使天体的时角“与时俱增”，用以度量时间，并采用时间单位表示（每 15°折合 1 小时）。上点 Q（0°）、西点 W（90°）、下点 Q'（180°）和东点 E（270°）的时角，分别为 0^h，6^h，12^h 和 18^h。时角之所以要向西度量，是因为周日运动方向向西，使天体时角随时间递增，便于度量。

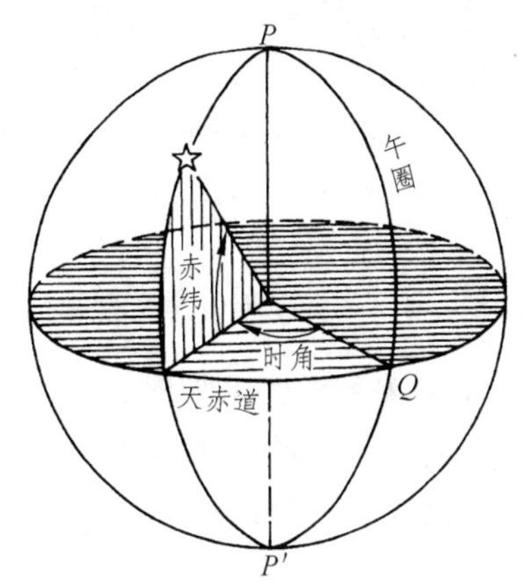

图 2-17 天体的时角坐标：时角和赤纬

（2）**赤纬**（δ）：是一种线面角，线是天球半径，面是天赤道平面。时角坐标系的纬度称**赤纬**（δ），是天体相对于天赤道的南北方向和角距离。赤纬自天赤道起沿天体所在的赤经圈（时圈）向南北两个方向度量，取值为 0°～±90°。按北半球习惯，某点或某一天体的赤纬值，在天赤道以北为正，在天赤道以南为负。赤道上为 0°，天北极的赤纬为 90°，天南极为-90°。赤纬的余角叫极距（p）。

四、地平坐标系与时角坐标系的区别与联系

这两种坐标系的经度（方位与时角）都是向西度量，都以午圈为始圈。前者以地平圈为基圈，以南点为原点；后者以天赤道为基圈，以上点为原点。这样，天体的高度便不同于赤纬，方位也不同于时角，如表 2-3 所示。

表 2-3 地平坐标系和时角坐标系的区别与联系

坐标系名称	基圈	始圈		原点	经度度量方面
地平坐标系	地平圈	午圈	$\widehat{ZSZ'}$	南点 S	向西
时角坐标系	天赤道		$\widehat{PQP'}$	上点 Q	

它们之间的具体差异，与当地的纬度有关；纬度越高，二者越接近。在南北两极，天赤道与地平圈重合，天北极位于天顶。这时，高度就是赤纬，方位等于时角。

因此，始圈相同（午圈）但基圈不同，因而高度不同于赤纬，方位不同于时角，如图 2-18 所示。二者的具体差异与当地的纬度有关。

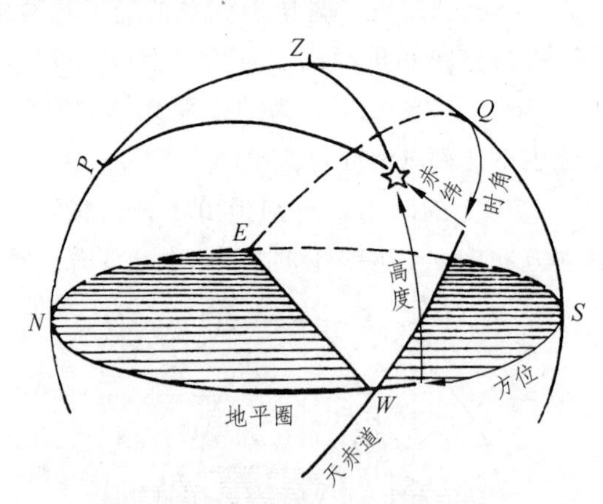

图 2-18 地平坐标系与时角坐标系的区别

仰极高度体现地平坐标与时角坐标的关系如图 2-19 所示，得

仰极高度=天顶赤纬=当地纬度

上点高度=天顶极距=当地余纬

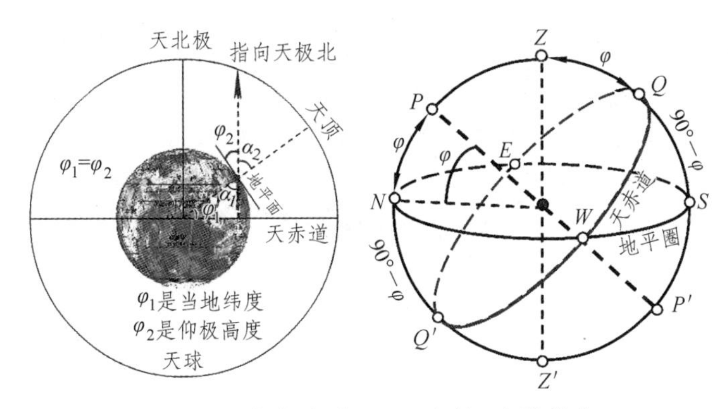

图 2-19 仰极高度=天顶赤纬=当地纬度

天球的南北两极，一个在地平以上，叫作**仰极**；另一个在地平以下，叫作**俯极**。对北半球来说，仰极就是天北极。在图 2-19 左图中的内圆表示地球，外圆是天球子午圈，从图中可知，$\varphi_1 = 90° - \alpha_1$，$\varphi_2 = 90° - \alpha_2$，因 $\alpha_1 = \alpha_2$，得 $\varphi_1 = \varphi_2$。显然，一地的纬度（φ）与当地天顶的赤纬属同一个角度，它等于当地仰极的高度，二者都是天顶极距的余角，如图 2-19 右图所示。在我国历史上，仰极高度被称为北极高。人们正是根据这一原理来测定所在地的纬度。

例 2-1 求北纬 40°的地方，天球的东点、西点、南点、北点、上点、下点、天顶、天底、天北极和天南极等各点的地平坐标值和时角坐标值，填入表 2-4。

表 2-4 北纬 40° 天球各点地平坐标和时角坐标

坐标点	地平坐标		时角坐标	
	高度（h）	方位（A）	赤纬（δ）	时角（t）
东点 E	0°	270°	0°	18^h
西点 W				
南点 S	0°	0°	−50°	0^h
北点 N				
上点 Q	50°	0°	0°	0^h
下点 Q'				
天顶 Z	90°	/	40°	0^h
天底 Z'				
天北极 P	40°	180°	90°	/
天南极 P'				

作图提示：根据地平方位确定方法，地平圈上的北点 N 与天北极 P 处在同一地平经圈（$\widehat{ZPZ'}$）上，再按照“面北而立，左西右东”确定东点 E、西点 W、南点 S。已知纬度 φ=40°N，由“仰极高度=天顶赤纬=当地纬度”，得仰极高度 $\widehat{NP}$=天顶赤纬 $\widehat{QZ}$=40°，作地平坐标系和时角坐标系如图 2-20 所示。

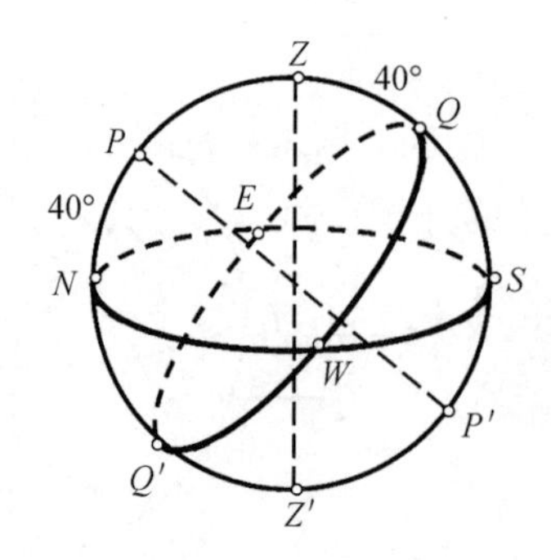

图 2-20 例 2-1 图

各点坐标值度量提示：

地平坐标系：其基圈是地平圈，高度则是相对地平圈的弧度，向上向下度量，地平圈上的各点的高度为零，地平圈以上的高度为正，以下为负；方位以南点 S 为起点，沿地平圈由南点向西度量。

如，上点 Q 的高度 $=\overset{\frown}{QS}=\overset{\frown}{ZS}-\overset{\frown}{ZQ}=90°-40°=50°$

东点 E 的方位 $=\overset{\frown}{SW}+\overset{\frown}{WN}+\overset{\frown}{NE}=90°+90°+90°=270°$

天顶 Z 的方位，一般可以不用度量，用斜线表示。因为所有地平经圈都通过天顶。

时角坐标系：其基圈是天赤道，赤纬则是相对天赤道的弧度，向北向南度量，天赤道上的各点的赤纬为零，天赤道以北赤纬为正，以南为负；时角以上点 Q 为起点，沿天赤道由上点向西度量，由弧度换算成时间。

如，南点 S 的赤纬 $=\overset{\frown}{P'Q}-\overset{\frown}{P'S}=-(90°-40°)=-50°$（注：$\overset{\frown}{P'S}=\overset{\frown}{NP}=40°$）

东点 E 的时角 $=270°\div15°=18^h$

天北极 P 的时角，一般可以不用度量，用斜线表示。因为所有时圈都通过天北极。

按照上述度量方法，得各点的坐标值如表 2-4，请完成余下各点的坐标值。

五、赤道坐标系：赤经（α）和赤纬（δ）

赤道坐标系和时角坐标系都以天赤道为基圈，因前述的时角坐标系是第一赤道坐标系，则赤道坐标系就称为第二赤道坐标系。

1. 用 途

标注恒星等天体的位置，编制星图、星表；研究太阳系天体的运动。

前述的地平坐标系和时角坐标系虽然各有其优点，但是对于编制、记录恒星位置的量表工作来说，它们是不能使用的，因为天体的方位和高度以及时角，每时每刻都在变化。所以，二者都不能提供编制星表所需要的相对不变的位置。为适应这方面的需要，天文学上创立了第二赤道坐标系。其法是，保留天赤道为基圈，摒弃属于地平系统（超然于天球周日运动）的午圈，在赤道系统另择原点和始圈。

2. 基本圈和基本点

赤道坐标系的**基本圈**和**基本点**与时角坐标系完全相同，分别是天赤道、天北极和天南极。不同的是，赤道坐标系的经度（**赤经**），度量时是以**春分点**为**起算点**，**春分圈**为**起始圈**，如图 2-21 所示。因此，在建立赤道坐标系时，必须借助黄道。

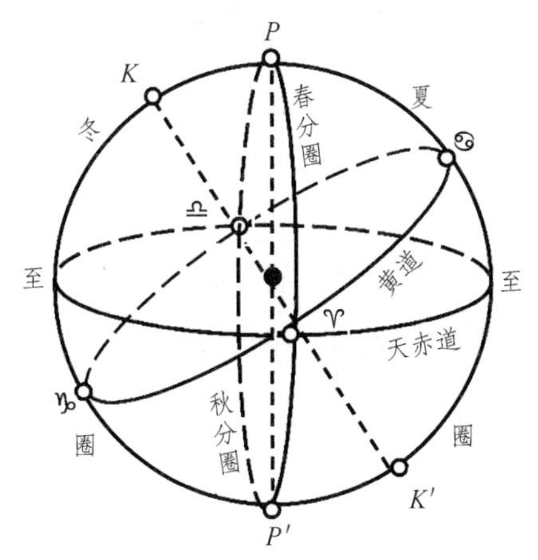

图 2-21　赤道坐标系的基本圈和基本点

黄道是指地球绕太阳公转轨道平面无限扩大与天球相割而成的天球大圆。两极分别为**黄北极**（K）和**黄南极**（K'）。或者，通过天球中心作一与地球公转轨道面的无限平面，这一平面叫黄道面，黄道面与天球相交的大圆，称为黄道。通过天球中心作一垂直于黄道面的直线，使该线与天球相交于两点，其中靠近北天极 P 的那一点为黄北极，靠近南天极 P'的另一点则为黄南极。

由于地轴相对于黄道面呈 66°34′的倾斜角度，所以，黄道平面与天赤道平面呈 23°26′的夹角（长时间有一定的变幅），称“**黄赤交角**”。由于黄赤交角的存在，黄道与天赤道有两个交点，即**春分点**（♈）和**秋分点**（♎）。在北半球看起来，春分点是升交点，即太阳在黄道上运行过春分点后便升到天赤道平面以北，太阳光直射在北半球；秋分点是降交点，即太阳过秋分点后便降到天赤道平面以南，太阳光直射在南半球。**夏至点**（♋）是黄道上距天赤道的最北点，**冬至点**（♑）是黄道上距天赤道的最南点。目前，太阳大致在每年的 3 月 21 日、6 月 21 日、9 月 23 日、12 月 22 日的某一时刻运行至春分点、夏至点、秋分点和冬至点，其上述日子分别称**春分日**、**夏至日**、**秋分日**和**冬至日**，称为“二分二至日”。

赤道坐标系的经纬线与时角坐标系是相同的，只是，其经线只称赤经圈，其中通过春分点的赤经圈为**春分圈**，纬线同样称为赤纬圈。

3. 赤道坐标：赤经（α）和赤纬（δ）

有了上述的基本圈和基本点，就有条件来说明赤道坐标系，并确定某点或某一天体在第二赤道坐标系中的坐标。根据球面坐标系的一般模式下，构成赤道坐标系的球面三角形的三条边，分别是**天赤道**、**春分圈**和某点或某一天体所在的**赤经圈**。天赤道是**基圈**，度量赤纬的起始面；黄道与天赤道的交点——**春分点**，是度量赤经的起点，春分点所在的**春分圈**是始圈。如图 2-22 所示。

（1）**赤经**（α）：是两面角，起始面是春分点所在的赤经圈（春分圈 $\widehat{P\Upsilon P'}$）平面，终点面是天体所在赤经圈平面。赤道坐标系的经度称**赤经**（α），是天体所在赤经圈相对于春分圈的方向和角距离。赤经以春分点（Υ）为起点，沿天赤道向东度量，取值为 $0° \sim 360°$或 $0^h \sim 24^h$，一般情况下，用角度表示。

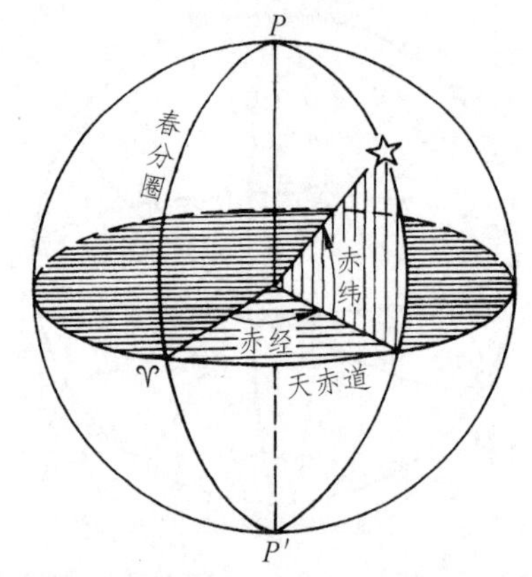

图 2-22　天体的赤道坐标：赤纬和赤经

随着天球的向西运动，天体的中天时刻，要按其赤经的次序而定；且中天恒星的赤经，即为当时的**恒星时**（S）。

中天：天体在周日视运动过程中，每日两次经过各地子午线（圈），因而位于观测者的正南方或正北方，当天体到达午圈时，其高度最大，称为**上中天**，当天体到达子圈时，高度最小，称为**下中天**，上中天和下中天，合称中天，如图 2-23 所示。

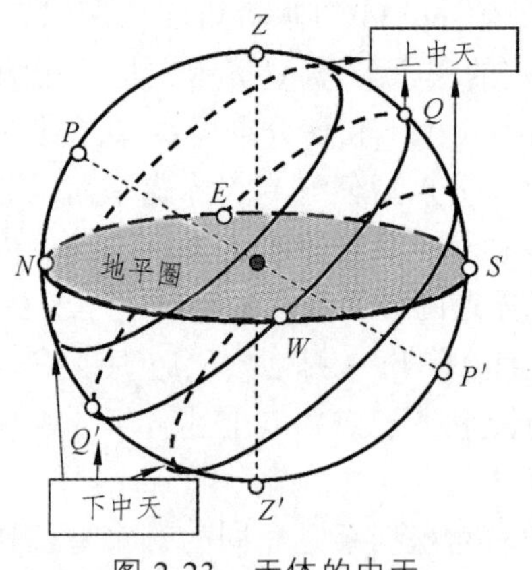

图 2-23　天体的中天

（2）**赤纬**（δ）：赤道坐标系的赤纬的规定及度量方法与时角坐标系完全相同。

六、时角坐标系与赤道坐标系的区别与联系

这两种坐标系都以天赤道为基圈，因而有共同的纬度（赤纬），所不同的是它们的经度。时角坐标系以午圈为始圈，其经度（时角）自上点沿顺时针（向西）度量。赤

道坐标系以春分圈为始圈，其经度（赤经）自春分点沿逆时针（向东）度量。所以，天体的时角不同于赤经（见表 2-5）；二者的具体差异，同当时的恒星时有关。

表 2-5　时角坐标系和赤道坐标系的区别与联系

坐标系名称	基圈	始圈	原点	经度度量方面
时角坐标系	天赤道	午圈（$\widehat{PQP'}$）	上点 Q	向西（时角）
赤道坐标系		春分圈（$\widehat{P\Upsilon P'}$）	春分点 Υ	向东（赤经）

这两个坐标系的关系是：

相同点：① 基圈相同（都是天赤道）；② 赤纬及其度量方法相同。

不同点：① 始圈不同：时角坐标系的午圈不同于赤道坐标系的春分圈；② 经度的度量方向不同：时角自上点 Q 顺时针向西度量；赤经由春分点（Υ）逆时针向东度量。

联系：恒星时 S=春分点的时角 t_{Υ}=上点的赤经 α=任意时刻某天体的时角 $t_{\bigstar}$和其赤经 $\alpha_{\bigstar}$之和。

根据上述恒星时等式制图，并得出以下几种形式的恒星时公式：

$S=t_{\Upsilon}$　（恒星时等于春分点时角）（见图 2-24）

$=\alpha_Q$　（恒星时等于上点的赤经）（见图 2-25）

$=t_{\bigstar}+\alpha_{\bigstar}$（恒星时等于天体任意时刻的时角和赤经之和）（见图 2-26）

$=\alpha_{\bigstar}$　（天体中天时刻，$t_{\bigstar}=0°$，恒星时等于天体的赤经）（见图 2-27）

可以看出，当时恒星时就是春分点与上点之间的弧长。

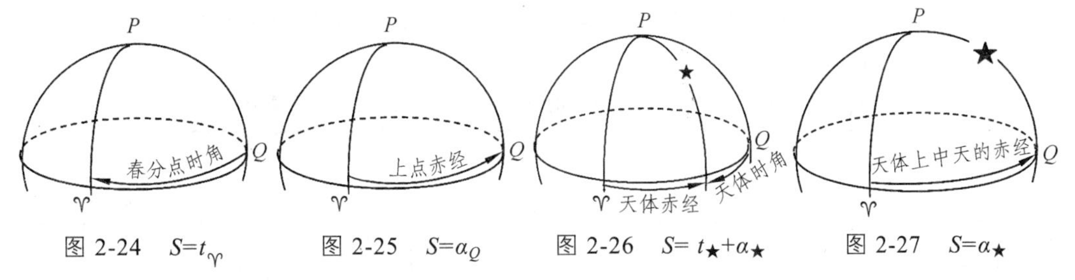

图 2-24　$S=t_{\Upsilon}$　图 2-25　$S=\alpha_Q$　图 2-26　$S=t_{\bigstar}+\alpha_{\bigstar}$　图 2-27　$S=\alpha_{\bigstar}$

例 2-2　已知恒星时 $S=6^h38^m$，某恒星再过 2 时 10 分上中天，试求该恒星的赤经。

解 1：作图 2-28，该恒星的赤经=$\widehat{\Upsilon Q}+\widehat{☆Q}$

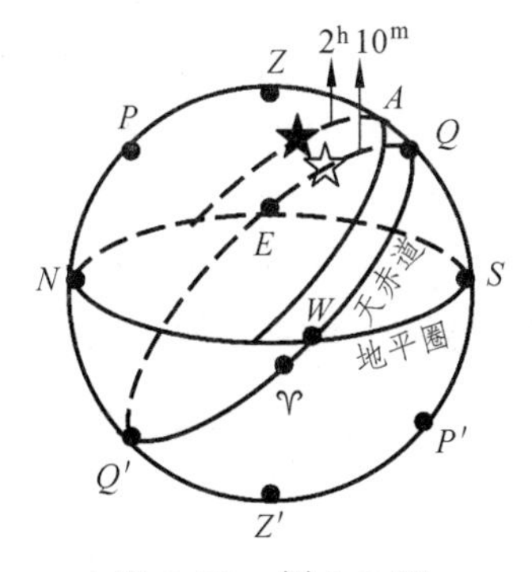

图 2-28　例 2-2 图

已知恒星时 $S=6^h38^m$，即$\overset{\frown}{\Upsilon Q}=6^h38^m$，

根据"某恒星再过 2 时 10 分上中天"得：

$$\overset{\frown}{\bigstar A}=\overset{\frown}{☆Q}=2^h10^m$$

$$\text{该恒星的赤经}=\overset{\frown}{\Upsilon Q}+\overset{\frown}{☆Q}=6^h38^m+2^h10^m=8^h48^m$$

答：该恒星的赤经为 8^h48^m。

解 2：根据"某恒星再过 2 时 10 分上中天"得

$$t_{\bigstar}=21^h50^m$$

已知恒星时 $S=6^h38^m$，根据 $S=a_{\bigstar}+t_{\bigstar}$，得

$$a_{\bigstar}=S-t_{\bigstar}=6^h38^m-21^h50^m=-15^h12^m=24^h-15^h12^m=8^h48^m$$

答：该恒星的赤经为 8^h48^m。

解 3：根据"某恒星再过 2 时 10 分上中天"得

$$t_{\bigstar}=-2^h10^m$$

（提示：时角 t 从上点 Q 向西度量为正，而该恒星位于上点 Q 之东，那么向东度量，则为负。）

已知恒星时 $S=6^h38^m$，根据 $S=a_{\bigstar}+t_{\bigstar}$，得：

$$a_{\bigstar}=S-t_{\bigstar}=6^h38^m-(-2^h10^m)=8^h48^m$$

答：该恒星的赤经为 8^h48^m。

例 2-3 已知纬度 $\varphi=31.5°N$，恒星时 $S=9^h45^m$，试推算下列各点的地平坐标和赤道坐标并填入表 2-6。

表 2-6 31.5°N 天球各点的地平坐标、时角坐标与赤道坐标

坐标点	地平坐标		时角坐标与赤道坐标		
	方位（A）	高度（h）	时角（t）	赤纬（δ）	赤经（α）
天顶 Z	/	90°	0^h	31.5°	9^h45^m
天底 Z'					
天北极 P	180°	31.5°	/	90°	/
天南极 P'					
东点 E	270°	0°	18^h	0°	15^h45^m
西点 W					
南点 S	0°	0°	0^h	−58.5°	9^h45^m

作图提示：① 参照例题 2-1 地平坐标系和时角坐标系的作图，已知 $\varphi=31.5°N$，得仰极高度 $\overset{\frown}{NP}$=天顶赤纬 $\overset{\frown}{QZ}=31.5°$。② 已知恒星时 $S=9^h45^m$，作春分点♈在 W 与 Q 之间。（图 2-29）

各点度量提示：① 参照例题 2-1 的度量方法，可得各点的方位、高度、时角、赤纬值。② 由图可知$\overset{\frown}{\Upsilon Q}=9^h45^m$，则各点的赤经以春分点♈为起算点，沿天赤道由春分点

向东度量，由弧度换算成时间。如，天顶 Z 的最近投影点是 Q，则天顶 Z 的赤经=9^h45^m；北点 N 的最近投影点是 Q'，则北点 N 的赤经=$\widehat{\Upsilon Q}+\widehat{QE}+\widehat{EQ'}=9^h45^m+6^h+6^h=21^h45^m$。

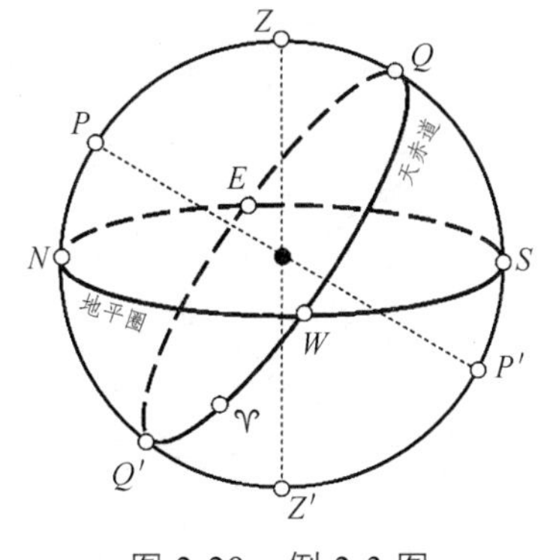

图 2-29　例 2-3 图

按照上述度量方法，得各点的坐标值见表 2-6，请完成余下各点。

七、黄道坐标系：黄纬（λ）和黄经（β）

1. 用　途

表示日、月及太阳系天体的周年运动。赤道坐标系适用于表示恒星的位置和运动特征，对于表示太阳这个特殊恒星，以及太阳系内天体的位置和运动特征，采用黄道坐标系更适合。

2. 基本圈和基本点

黄道坐标系的基本圈是黄道，基本点是黄北极和黄南极。

黄道坐标系同黄道相联系。黄道的两极叫黄北极和黄南极，它们是地球轨道面的垂线的无限延伸（黄轴）与天球的两个交点。通过南、北黄极，且垂直于黄道的一切大圆是黄道经圈，简称**黄经圈**；一切与黄道平行的圆是**黄纬圈**。黄道与天赤道相交，从而得到二分点和二至点，如图 2-30 所示。

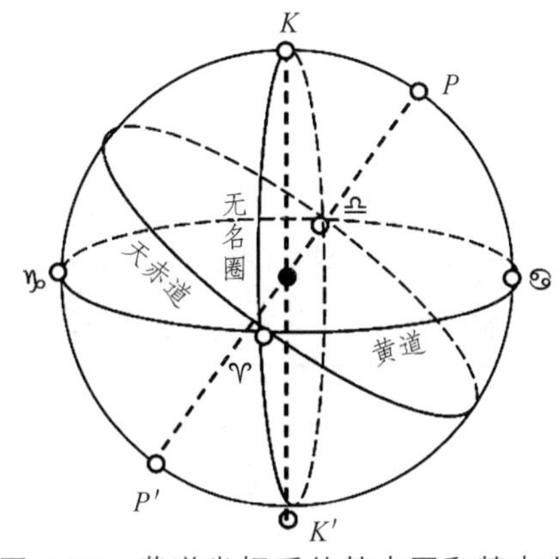

图 2-30　黄道坐标系的基本圈和基本点

建立黄道坐标系需要借助天赤道，天赤道交黄道于春分点和秋分点，找出春分点（♈）定为原点，通过春分点的黄经圈称为**无名圈**，如图 2-31 所示，它是度量黄经的起始面。

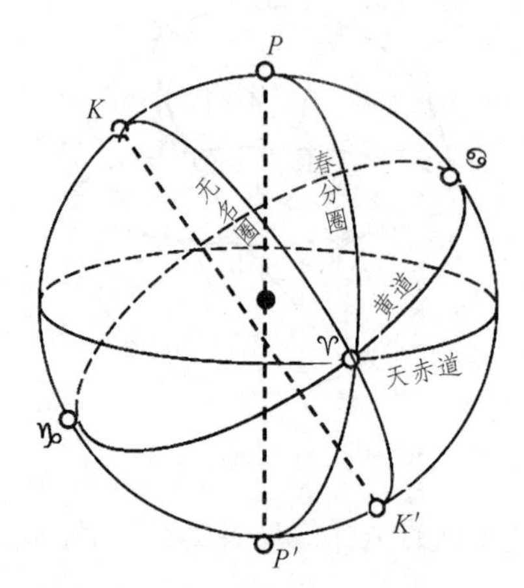

图 2-31　春分圈与无名圈的比较

3. 黄道坐标：黄经（λ）和黄纬（β）

根据上述的基本圈和基本点，我们就有条件来说明黄道坐标系。根据球面坐标系的一般模式，构成黄道坐标系的球面三角形的三条边，分别是**天赤道**、**无名圈**和某点（如太阳等）所在的**黄经圈**。黄道是**基圈**，度量黄纬的起始面；黄道与天赤道的交点——**春分点**，是度量黄经的起点，春分点所在的无名圈是**始圈**。如图 2-32 所示。

（1）**黄纬**（β）：是一种线面角，线是天球所在的天球半径，面是黄道平面，即是天体与天球中心的连线和黄道平面之间的夹角。**黄纬**是天体相对于黄道的方向和角距离。黄纬自黄道起沿天体所在的黄经圈向南北两个方向度量，取值为 0° ~ ±90°。黄道以北为**正**；黄道以南为**负**。黄道上的黄纬为 0°，黄北极为 90°，黄南极为−90°。

（2）**黄经**（λ）：是一种两面角，起始面是春分点所在的黄经圈——无名圈（$\widehat{K♈K'}$）平面，终点面是天体所在黄经圈平面。黄道坐标系的经度称**黄经**（λ），是天体所在的黄经圈相对于春分点所在的无名圈的方向和角距离。黄经以春分点（♈）为起点，沿黄道逆时针（向东）度量，取值为 0° ~ 360°。

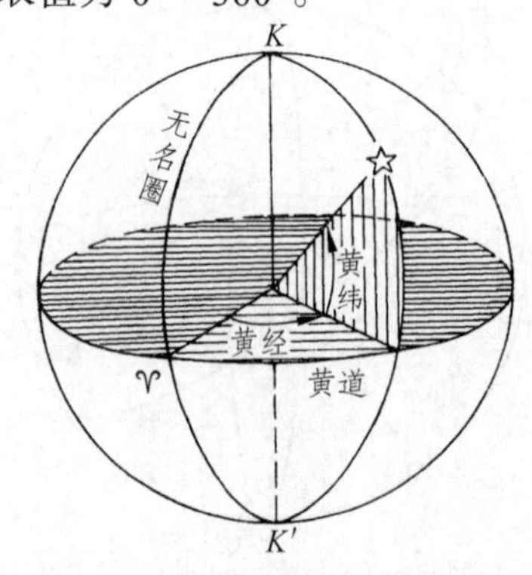

图 2-32　天体的黄道坐标：黄经和黄纬

太阳沿黄道周年运动，其黄纬始终为 0°；黄经向东度量，使太阳黄经“与日俱增”（每日约增加 1°）。春分点（♈）、夏至点（♋）、秋分点（♎）和冬至点（♑）的太阳黄经，分别为 0°，90°，180°和 270°。

由于太阳在黄道上运行的（视运动）。因此，用太阳黄经来表示其位置特别适宜。例如，春分日太阳黄经为 0°，夏至日太阳黄经为 90°，秋分日太阳黄经为 180°，冬至日太阳黄经为 270°。

八、赤道坐标系与黄道坐标系的区别与联系

这两种坐标系的经度（赤经和黄经）都是向东度量；而且，它们有共同的原点（春分点）。但是，前者以天赤道为基圈，因而以春分圈为始圈；后者以黄道为基圈，因而以无名圈为始圈。这样，天体的赤纬不同于黄纬，赤经不同于黄经（见表 2-7）。它们之间的具体差异，与黄赤交角有关，如图 2-33 所示。

表 2-7　赤道坐标系和黄道坐标系的区别与联系

坐标系名称	基圈	始圈	原点	经度度量方面
赤道坐标系	天赤道	春分圈（$\widehat{P\Upsilon P'}$）	春分点♈	向东
黄道坐标系	黄道	无名圈（$\widehat{K\Upsilon K'}$）		

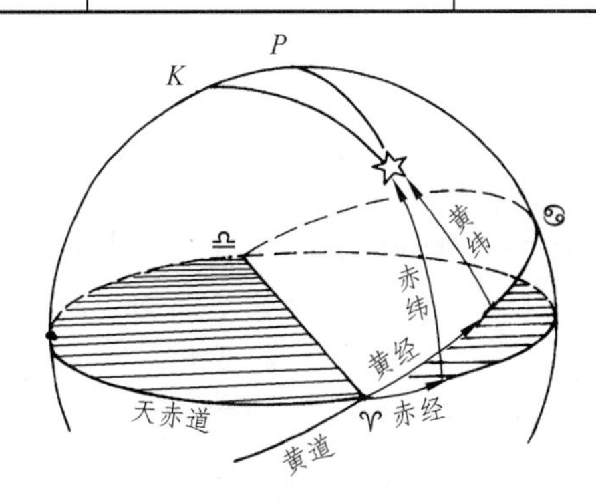

图 2-33　赤道坐标系与黄道坐标系的区别

四种天球坐标系比较如表 2-8 所示。

表 2-8　天球坐标系比较

类别	地平坐标	第一赤道坐标	第二赤道坐标	黄道坐标
天球轴	当地垂线	天轴	天轴	黄轴
两极	天顶、天底	北天极、南天极	北天极、南天极	北黄极、南黄极
纬圈	地平纬圈（等高线）	赤纬圈	赤纬圈	黄纬圈
基圈	地平圈（有四正点）	天赤道（有上、下点）	天赤道（有春分、秋分点）	黄道（有二分、二至点）
经圈（辅圈）	地平经圈（有子午、卯酉圈）	时圈（有子午圈、六时圈）	时圈（有二分、二至圈）	黄经圈（有二至圈）

续表

类别	地平坐标	第一赤道坐标	第二赤道坐标	黄道坐标
始圈	午圈	午圈	春分圈	通过春分点的黄经圈
原点	南点	上点	春分点	春分点
纬度	高度	赤纬	赤纬	黄纬
经度	方位（向西度量）	时角（向西度量）	赤经（向东度量）	黄经（向东度量）
应用	在天文航海、天文航空、人造地球卫星观测及大地测量等部门都广泛应用	观测恒星、星云、星图等类型的遥远天体常常采用赤道坐标系，它被广泛应用于天体测量中		观测太阳以及太阳系内运行在黄道面附近的天体，则采用黄道坐标系

注：① 基圈和始圈上的点，其纬度或经度为 0°；极点的纬度为 90°，经度则为任意。

② 纬度度数相等，方向相反；经度相差 180°的两点互为对跖点。

练习题

一、名词解释

1.天体　2.天球　3.天穹　4.地平圈　5.天赤道　6.黄道　7.天顶距　8.极距　9.子午圈　10.春分圈　11.无名圈

二、填空题

1. 天赤道是______平面同天球的交线，地球经圈平面同天球的交线称为_____圈。

2. 地平圈是通过______且______于当地铅垂线的平面同天球的交线；铅垂线同天球相交的两点是______、______。

3. 黄道是__________的轨道平面同天球的交线，它是______周年视运动的路线。

4. 天体的高度是天体相对于________的方向和角距离；天体的赤纬是天体相对于______的方向和角距离。

5. 天体的方位是天体所在的________相对于__________的方向和角距离；天体的时角是天体所在的__________相对于____________的方向和角距离。

6. 天体的赤经是天体所在的__________相对于____________的方向和角距离；天体的黄经是天体所在的________相对于__________的方向和角距离。黄纬是天体相对于________的方向和角距离。

7. 在凯里（26°36′N）地平天球坐标图上，当春分点位于西点时，北点的赤经是________，时角是______，赤纬是________，方位是__________，高度是__________。（提示：作图）

8. 当织女星（赤经 $\alpha=18^h34^m$）的时角是 10^h15^m 时，恒星时是__________。

9. 当天顶的赤纬为+25°，赤经为 3^h 时，南点的赤纬是________，赤经是________；

东点的赤经是________，时角是________。（提示：作图）

10. 在天球上，天顶的________等于仰极的高度；_______点的赤经和赤纬等于 0°。

11. 天轴是______的延长线，它同天球相交的两点是________、_________。

三、选择题

1. 天顶的赤纬等于（　）。

A. 观测地的天文纬度　B. 观测地的大地纬度　C. 观测地的地心纬度

2. 在北京（39°57′N）地平天球坐标图上，上点的高度是（　）。

A. 39°57′　B. 50°03′　C. 0°　D. 60°03′

3. 时角坐标系的原点（　）。

A. 南点　B. 上点　C. 春分点　D. 北点

4. 在 30°N 处，天顶的赤纬为（　）。

A. 60°　B. 30°　C. −60°　D. −30°

四、判断题

1. 天球坐标中，右旋坐标系与地球自转相联系，包括时角坐标系和赤道坐标系。（　）

2. 右旋天球坐标系的经度是向西度量。（　）

3. 地平坐标和时角坐标的始圈是午圈。（　）

4. 左旋天球坐标系的始圈是春分圈。（　）

5. 地平圈是地平坐标的基圈，而它在建立时角坐标系时是需要借助的天球大圆。（　）

6. 天赤道是赤道坐标系和黄道坐标系的基圈。（　）

五、计算题

1. 求织女星（赤经 $\alpha=18^h36^m$）上中天时的恒星时和牛郎星（赤经 $\alpha=19^h50^m$）的时角。

2. 已知某恒星的赤经 $\alpha=20^h38^m$，当恒星时（S）为 23 时 17 分时，该恒星的时角是多少？

3. 已知恒星时 $S=6^h38^m$，某恒星再过 2 时 10 分上中天，试求该恒星的赤经。（例题 2-2）

4. 求在凯里（26°36′N），当牛郎星（赤纬 $\delta=8°52'$）上中天时的高度。

六、问答题

1. 获悉天体信息的主要渠道有哪些？

2. 什么是天球？为什么我们要假设存在这个天球？

3. 简述天球和天穹的区别和联系。

4. 在天球上有哪些基本的点和圈？他们都是如何确定的？

5. 球面坐标系的一般模式是什么？

6. 各种天球坐标系各有哪些用途？

7. 什么是天球上的南北方向和东西方向？为什么天球上没有线距离？

8. 地平坐标系和第一赤道坐标系有何联系与区别？

9. 第二赤道坐标系和黄道坐标系有何联系与区别？

10. 第一赤道坐标系和第二赤道坐标系有何联系与区别？

七、填表题

已知纬度φ=35.5°N，恒星时$S=10^h29^m$，填入表2-9。

表2-9　35.5°N天球各点的地平坐标、时角坐标和赤道坐标

	高度（h）	方位（A）	赤纬（δ）	时角（t）	赤经（α）
天顶 Z					
天底 Z'					
天北极 P					
天南极 P'					
东点 E					
西点 W					
南点 S					
北点 N					
上点 Q					
下点 Q'					

八、读图填空题

1. 在北京（39°57′N）的地平坐标图上（见图2-34），当春分点位于西点时，试回答：北点的时角是__________；北点的赤纬是__________；北点的方位是__________；北点的高度是__________；北点的赤经是__________；此时恒星时是__________。

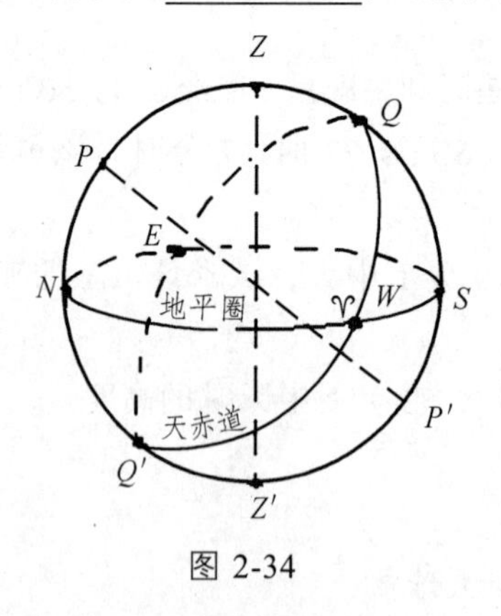

图2-34

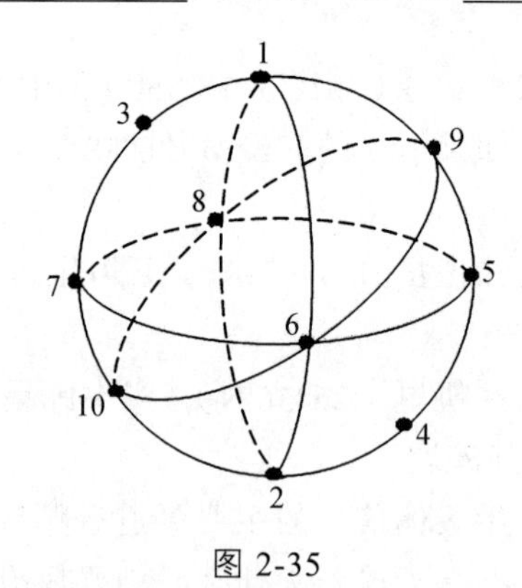

图2-35

2. 天球的圆和点如图2-35所示，已知数字1是天顶，数字3是天北极，回答：

（1）5、6、7、8所在的圆是______，6、9、8、10所在的圆是______。

（2）数字2所在的点是______，4所在的点是______，5所在的点是______，6所在的点是______，7所在的点是______，8所在的点是______，9所在的点是______，10所在的点是______。

（3）当春分点位于数字6与10所在点的中点时，此时的恒星时为________。

第三章　地球的宇宙环境

地球所处的宇宙环境是指以地球为中心的宇宙环境。一方面，描述为地球在宇宙天体系统中所处的位置，即地月系—太阳系—银河系—总星系。从远到近，由大及小，地球的宇宙环境被概括为恒星和星系，太阳和太阳系，月球和地月系。另一方面，描述地球在太阳系和地月系中所处的位置。

宇宙中最基本、最重要的天体是恒星，恒星和星云都拥有极其巨大的质量，是构成宇宙的基本物质。大量的恒星和星云构成巨大的天体系统，叫作星系。它们是宇宙的基本构成。在本章的恒星和星系的内容中，将从大小、质量、距离、亮度、光度、温度、颜色、物质组成等来探讨恒星的特性，介绍恒星的发生、发展、衰亡、转化的演变规律以及恒星的多样性和复杂性。

太阳在亿万颗恒星中是一颗普通的恒星，但在太阳系内包括地球上一切生命来说，它是一颗极为重要的恒星。太阳是太阳系中唯一能够自行发光的天体，是太阳系能量和热量最主要的来源。在本章的太阳和太阳系的内容中，介绍太阳系及其主要成员的特性，分析太阳大气的圈层结构，太阳辐射和太阳活动对地球的影响，并探讨太阳系小天体对地球的影响。

在茫茫宇宙的无数天体中，月球只是一个微不足道的小天体。但是，月球是离地球最近的天体。对于地球来说，除了太阳之外，天空中没有任何天体比月球更加显著。从对地球的影响来看，月球的作用，也是太阳以外的任何天体不可比拟的。月球是地球的天然卫星，在地球引力作用下，月球有规律地绕地球公转，构成地月系。在本章的月球和地月系的内容中，将介绍月球的大小、质量、月地距离等以及月面物理状况，探讨月球绕地运动的规律以及月相形成和变化的规律。

第一节　恒星和星系

宇宙间最重要的天体是恒星，太阳就是恒星的一个典型代表。恒星和星云都拥有极其巨大的质量。相比较而言，太阳系内的行星、卫星、彗星和流星体等，其质量是微不足道的。

大量的恒星和星云构成巨大的天体系统，叫作**星系**。它们是宇宙的基本构成。地球和整个太阳系所属的星系，叫作**银河系**；银河系以外的无数星系，统称**河外星系**。所有星系的总称，叫作**总星系**。

一、恒　星

（一）恒星的定义和特点

在晴朗的夜晚，繁星满天，除了屈指可数的几个行星外，它们都是恒星。**恒星**是由炽热气体组成的、能够自身发光的球形或类似球形的天体。它们之所以是炽热的和能够自行发光，是因为它们具有巨大的质量；正是由于恒星的质量巨大，它们在自引力作用下，形成球形或类似球形的天体。

究竟要多大质量的天体才能发光？才算是恒星？根据对恒星质量的统计，大多数恒星的质量不小于太阳质量的 10%，也不大于太阳质量的 10 倍。有些恒星的质量仅及太阳质量的百分之几；也有些恒星的质量超过太阳质量的 100 倍。如此看来，能自行发光的天体，其质量至少要达到太阳质量的百分之几以上。

恒星的大小相差很多，有直径大到太阳直径的数百倍甚至一二千倍的恒星，如御夫座 ε 双星中较暗的一颗直径为太阳直径的 2 000 倍，仙王座 VV 星的直径约为太阳直径的 1600 倍，参宿四的直径是太阳直径的 900 倍。另一方面，也观测到直径为太阳的几分之一到几十分之一的恒星，如天狼星的伴星是一个白矮星，直径只有太阳直径的 1/30。20 世纪 60 年代发现的中子星直径的理论值小于 20 km，只有太阳直径的几万分之一。

相关资料表明，用光谱分析法可以分析恒星的温度和化学组成物质等。绝大部分恒星的表面温度大多在 2 600 ~ 40 000 °C，其内部将会更高，可以说是温度达到灼热的程度。大多数恒星的化学组成与太阳差不多，都是氢最丰富，按质量计算，氢占 78%，氦占 20%，其余的 2%中，为碳、氮、氧、氖、铁等。

综上所述，恒星的特点：① 发射可见光。② 温度达到灼热的程度，2 600 °C ~ 40 000 °C。③ 主要由氢和氦组成，其中氢约占 78%，氦约占 20%。其他元素很少，不足 2%。④ 质量巨大，大多数恒星在 0.1 ~ 10 个太阳质量之间。⑤ 球状或类球状，具有自引力作用。

（二）恒星自行

恒星之所以称呼为“恒”星，本意是“固定的星”，以区别于行星。所谓“固定”，并非指没有随天穹东升西落的周日运动，而是指它们在天球上的相对位置保持不变。例如，北斗七星，尽管不停地“斗转星移”，却始终保持“斗”的形状不变。但是，恒星彼此间相对位置的不变性，只是近似的。事实上，恒星在空间不断地运动，而且，其速度可高达每秒数百千米，只是由于它们的距离太遥远，短期内不易被察觉而已。

恒星的空间速度，可以分成两个分量，即视向速度和切向速度。前者是沿观测者视线的分量（离观测者远去为正，向观测者接近为负）；后者是同视向速度相垂直的分量，它表现为恒星在天球上的位移，并且被叫作自行。恒星自行的速度，一般都小于每年 0″.1，迄今只发现有 400 余颗恒星的自行超过每年 1″。由于恒星的自行，经过多少年之后，北斗七星的形状发生了很大的变化（见图 3-1）。由此可知，恒星其实也不“恒”。

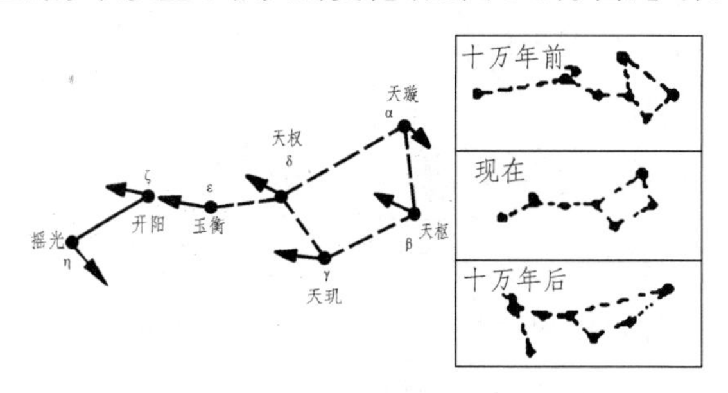

图 3-1　北斗七星的形状变化

（三）恒星的距离单位

1. 光　年

因为恒星的距离都很遥远，计量恒星的距离通常以**光年**（ly）为单位。即光在真空里一年中所传播的距离。光每秒传播 3×10^5 km，1 年有 365 天，1 天有 24 小时，1 小时有 3 600 秒，所以

1 光年=300 000×365×24×3 600=9 万 4 千 6 百亿千米（约数）

1 ly=9.46×10^{12} km=6.324 万 au

（日地平均距离=1.496 亿千米，规定为 1 个天文单位，用 au 表示）。（见本章第二节的日地距离与天文单位）

太阳是距离地球最近的恒星，太阳光到达地球只需 8 分多钟，其次是比邻星，距离地球 4.24 光年，即半人马座 α 星（中文名南门二）。实际上，半人马座 α 星，是一个三合星系统，半人马座 α 星 A 与半人马座 α 星 B 是一对双星，距离太阳 4.24 光年。第 3 个成员半人马座 α 星 C 是一颗红矮星，也称为比邻星。而北极星距离地球为 682 光年。

2. 秒差距

秒差距（pc）是天体的周年视差 π（天体对于地球轨道半径所张开的角度）为 1 秒的角度的时候，该天体与太阳（地球）的距离，如图 3-2 所示。（见第四章“恒星周年视差位移”）

$$1\ \text{pc}=3.261\,6\ \text{ly}=20.626\,5\ 万\ \text{au}=3.09\times10^{13}\ \text{km}$$

已知恒星的周年视差 π，求恒星的距离 r 用下式：

$$r=\frac{1}{\pi}$$（π 的单位为角秒，r 的单位为秒差距。）

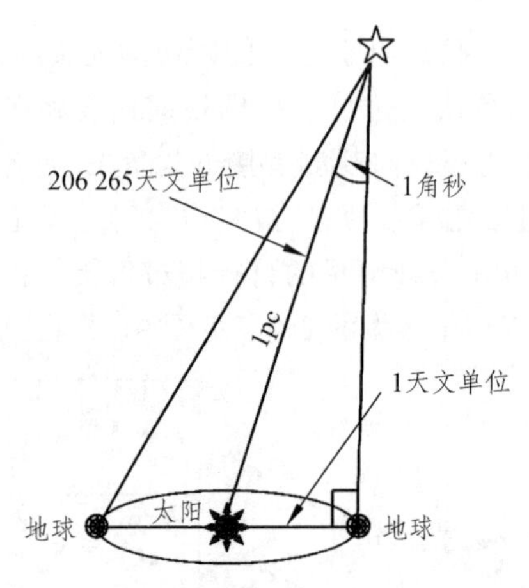

图 3-2　恒星距离单位：秒差距（pc）

因此，恒星的距离（单位为秒差距）等于该恒星视差的倒数。

例 3-1　已知南门二（比邻星）的周年视差为 0″.76，求同太阳之间的距离为多少千米？

解： 已知 1 pc=3.09×10^13 km，比邻星的周年视差 π=0″.76，依据公式 $r=1/\pi$，得

$$r=\frac{1}{\pi}=\frac{1}{0.76}=1.316\ (\text{pc})=1.316\times 3.09\times 10^{13}=4.06\times 10^{13}\ (\text{km})$$

答： 比邻星同太阳的距离为 4.06×10^{13} km。

（四）恒星的发光和光谱

恒星能自行发光（指可见光），这是它的本质特征。恒星要产生可见光，其温度必然是很高的。为什么恒星能有很高的温度？这里有两方面的问题：一是质量大小问题，恒星有巨大的质量，因此，它有很高的中心温度，才能引起热核反应而释放大量能量；二是发展阶段问题，恒星并不是从来就发光的，也不会永远是发光的，只是在它生命史上的某个阶段才有发光现象，而且，在不同的演化阶段，会发出不同的光。

人们为了区别不同的光，让星光通过分光镜一类的光学仪器，使不同波长或者说不同颜色的光，按其波长顺序排列成一条光带——光谱。恒星的光谱有不同的类型，如表 3-1 所示。

表 3-1　光谱型（分为 O、B、A、F、G、K、M 七种类型）

类型	颜色	温度/°C	典型恒星
O	蓝色	4 万～2.5 万	参宿一（猎户座）
B	蓝白色	2.5 万～1.2 万	参宿二（猎户座）
A	白色	1.15 万～7 700	天狼星（大犬座），织女星（天琴座）
F	淡黄色	7 600～6 100	南河三（小犬座）
G	黄色	6 000～5 000	太阳
K	橙色	4 900～3 700	北河三（双子座）
M	红色	3 600～2 600	心宿二（天蝎座）

不同光谱型之间的主要差别在于星光颜色，而颜色实际上是恒星温度的反映。红色的星，表面温度最低，约为 3 000 K，黄色星约为 6 000 K，太阳便属于这一类恒星；白色星为 10 000 ~ 20 000 K，蓝色的星温度最高，可达 30 000 ~ 100 000 K。按物理学定律，温度越高，光谱最明亮（辐射强度最大）部分越接近蓝色。为此，人们只要找出谱线中最明亮部分所对应的波长，便可推算出恒星的表面温度。

化学家们凭光谱中的发射线（亮线）证认各种元素，天文学家则凭光谱中的吸收线（暗线）和发射线，研究天体的物理性质和化学成分。根据恒星光谱的研究，不同温度的恒星，其化学组成大同小异。对于大多数恒星来说，主要成分是氢，其次是氦，其他元素很少，不足 1%。此外，通过光谱分析可以确定恒星的光度，比较它的视亮度，就能推知恒星的距离。星光成了传递天体的各种信息的远方使者，故被称为“有色的语言”。

（五）恒星的亮度和光度

恒星的**亮度**（E）是指地球的受光强度，即恒星的明暗程度；恒星的**光度**（M）表示恒星本身的发光强度。恒星看起来有明有暗，但是，亮星未必一定比暗星的发光本领强，因为这里还包含着距离的因素。即亮度取决于恒星距离地球的远近，发光能力相等的恒星，距离地球近的亮度大，距离远的亮度小。在天文学上，天体的亮度和光度都用**星等**表示：表示天体亮度等级的叫**视星等**，记作 m；表示天体光度等级的叫**绝对星等**，记作 M。通常所说的星等是指视星等。

星等是天文学史传统形成的表示天体亮度的方法，其特点是，星等越大，恒星亮度越暗。

两千多年前，希腊天文学家把肉眼可见的恒星分成六等，即人们把肉眼看到的最明亮的星叫一等星，勉强可见的暗星叫六等星。

后人沿袭古人把肉眼可见的恒星分成六等这套方法，同时，经过光学仪器的检测，使之更加精确。人们发现，一等星与六等星，星等相差 5 等，它们的亮度相差 100 倍。各个连续星等的亮度成几何级数，若相邻两星等的亮度比率（级数的公比）为 R，则有

$$R^5=100 \rightarrow R=\sqrt[5]{100}=2.512$$

所以，星等相差 1 等，恒星的亮度相差 2.512 倍，即 1 等星比 2 等星亮 2.512 倍，2 等星比 3 等星亮 2.512 倍；反之，1 等星比 0 等星暗 2.512 倍，0 等星比-1 等星暗 2.512 倍，依次类推。因此，星等按等差级数增大，亮度便成等比级数递减。

由此得出，星等有零值和向负值扩展。例如，天狼星（全天最亮的恒星）的亮度为-1.45 等，金星最明亮时亮度为-4.22 等，满月的亮度为-12.73 等，太阳的亮度达-26.74 等。这就是说，太阳的亮度是一等星亮度的 $2.512^{27.74}$=1 300 亿倍。

假定有两颗恒星，其星等为 m 和 m_0（$m > m_0$），它们的亮度 E 和 E_0 的比率为

$$\frac{E_0}{E}=2.512^{m-m_0} \qquad (3\text{-}1)$$

（3-1）式两边取对数，由 lg2.512≈0.4，得

$$\lg E_0-\lg E=0.4\,(m-m_0)$$

$$m-m_0=2.5\,(\lg E_0-\lg E) \qquad (3-2)$$

如果取零等星（$m_0=0$）的亮度 $E_0=1$，那么（3-2）式则为

$$m=-2.5\lg E \qquad (3-3)$$

（3-3）式称普森公式。该公式表明，只要有明确的零等星和它的标准亮度（即平均亮度），就可根据恒星的亮度 E 推算其星等 m。

因为亮度与距离的平方成反比，因此，为了反映和比较恒星发光能力的强弱，必须把所有恒星都置于相同距离上进行亮度比较，才能真正表明恒星的光度情况。

国际上规定，假定把恒星移至距离地球 10 秒差距（32.6 光年）处，这里的恒星的亮度称绝对亮度，其视星等叫绝对星等。如果某恒星的距离正好是 32.6 光年，它的绝对星等与视星等相当。这样比较的话，太阳的绝对星等是 4.87，只相当于一颗肉眼可见的较暗的星。视星等的数量关系对绝对星等也适用，绝对星等相差 1 级，恒星的光度也相差 2.512 倍。

有了这个标准距离（10 秒差距），就可以根据恒星的实际距离（d）和视星等（m），推算它在 10 秒差距时的亮度 E_M 和绝对星等 M。

设 E_M 表示绝对亮度，E_m 表示视亮度。得

$$\frac{E_M}{E_m}=2.512^{m-M}$$

恒星的亮度与其距离的平方成反比，如该恒星的距离 d 以秒差距为单位，那么

$$\frac{E_M}{E_m}=\frac{d^2}{10^2}$$

把这个关系式代入前面那个方程式的左边，便得

$$\frac{d^2}{10^2}=2.512^{m-M}$$

两边取对数，并已知 lg2.512≈0.4，那么

$$2\lg d-2=0.4\,(m-M)$$

$$M=m+5-5\lg d \qquad (3-4)$$

（3-4）式为光度与亮度的关系。M 为绝对星等，m 为视星等，恒星的距离 d 以秒差距为单位。

（3-4）式是现代恒星天文学最重要的公式之一。恒星的两种星等之差，在恒星距离的测量中是十分重要，只要测定恒星的绝对星等，便可按平方反比定律，求知该恒星的距离。

若 $d=10$，则 $M=m+5-5\lg d$ 中的 $5\lg d=5$，得 $M=m$，即恒星距离为 10 秒差距时，它的视星等即为绝对星等。

10 秒差距在恒星世界是"咫尺之距"，只有为数不多的亮星位于这个距离之内。因此，对于绝大多数恒星来说，其绝对星等高于它的视星等。如把太阳移到这个距离，

它的星等将是 4.87 等，成为一颗不起眼的暗星。在恒星世界里，光度的差异很大。光度最大的恒星，比太阳强 100 万倍；光度最小的恒星，仅及太阳光度的百万分之一。在这方面，太阳也是恒星世界的普通一员。

通过上述的分析，可以区别恒星光度和亮度的本质。亮度是地球的受光程度，亮度与距离的平方成反比；光度是恒星自身的发光程度，它与恒星本身的温度有关，与恒星距离地球的大小无关。

例 3-2 已知太阳视亮度-26.74，求它比一等星亮多少倍？

解： 设太阳的亮度为 $E_{\odot}$，其视星等为 $m_{\odot}$，即

$$m_{\odot}=-26.74$$

同样，设一等星的亮度 E_1，其视星等为 m_1，则 $m_1=1$，运用（3-1）式，得

$$\frac{E_{\odot}}{E_1}=2.512^{m_1-m_{\odot}}=2.512^{1-(-26.74)}=2.512^{27.74}=1.2489\times10^{11}\approx1\,300\text{亿}$$

答： 太阳的亮度约为一等星亮度的 1 300 亿倍。

例 3-3 已知天狼星和它的伴星的视星等分别为-1.46 等和 8.44 等，问它们的亮度相差多少倍？

解： 设天狼星的亮度为 $E_{天}$，其视星等为 $m_{天}$，则 $m_{天}=-1.46$；

设天狼星的伴星的亮度为 $E_{伴}$，其视星等为 $m_{伴}$，则 $m_{伴}=8.44$。

根据 $\frac{E_0}{E}=2.512^{m-m_0}$，得

$$\frac{E_{天}}{E_{伴}}=2.512^{8.44-(-1.46)}=2.512^{9.9}=9124.2$$

答： 天狼星的亮度为其伴星的 9124.2 倍。

例 3-4 某双星的两个星的视星等分别为 2.28 等和 5.08 等，问该双星的总视星等为多少？

解： 设该双星之一的视星等为 m_1，则 $m_1=2.28$，其亮度设为 E_1。取零等星（$m_0=0$）的亮度 $E_0=1$，得

$$\frac{E_1}{E_0}=2.512^{m_0-m_1}$$

$$\frac{E_1}{1}=2.512^{0-2.28}\qquad \text{即 } E_1=2.512^{-2.28}$$

设该双星之二的视星等为 m_2，则 $m_2=5.08$，其亮度设为 E_2。取零等星（$m_0=0$）的亮度 $E_0=1$，得

$$\frac{E_2}{E_0}=2.512^{m_0-m_2}$$

$$\frac{E_2}{1}=2.512^{0-5.08}\qquad \text{即 } E_2=2.512^{-5.08}$$

那么该双星的亮度之和为

$$E_1+E_2=2.512^{-2.28}+2.512^{-5.08}=0.122\,45+0.009\,29=0.131\,74$$

根据 $m=-2.5\lg E$，得该双星的总视星等为

$$m=-2.5\lg 0.131\,74=-2.5\times(-0.880\,3)=2.2$$

答：该双星的总视星等为 2.2 等。

例 3-5 织女星的视星等为 0.1，若其距离增加为 10 倍，这时它的星等将是几等？肉眼还能看到它吗？（提示：根据上述所学知识及公式，本题可有三个解法。）

解 1：设织女星视星等 0.1 的距离为 d，其视星等 m_1=0.1，其绝对星等设为 M_1，代入公式 $M-m=5-5\lg d$，得

$$M_1=m_1+5-5\lg d=0.1+5-5\lg d \tag{3-5}$$

当其距离增加为 10 倍的距离为 $10d$，此时视星等设为 m_2，其绝对星等设为 M_2，代入公式 $M-m=5-5\lg d$，得

$$M_2=m+5-5\lg 10d=m_2+5-5\lg 10d \tag{3-6}$$

根据织女星光度不变，即 $M_1=M_2$，得（3-5）式等于（3-6）式，即

$$m_2+5-5\lg 10d=0.1+5-5\lg d\Rightarrow m_2=5\lg 10+0.1=5+0.1=5.1$$

答：依据古人把肉眼能看见的恒星分为 1～6 等可知，织女星的距离增加为 10 倍后，肉眼能看见。

解 2：设织女星视星等 0.1 的亮度 E_0=1，其视星等 m_0=0.1，当其距离增加为 10 倍的亮度设为 E，视星等设为 m，亮度比为

$$\frac{E_0}{E}=2.512^{m-m_0}=2.512^{m-0.1} \tag{3-7}$$

织女星原距离设为 d_0，距离增加为 10 倍后的距离设为 d，则 $d=10d_0$。

根据亮度与距离的平方成反比，可得

$$\frac{E_0}{E}=\frac{d^2}{{d_0}^2}=\frac{(10d_0)^2}{{d_0}^2}=\frac{10^2\times {d_0}^2}{{d_0}^2}=100 \tag{3-8}$$

由（3-7）式等于（3-8）式，得

$$2.512^{m-0.1}=100$$

上式两边取对数，得

$$\lg(2.512)^{m-0.1}=\lg 100\Rightarrow (m-0.1)\lg 2.512=2$$

因 $\lg 2.512\approx 0.4$，所以有

$$0.4m-0.04=2\Rightarrow m=5.1$$

答：依据古人把肉眼能看见的恒星分为 1～6 等可知，织女星的距离增加为 10 倍后，肉眼能看见。

解 3：设织女星视星等 0.1 的亮度 E_0=1，而其视星等 m_0=0.1，当其距离增加为 10 倍的亮度设为 E，根据亮度与距离的平方成反比，可得

$$E=\frac{1}{10^2}=\frac{1}{100}$$

设织女星的距离增加为 10 倍的视星等为 m，代入公式 $m-m_0=2.5$（$\lg E_0-\lg E$），得

$$m-0.1=2.5(\lg 1-\lg\frac{1}{100}) \Rightarrow m=5.1$$

答：依据古人把肉眼能看见的恒星分为 1 ~ 6 等可知，织女星的距离增加为 10 倍后，肉眼能看见。

例 3-6　某恒星的视星等比绝对星等大 5 等，求该恒星的距离是多少光年？

解：设该恒星的绝对星等 M=1，依题意得，设该恒星的视星等 m=6，代入公式 $M-m=5-5\lg d$，得

$$1-6=5-5\lg d \Rightarrow d=100\text{（秒差距）}$$

因 1 秒差距=3.2616 光年，得

$$d=100\times 3.2616=326.16\text{（光年）}$$

答：某恒星的视星等比绝对星等大 5 等，该恒星的距离是 326.16 光年。

例 3-7　如果把太阳放到 10 秒差距处，它的星等是多少？（或已知太阳的视亮度为−26.74 等，求其绝对星等。）

解：已知日地距离为 1 au，因 1 pc=206 265 au，那么日地距离相当于 1/206 265，即 d=1/206 265。

已知太阳视星等 m=−26.74，代入公式 $M=m+5-5\lg d$，得

$$M=-26.74+5-5\lg\frac{1}{206\,265}=4.87$$

答：如果把太阳放到 10 秒差距处，它的星等是 4.87 等。

例 3-8　已知满月的视亮度为−12.73 等，求其绝对星等。

解：已知月地距离为 384 400 km，因 1 pc=3.09×10^{13} km，那么月地距离相当于 $\frac{384\,400}{3.09\times10^{13}}$，即 $d=\frac{384\,400}{3.09\times10^{13}}$。

已知满月的视星等 m=−12.7，代入公式 $M=m+5-5\lg d$，得

$$M=-12.73+5-5\lg\frac{384\,400}{3.09\times10^{13}}=31.8$$

答：满月的绝对星等为 31.8 等。

例 3-9　1918 年天鹰座新星爆发时，绝对星等为−8.8 等，问在怎样的距离处，看来像满月（−12.73 等）一样明亮？

解：依题意得 M=−8.8，m=−12.73，利用公式 $M=m+5-5\lg d$，得

$$-8.8=-12.73+5-5\lg d \Rightarrow \lg d=\frac{1.07}{5}=0.214$$

根据指数与对数互换公式 $a^N=b \Leftrightarrow \log_a b=N$，得

$$d=10^{0.214}=1.6368(\text{pc})=1.6368\times 3.2616=5.34(\text{ly})$$

答：在距离该新星 5.34 光年处，该新星看来像满月等一样明亮。

例 3-10　已知 A、B 两个星相距 10 秒差距，其绝对星等分别为−10 和−5，问在两个星连线上的什么位置，见到两个星的视星等相等，这个相等的视星等是多少？

解：已知 A 星绝对星等 M_A=−10，B 星的绝对星等 M_B=−5。

设两个星的相等的视星等为 m，又设该位置处距离 A 星为 d 秒差距，距离 B 星为 10−d 秒差距。

利用公式 M=m+5−5lg$d$，得

$$\begin{cases} -10 = m + 5 - 5\lg d & (3\text{-}9) \\ -5 = m + 5 - 5\lg(10-d) & (3\text{-}10) \end{cases}$$

由（3-9）式得

$$m = 5\lg d - 15$$

代入（3-10）式，得

$$-5 = 5\lg d - 15 + 5 - 5\lg(10-d) \Rightarrow d = 9.09(\text{pc})$$

将 $d = 9.09$ 代入（3-9）式，得

$$-10 = m + 5 - 5\lg 9.09 \Rightarrow m = -10.207$$

答：在两个星连线上，距离 A 星 9.09 秒差距，距离 B 星 0.91 秒差距处，所见到的两个星的视星等相等，均为−10.207 等。

（六）恒星的演化及其多样性

1. 恒星的演化

现代天体物理学最大的成就之一就是基本上说明了恒星演化和元素演化两个重要问题。演化过程为：发生→发展→衰亡→转化。

恒星是由星云凝聚而成。弥漫星云在自引力的作用下，收缩成比较密集的气体→引力势能转化为热能，内部温度升高并辐射能量→向赫罗图上某个主序位置移动。质量越大，收缩越快，达到主序的位置越高（温度高，光度大）。

恒星“移到”主序后，内部温度高到足以发生热核反应的程度→热核反应代替引力收缩成为主要能源→温度升高，热运动加快，恒星膨胀，排斥力足以同引力相抗衡→恒星停止收缩，长期稳定依靠热核反应进行辐射。

一颗恒星在主序中的时间，占去其“生命”的大半辈子；且在主序上逗留的时间，取决于其质量的大小→质量越大，引力越强→它必须维持较高的温度和较久的辐射功率以与引力收缩抗衡→它的氢燃料消耗更快，寿命更短。

热核反应是在恒星的中心区域进行的，那里的氢核燃料最先燃尽，逐渐形成一个由氦组成的核，停止释放能量。氢燃料的逐渐枯竭，是恒星在结构上逐渐发生变化的前奏。

随着氦核的不断增大，其引力收缩急剧增强，并释放大量能量。结果，恒星的核心收缩（变得愈来愈致密和炽热），外层膨胀（温度降低而光度增大），成为一个非常巨大的具有“热”核的“冷”星。从而恒星离开主星序，进入红巨星区域——生命的“晚年”。

在红巨星阶段，恒星的演化速度大大加快。中心区域的温度和密度因收缩而继续升高，到 1 亿摄氏度时开始进行由氦核聚变为碳核的新一轮热核反应；氦烧完后，温

度继续因收缩而升高，原子核再聚变产生更重的元素→能量有限，到了“垂暮之年”，一旦核反应终止，对引力的抗衡全线崩溃→自行坍塌。

红巨星收缩时，核心部分收缩最猛烈，外部处在较弱的引力下。核心温度因猛烈收缩而急剧上升，由此掀起的热浪会把外层气壳抛掉，剩下一颗致密和炽热的白矮星→以后逐渐变冷，变成又小又暗的黑矮星→终其一生。

并非所有恒星都经历如此“平静”的演化道路。那些质量和体积特别巨大的恒星，演化的最后阶段会发生爆炸——超新星爆发。如留下“残骸”的质量足够大（1.4 ~ 3.2 倍太阳质量），便会“一落千丈”地坍塌为中子星（于 1967 年发现，1978 年发现了 300 颗以上）。

恒星在核能耗尽后，如质量仍超过 2 倍的太阳质量，则平衡态不再存在，星体将无限收缩，连核力也将在引力作用面前低下头来，中子也会坍塌，形成所谓的“黑洞”，如图 3-3 所示。

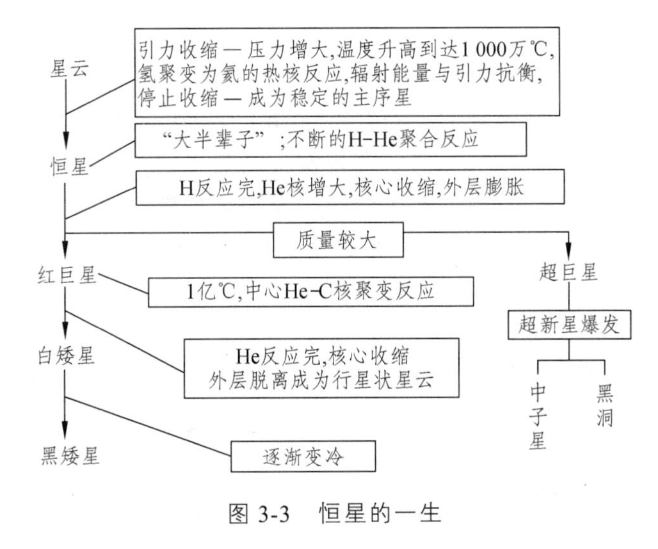

图 3-3　恒星的一生

2. 恒星的多样化

恒星是宇宙中最主要的天体，存在形式多样。恒星之间的力学关系和恒星的发展阶段差异决定了恒星的多样性。分类体系不同，恒星名称也不一样。依据恒星之间的关系分为单星（孤星）、双星、三星、聚星、星团等；依赫罗图上恒星的特点可分为主序星、红巨星、白矮星、超巨星等；依亮度稳定程度以及活动的情况分为稳定恒星（如太阳）和不稳定恒星（如变星、新星、超新星等）；依特殊性质分为普通星和致密星（如中子星、脉冲星、黑洞等）。

（1）单星、双星、聚星、星团。

单星指孤独存在的恒星，近旁没有因引力作用而与之互相绕转的天体。太阳就是一颗单星，因它与比邻星——半人马座 α 星（中文名“南门二”）相距 4.2 光年，已缺乏引力联系，不互相绕转。在恒星中，相互之间有物理联系的最简单的是双星系统。由于彼此间的引力作用而沿着一定的轨道互相绕转，这样的两颗星称为**双星**。在银河系中约有 1/3 的恒星是双星。聚星是三个以上的恒星聚合在一起，组成一个体系，这样的恒星集团就叫作**聚星**，聚星的成员往往是三个到十几个。由成团的恒星组成的、被各成员星的引力束缚在一起的恒星群称为**星团**。星团的成员彼此间有相对运动，同时，星团的整体也存在着空间运动。

（2）变星、新星、超新星。

大多数恒星在很长的时间内，亮度大致是固定的，属于稳定恒星。但也有相当多的恒星，亮度或电磁波不稳定，经常变化并伴随着其他物理变化，我们称为**变星**。目前银河系内已发现约有 3 万颗变星，其中约有一半以上的变星，其光度变化的原因是这些星进行着周期性的膨胀和收缩，在天文上称为“脉动”，脉动周期有短到一个小时的、也有长到二三年的，这类变星叫**脉动变星**，分短周期变星和长周期变星。另一类变星称**爆发变星**，它们的光度变化很剧烈，有的在几天之内，光度就猛增几万倍。因星体爆发而使亮度突然增大的变星，大致分为三种：耀星、新星和超新星。**耀星**是母星局部区域爆发，但爆发规模有限，爆发后亮度会突然增大，但不久就复原。**新星**是有时候在天球上某一个地方会出现一颗很亮的星，它的亮度在很短时间内（几小时到几天）迅速增加，以后就慢慢减弱，在几年或几十年之后才恢复原来的亮度，这就是新星。它是已演化到老年阶段的恒星，在未发亮之前比较暗，不引起人们注意或者肉眼根本看不见，不要误解为“新”诞生的星。**超新星**是激烈的天体爆发，但从观测角度来说它们是罕见的天文现象。超新星爆发时亮度可猛增 20 个星等或更多，光度增加一千万倍，甚至超过一亿倍，达到太阳光度的 10 亿倍以上。

（3）主序星、巨星、白矮星。

恒星的赫罗图如图 3-4 所示。图中，左上方到右下方的对角线区域上的主星序的恒星，称为**主序星**。它们亮度、大小和温度间存在稳定关系，一般温度高的星光度强，随温度减少光度也减弱，化学组成均匀的核心氢燃烧为氦。大质量星耗费能量比小质量星要快，而且，恒星质量越大，半径也越大、发光本领也越强，表面温度也越高。恒星在主星序上宁静地、稳定地发光，并度过它一生中大部分时间，随后它们离开主星序，就进入晚年阶段。赫罗图上体积大、温度低、光度大的一组星叫**巨星**；在赫罗图巨星上方是**超巨星**。恒星演化到巨星阶段，内部氢已所剩不多，且额外的热能使它膨胀时发展成为巨大恒星，因外层温度较低，为红色，称红巨星。在赫罗图左下角的一群星，与矮星不同，它已不是正常星了。光度低，表面温度高，是小而白热化的天体。光谱型为 A 型，称为**白矮星**。当白矮星停止发光时就变成**黑矮星**，成为宇宙中的暗物质。

（4）中子星、脉冲星、黑洞。

中子星的质量不超过太阳质量的三倍，为普通恒星的质量，但密度很大，体积很小，被强引力束缚，物质被挤压在很小的球体内，半径只有十几千米，磁场强度高达一万高斯以上。中子星磁场强，自转快且自转能转化为辐射能。**脉冲星**是 20 世纪 60 年代发现的一类新异天体，现在普遍认为它是强磁场的快速自转着的中子星。人们探测发现到的脉冲星约 1 000 多颗，其中绝大多数是射电脉冲星。**黑洞**是 20 世纪两大物理理论，即“广义相对论”和“量子力学”联合应用恒星演化终局问题所做出的预言。它是一种特殊的天体，很多观测事实表明它存在的可能性，当时虽未找到它对应的天体名称，但理论已提出黑洞的特点：一是黑，它无光射到地球上来，因而看不见它，二是它像一个洞，一旦落到它里面，就像掉入无底深渊，再也跑不出来，黑洞具有一个封闭的视界，就是黑洞的边界，外来的物质和辐射可以进到视界以内，而视界内的任何物质都不能跑到外面。黑洞内部的辐射虽然发射不出来，但黑洞还有质量、电荷、角动量，它还能够对外界施加万有引力作用和电磁作用，物质被黑洞吸积而向黑洞下落时会发出 X 辐射等。天文学家将黑洞分为巨黑洞、恒星级黑洞和微型黑洞。

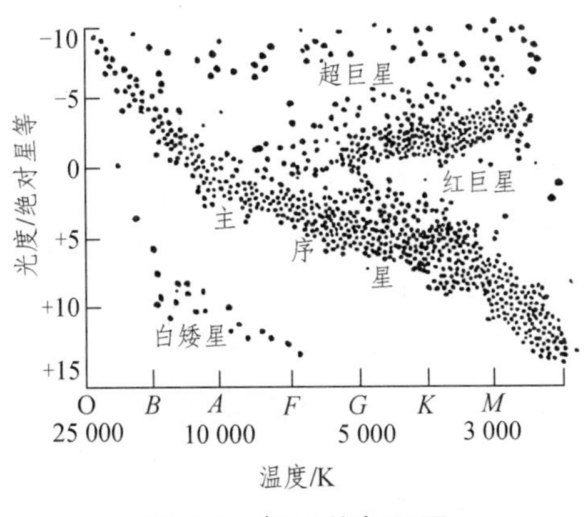

图 3-4　恒星的郝罗图

白矮星、中子星和黑洞统称致密星，是正常恒星走向死亡时“诞生”的，也就是说当它们的大部分核燃料耗尽时的归宿。三种致密星与正常星的差别有明显的两点：① 致密星不再燃烧核燃料，它们不能靠产生热压力来支持自身的引力塌缩。② 它们尺度非常小，若与相同质量的正常星相比，其半径很小，但表面引力场很强。

二、星云和星际物质

1. 星　云

所谓星云，是指真正的云雾状天体，位于银河系内太阳系以外一切非恒星状的气体尘埃云。一些较近的星系，其外观像星云，几个世纪以来也称为星云。1924 年底解决了“宇宙岛”之争以后，才把二者分别称为银河星云和河外星系。人们可用肉眼观察到的星云仅猎户座大星云一个，其余都要用望远镜才能观测到。这是因为有些星云很暗，肉眼难以观测到。现代宇宙学认为，总星系是在 150 亿 ~ 200 亿年前的一次大爆炸中诞生的，经过逾 150 亿年的演化，第一代星云绝大部分都应演化成星体了，所以现存的星云主要是星球和星系爆炸和抛射形成的第二代星云，有的甚至已是第三代星云了，当然也有少数残留的第一代星云和由星际物质吸积而成的星云。由于历史的原因，河外星系被误认为是星云。

2. 星际物质

在广漠的星际空间，除了恒星和星云之外，还充满着比弥漫星云更稀薄的物质。如星际气体（以氢为主）、星际尘埃和各种各样的星际云、星际磁场、宇宙线等。这些通称**星际物质**。普遍认为，星际云同恒星的形成有直接关系，星际云是由星际物质聚集而成的。星际云由于本身的引力作用而收缩，收缩过程温度升高。质量较小的星际云最后可能形成恒星，质量较大的星际云最后可能形成星团。

三、银河系

（一）银河与银河系

夏秋季节，无月的晴夜，人们可以在天空中看到一条淡云薄纱般的白色光带，天文学上称之为银河（民间也叫天河）。银河曾是个猜不破的谜。直到望远镜问世后，云雾状的银河才被分解为点点繁星；由于它们太密集，距离又遥远，所以，肉眼望去就成为白茫茫一片的云雾状光带。恒星天文学的创始人、英国天文学家赫歇耳（1738—1822）系统地研究了恒星的分布后发现，越近银河，恒星分布越密集；离银河越远，恒星分布越稀疏。他由此悟出，密集在银河中的无数恒星，连同散布在天空各方的点点繁星，包括我们的太阳系在内，都属于一个庞大无比的恒星系统。

由此看来，银河与银河系是同一事物的两个不同图像：银河系是以银河命名的星系；我们置身于银河系内，无法看清它的全貌；我们所见到的，只是银河系主体在天球上的投影，这便是银河。

银河绵延周天，平均宽度约 20°，其中心线（称银道）构成天球的一个大圆，与天赤道成 62°交角。明亮的银河中，夹有暗的、长条形的裂隙和局部暗区，使银河各部分明暗不同，支离破碎。这是因为那些天区有暗星云存在，对银河发生消光现象所致。由于银河与天赤道斜交，因而其姿态绰约多变。夏秋之交的黄昏，银河最为明显。它从东北方向起越过头顶，分二支平行地伸向西南方。“银汉横空万象秋”，成了秋夜星空的写照。到冬去春来的黄昏，银河又一次在头顶越过。这一次的方向变成由西北向东南，而且十分暗淡，不引人瞩目。因此，**银河**是天空中密集的恒星构成的白色光带，是银河系主体在天球上的投影。

银河系是大量恒星、星云和星际物质的聚集体。它近似拥有 1 000 亿颗恒星，总质量约为太阳质量的 1 400 亿倍，其中恒星约占 90%，星云与星际物质约占 10%。银河系的主体部分是一个又圆又扁的圆盘体，直径约为 10 万光年（长轴 10 万光年；短轴 6 万光年），中部较厚，边缘很薄，状如铁饼，如图 3-5 所示。银河之所以成为周天环带，就是因为银河系具有圆而扁的形状。圆盘体是在旋转中形成的。它的旋转轴指向天球的两点，叫作银极，距南北天极各为 62°。银盘在旋转中形成一些旋臂，太阳位于其中的一条旋臂上（见图 3-6）。太阳距离银心 2.4 万光年；银核直径约为 1.3 万光年。因此，**银河系**是聚集在银河中的恒星构成的天体系统，是以银河命名的星系（形似圆盘）。在可见光波段，人们对银河系结构常描述为一个中央凸起（称核球）的扁平薄盘（称银盘），呈类透镜星系或漩涡星系。

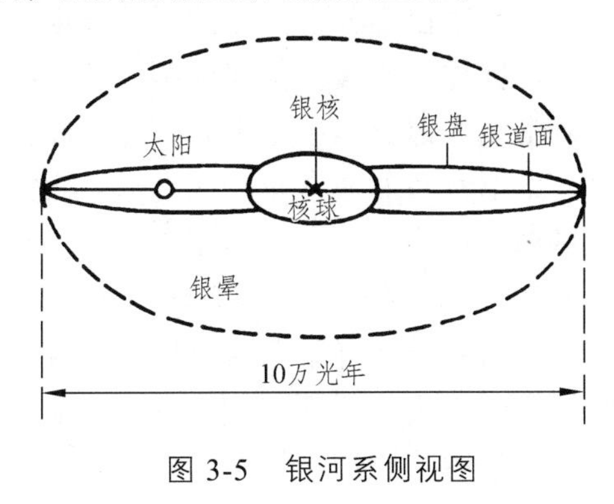

图 3-5　银河系侧视图

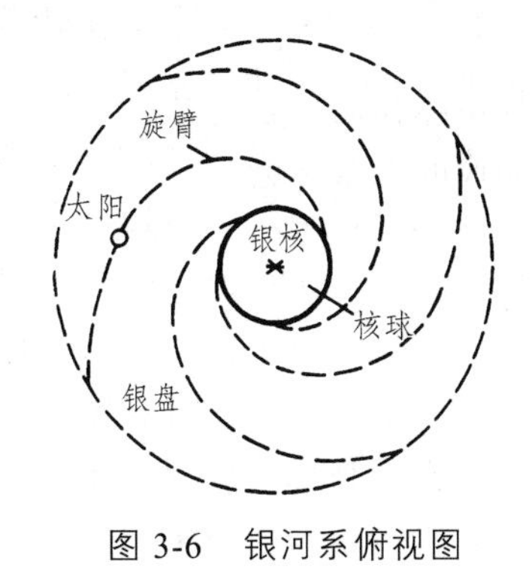

图 3-6　银河系俯视图

（二）银河系的结构

1. 银盘

银河系的物质，主要是恒星，在可见光波段获悉，密集部分组成一个圆盘，称为**银盘**。银盘的中心平面投影到天球上叫银道面，银盘中心隆起的部分叫银河系核球。银道面与天赤道相交成约 63.5°。

据最新研究资料，银盘直径约 8 万光年（近年研究结果为 8.5 万光年，早期值是 10 万光年），银盘中间厚、外边薄，中间的核球直径约 1 万光年，银盘靠近核球的地方厚约 3 000 ~ 6 000 光年，边缘仅 1 000 光年，太阳在银盘中位于距银心大约 2.4 万光年的地方，它到银盘边缘的距离为 1.6 万 ~ 6.4 万光年不等，太阳附近的银盘厚度约为 3 000 光年。

2. 银晕

银盘外面是一个范围广大、近似球状分布的系统，称为**银晕**。银晕的直径逾 10 万光年，密度比银盘小。近年来，根据观测可见物质的运动推断，在恒星分布区之处，还存在一个巨大的大致呈球形的射电辐射区，称为银冕，其半径可达 30 万光年。

3. 银核

银河系核球的中心部分是一个不大的致密区，称为**银核**。银核为扁球形，赤道半径约 30 光年，极半径 20 光年。银核中心处又有一更小的核中之核，称为内核心或银心，半径只有 1 光年左右。银核能发出强射电辐射、红外辐射、X 射线和 γ 射线。

4. 旋臂

银盘中有旋臂，这是盘内气体尘埃和年轻恒星集中的地方。观测发现，大量的恒星和星际弥漫物质都高度集中在旋臂上。据研究，银河系的这些旋臂的“旋开”与“旋闭”还有一定的周期。

（三）银河系的其他特征

银河系中的天体运动比较复杂。观测研究表明，距银心较太阳近的恒星绕银心运转的速度比太阳快，距银心较太阳远的恒星运转速度比太阳慢。银河系中心部分的恒星密度较大，也是最活跃的区域，整个系统的质量绝大部分集中于中心，外围部分的恒星绕银心的运动，近似开普勒转动。据资料，太阳所在的地方转动速度近年研究是 220 km/s（早期是 250 km/s），太阳在大致正圆的轨道上绕银心转一周需要 2.5 亿年，也称宇宙年。位于银盘内的其他恒星以不同的周期、近圆形轨道绕银心转动。

银河系内的物质分布是不均匀的。既有年轻的恒星，又有年老的恒星；有可视物质，也有大量的暗物质，整个银河系质量的估算与暗物质的发现有关。目前只根据银河系转动的资料，求得银河系内物质的密度和银河系的总质量。据估算，太阳轨道以内的银河系的质量为 10^{11} 个太阳质量，如果一颗恒星的平均质量是太阳质量，那么，银河系近似有 1 000 亿颗恒星，这与恒星计数的值相一致。太阳轨道以外的银河系还有大量天体，加上隐藏的暗物质，银河系的总质量一定超过 10^{11} 个太阳质量。

把银河系视面上各部分的光加起来，得到的累积亮度或累积星等，可以表达银河系的光度。实际上，银河系的累积亮度很难测定，目前得到的估算值是太阳光度的 2.4×10^{10} 倍，累积绝对星等为-20.5 等。

（四）银河系对地球宇宙环境的影响

1. 太阳系相对邻近恒星的运动

银河系中有众多的类似太阳系的系统。虽然人类已找到行星系统，但人类目前还没找到类似地球有生命的天体。地球在太阳系中，太阳系在银河系中（太阳带着太阳系家族的成员在绕银心运动的同时，与邻近恒星也有相对运动，即向武仙座方向运行。

2. 地球大冰期成因探讨

银河系中的天体相互作用，对地球在宇宙中的环境有影响。例如，用太阳系在银河系中运行造成的地球轨道扩张来解释冰期的成因。可以想象，当太阳运行到轨道上的近银心点附近时，将沉入银河系的深部，那里的天体比较密集，由于互相挤压，整个太阳系就会收缩，日地距离就会减少，地球上所得太阳辐射热能就会增加，地球上就会升温，出现温暖期；当太阳运行到轨道上的远银心点附近时，太阳系又浮到银河系的浅层，那里天体比较稀疏，整个太阳系就会因周围挤压力减少而扩张，日地距离就会加大，地球上所得太阳辐射热能就会减少，地球上就会降温，形成寒冷期，这也就是大冰期。

地球上至少曾出现的过三次大冰期与银河系天体运动有关。若把冰期归因于地球轨道的扩张所造成。地球轨道的扩张是太阳系在运行到离银心较远时，太阳绕银心公转的周期是 2.5 ~ 3 亿年，在一个周期中，太阳系远离银心一次，可形成一次大冰期，而地球上已经发生的三次大冰期——震旦纪大冰期、晚古生代大冰期和第四纪大冰期的间隔也正好是 2.5 ~ 3 亿年，两者吻合。

四、河外星系和总星系

银河系以外包含大量恒星的天体系统。河外星系也是由数十亿至数千亿颗恒星、星云和星际物质组成的。银河系以外的星系，统称**河外星系**，银河系之外跟银河系同一级别的天体系统。在众多的星系中，只有极少很亮的才有专门的名称，如大、小麦哲伦星系，仙女座大星系等，绝大多数河外星系则用某个星云星团表里的号数来命名，如 M31 等。河外星系本身也在运动。它们的大小不一，直径从几千光年至几十万光年不等。由此可知，我们的银河系在星系世界中只是一个普通的星系。

就像银河系的恒星分布一样，在宇宙中河外星系的分布也是不均匀的，有的星系成群出现，聚集为各种星系的集团。一些相互邻近的由 100 个以内星系组成**星系群**。银河系所在的星系群称**本星系群**，它大约有 40 个星系，直径可达 400 万光年。比星系群更大的成团的星系结构称为**星系团**。一个星系团可包括几百到几千个星系，已发现大约一万个星系团。离我们最近的星系团是室女座星系团，距离我们 6 000 万光年，直径 850 万光年，包括 2 500 个星系。比星系团更高一级的星系结构称**超星系团**，其直径可达 2 亿万 ~ 3 亿万光年。所有的星系构成了最大的天体系统，称为**总星系**。

五、宇宙的起源

对于宇宙的起源，目前没有一致的看法，最流行的学说是大爆炸宇宙理论。

1927 年以后，比利时天文学家勒梅特提出了一个大胆而明确的概念，认为“空间要随时间而膨胀”，继承了爱因斯坦宇宙方程的动态意义以及弗里德曼的奇点论。他认为有一种密度无限大的状态的可能性，并因膨胀而转化为各种密度较低的状态。

宇宙膨胀理论的提出，大大改变了传统的大宇宙静态观，星系退行可看作大尺度天区上具有的特征。因此，谱线红移的发现在认识大宇宙中起了一个促进作用，也可以说它促进了新宇宙学的诞生。在宇宙膨胀论的基础上，结合一些其他观测资料，科学工作者提出了各种各样的现代宇宙学，其中最有影响的就是**大爆炸宇宙学**，与其他宇宙模型相比，它能说明较多的观测事实。大爆炸宇宙学的主要观点认为，宇宙有一段从热到冷的演化史，这一温度从热到冷、密度从密到稀的演化过程，如同一次规模巨大的爆炸。

勒梅特宇宙膨胀学说认为，宇宙全部物质最初聚集于一个原始原子里。原始原子的密度很大，于一百亿年前发生大爆发，物质向四面八方爆裂飞奔。因此，由这些物质形成的恒星、星系到今天还在向外运动，因而宇宙在膨胀着。20 世纪 40 年代，伽莫夫提出，宇宙起始于高温高密状态的“原始火球”，在原始火球里的物质以基本粒子状态出现，在基本粒子的相互作用下，原始火球发生了爆炸，并向四面八方均匀地膨胀。原始火球理论阐述了宇宙膨胀运动，探讨了化学元素的形成和含量问题，并且预言宇宙中存在某种剩余的背景辐射。

1965 年，发现了宇宙背景辐射，许多人认为，这种 2.7 K 的宇宙背景辐射，就是“原始火球”理论所预言的背景辐射。从那以后，这个大爆炸宇宙理论得到越来越多人的支持，具体内容上也得到进一步的充实和发展，由于宇宙的初始状态是热的，上述理论也称为热大爆炸宇宙论。

按照大爆炸宇宙论，宇宙的演化大致如下：

宇宙开始于一次爆炸。在初期，温度极高，密度极高，整个范围达到热平衡，物质成分即由平衡条件而定，由于不断膨胀，辐射温度及密度都按比例地降低，物质成分也随之变化。温度降到 10 亿 K 左右时，中子失去自由存在的条件，与质子结合成重氢，氦等元素。当温度低于 100 万 K 之后，形成元素的过程也结束了，这时的物质状态是质子、电子以及一些轻原子核构成的等离子体，并与辐射之间有较强的耦合，从而达到平衡。以后继续冷却，到 4 000 K 左右，等离子体复合而变成通常的气体，与辐射的耦合大大减弱。从此，热辐射便很少受到物质的吸收或散射，自由地在空间传播。进一步地膨胀使辐射温度再度下降，气态物质开始形成星系或星系团，最后形成恒星，演化成为人们今天所看到的宇宙。

还有人把宇宙的时间演化大体分为三个阶段：第一阶段：宇宙大爆炸后 10^{-43} s 时期的宇宙，也称普朗克时代；第二阶段：大爆炸后 30 万年，暴胀到膨胀的宇宙（这个时期发出宇宙微波背景辐射）；第三阶段：宇宙不断膨胀，恒星、星系、星系团逐渐形成阶段。

第二节　太阳和太阳系

在天体系统中，太阳系隶属银河系。太阳系是以太阳为中心、所有受到太阳的引力约束的天体的集合体。太阳位于其中一条旋臂上，它只是银河系中的一颗普通恒星。

一、太　阳

太阳在亿万颗恒星中是一颗普通的恒星，它具备普通恒星所有的一切特征。但在太阳系内包括地球上一切生命来说，它是一颗极为重要的恒星。太阳是太阳系中唯一能够自行发光的天体，是太阳系能量和热量最主要的来源。

（一）太阳的物质成分

从恒星演化过程来看，目前太阳是一颗中年的恒星，其内部具有极高的温度和极大的压力，通过对太阳的光谱分析，可以获悉太阳的化学成分。目前太阳大气中氢和氦占绝大部分，其他则是一些较重的元素。若按质量计算，氢约占有 71%，氦约占 27%，而其他元素只占 2%，主要为碳、氮、氧和各种金属元素。

（二）日地距离与天文单位

日地距离又称太阳距离，指的是日心到地心的直线距离。由于地球绕太阳公转的轨道是个椭圆，太阳位于一个焦点上，所以日地距离是变化的。1972 年法国天文学家卡西尼根据开普勒第三定律测算出日地距离约 1.5 亿 km，1976 年国际天文学联合会把日地平均距离定为 149 597 870 km。日地平均距离就是一个**天文单位**（au），是太阳系内行星等天体的距离单位，即 1 au=1.496×10^8 km。

近年来，人们用雷达测定金星与地球的距离，进而推算出日地距离最新值为 $1.495\,978\,92\times10^8$ km。光速运动需要约 8^m19^s。

（三）太阳大小

已知日地距离，就可以根据太阳的视圆面半径，推算其线半径，如图 3-7 所示。太阳的平均视半径为 16′。设日地距离为 D，太阳半径为 $R_\odot$，那么便有

$$\sin16' = \frac{R_\odot}{D}$$

$$\Rightarrow R_\odot = 149\,600\,000\times\sin16'$$

$$=6.96\times10^5\ \text{km}（约 70 万 km）$$

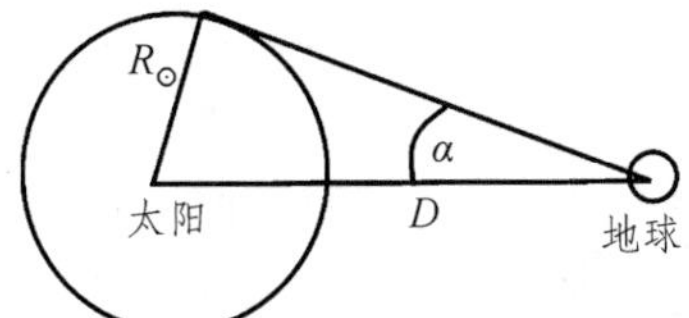

图 3-7　推算太阳半径

由太阳半径求得它的表面积和体积。与地球相比，太阳半径相当于地球半径的 109 倍，其表面积是地球表面积的 1.2 万倍；太阳的体积约为 $1.4\times10^{18}\ \text{km}^3$，是地球体积的 130 万倍。

（四）太阳质量

在已知日地距离和太阳体积的条件下，通过万有引力定律，可以间接地推算出太阳的质量。日地间的引力为

$$F = G\frac{Mm}{D^2}$$

式中 M 为太阳质量，m 为地球质量，D 为日地距离，G 为万有引力常数。

地球绕太阳公转的向心力为

$$J=\frac{mv^2}{D}\text{（式中，}v\text{ 为地球公转线速度）}$$

我们知道，地球轨道的偏心率很小，地球绕太阳公转，可近似地看做圆周运动。换句话说，太阳对地球的引力，正好就是地球绕太阳运动所需的向心力。于是有

$$J=F\Rightarrow\frac{mv^2}{D}=\frac{GMm}{D^2}$$

等式两边消去 m 和 1 个 D 后，得太阳的质量

$$M=\frac{Dv^2}{G} \qquad (3\text{-}11)$$

式中的 D、v 和 G 都是可以测定或已知的：日地平均距离 D=1.496×10^{11} m；地球公转平均速度 v=2.978×10^{4} m/s；万有引力常数 G=6.67×10^{-11} N · m^2/kg^2。

将这些数值代入（3-11）式，便得太阳质量 M 为

$$M=1.989\times10^{30}\text{ kg，或 }M=1.989\times10^{27}\text{ t}$$

这个数字相当于地球质量的 33 万余倍，占太阳系总质量的 99.87%，或全部行星质量总和的 745 倍。

求得了太阳的质量，就有条件根据太阳的大小推算它的平均密度和重力。太阳的平均密度为 1.41 g/cm^3，约为地球平均密度（5.52 g/cm^3）的 1/4。但太阳各部分密度差异悬殊，外部密度很低，而核心密度可高达 160 g/cm^3，是钢锭密度的 20 倍。太阳表面的重力加速度为 27.4 m/s^2，相当于地面重力加速度（9.8 m/s^2）的 27.9 倍。

（五）太阳的大气结构

5 770 K 以上的高温，意味着太阳是一团灼热的气体球，并无地球那样的固体表面，也就无所谓相对于固体表面的大气层。由于高温，太阳的气体也不同于地球大气。

太阳大气则因高温电离成等离子体。太阳的大气结构分为**内部稠密气体**（内部圈层）和**外部稀薄气体**（外部圈层），如图 3-8 所示。

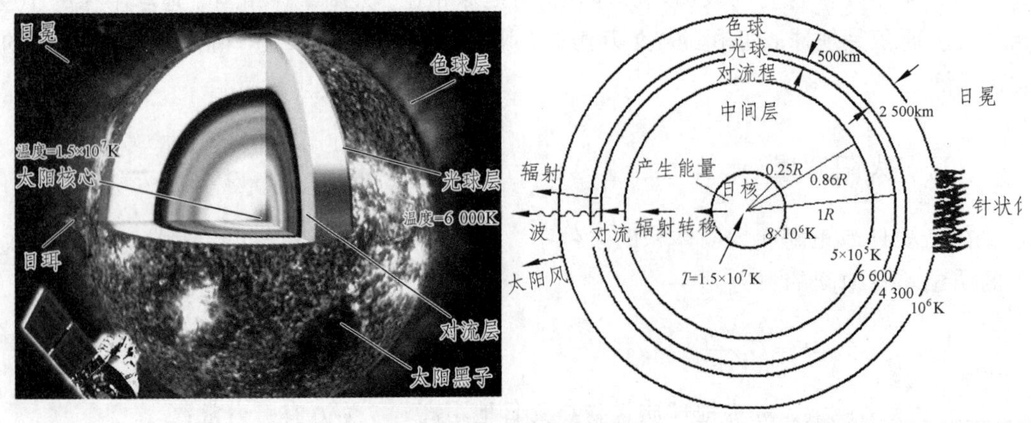

图 3-8　太阳的圈层结构

1. 太阳内部圈层

太阳内部稠密气体，由中心向外可划分为核反应区、辐射区、对流区三个同心圈层。

（1）核反应区。太阳中心到 1/4 太阳半径范围内，集中太阳质量的 1/2，氢氦热核反应产能区，温度高达 1 500 万 K，它是整个太阳也是太阳系的巨大能量源地，99%能量由此产生。

（2）辐射区。在核反应区外围，占据广大的范围，厚度为 1/2 太阳半径，占太阳质量的 35%。核反应区产生的能量以辐射的形式通过该区向外输送，还有 1%能量由此产生。

（3）对流区。厚度为 1/4 太阳半径，占太阳质量的 15%。稠密炽热的气体处于升降起伏的对流状态，在太阳外层大气中产生的各种现象（如黑子、耀斑等）都与对流区的大气活动有关。

2. 太阳外部圈层

太阳外部稀薄气体通常称为太阳大气，太阳大气由里向外还可分为光球、色球、日冕三个层次，各层的物理性质有显著区别。

（1）光球。太阳大气最下层称为光球层，就是人们平常用肉眼看到的太阳圆盘，它实际上是一个非常薄的发光球层，其厚度约为 500 km，地球上所接收到的太阳辐射几乎全部是由这一薄层发射的。光球中布满米粒组织，这些“米粒”实际上就是太阳内部对流区里上升的热气团冲击太阳表面形成的。在光球的活动区中，有太阳黑子、光斑等。

光球层特点：薄而明亮的太阳大气最低层，厚度为 500 km。密度为 10^{-7} kg/m^3，温度为 5 770 K。太阳活动时，出现米粒组织——太阳大气的对流胞。突出标志是：太阳黑子——光球上温度较低（4 200 K）的黑斑。光斑——比光球背景更明亮的斑块。

（2）色球。位于光球层之上，厚度约 2 500 km。从 2 000 km 往上实际上是由一种细长的炽热物质（称为针状体）构成的，因此色球层很像燃烧的草原。色球的亮度只有光球的万分之一，只有在日全食时，观测者才能用肉眼看到太阳视圆面周围的这一层玫瑰色的光辉，平时观测要用专门的仪器（色球望远镜）才能看到。人们习惯于天体外层温度低于其内层温度，但在太阳这里却不同，在厚约 2 000 km 的色球层内，温度从光球顶部的 4 600 多度增加到色球顶部的几万度（K）。由于磁场的不稳定性，色球经常产生激烈的耀斑爆发，以及与耀斑共生的日珥等，色球层随高度增加，密度急剧下降。

色球层特点：具有玫瑰红光辉的太阳大气中间层，厚度为 2 500 km；密度为 10^{-8} kg/m^3；底部温度为 4 200 K，顶部为 500 000 K；亮度仅及光球的万分之一。太阳活动时，出现日珥——在色球层中喷发的气焰，速度达 10 ~ 200 km/s，高度可达百万千米。太阳标志是耀斑——在色球爆发的明亮斑块（出现在黑子附近）。

（3）日冕。太阳大气的最外层称为日冕。日冕是极端稀薄的气体层，日冕的亮度比色球更暗，平时也看不见，必须用特殊仪器（日冕仪）进行观测或者在日全食时才能看见。日全食时看到的可见光波段的日冕呈银白色。日冕的大小与太阳活动强弱有关。从最好的日冕照片上能够看到它可以延伸到大约 4 ~ 5 个太阳半径的距离。但是实际上它可以延伸到超过日地距离，它主要是由高度电离的离子和高速的自由电子组成，日冕物质（基本上是质子、α 粒子和电子组成的气体流）能够以很高的速度向外膨胀，形成所谓的“太阳风”。换句话说，太阳风就是动态日冕。在地球附近，太阳风速度约为 450 km/s，平均密度约为 5 个粒子/cm^3，温度为 5×10^4 ~ 5×10^5 K，磁场为 6×10^{-9} Gs（1 Gs=10^{-4} T）。太阳风经过地球区域以后，继续向外传播，一直到太阳系边界。

日冕层特点：具有银白色光芒的太阳大气最外层，厚度为 4 ~ 5 个太阳半径，密度为 10^{-9} kg/m^3，温度为 100 万 K，无明显的上界。亮度比色球更暗，日冕扩散，形成太阳风。

（六）太阳的热能和能源

太阳是地球和整个太阳系光和热的主要源泉。大半个世纪以来，人们精密地测定了太阳辐射的能量

1. 太阳常数

在不考虑大气的影响下，处于日地平均距离的每平方厘米面积上，太阳光垂直照射时，每分钟接收的太阳辐射能为 8.16 J/（cm^2 · min）。

2. 每秒钟太阳总辐射总量

设想有一个以太阳为中心，以日地平均距离为半径的巨大球面，它的总面积达 $4\pi\times(1.496\times10^8)^2$ km^2=2.83×10^{27} cm^2。这个球的内表面的每一点同太阳的距离，都等于日地平均距离，并且处处与太阳光垂直，它把全部太阳辐射如数吸收。这个球面积乘以太阳常数，便得到太阳辐射总量，其值为 $4\pi\times(1.496\times10^{18})^2$ $km^2\times8.16$ J/cm^2 ·min=3.826×10^{26} J/s。

3. 地球表面每秒钟获得的太阳辐射值

同理，依据太阳常数，也可以算出地球表面每分钟获得的太阳辐射值，地球是球形，被太阳照射的半球所获得的能量就等于以地球半径为半径的圆面上太阳光垂直照射下，所获得的能量，其值为 $\pi\times(6.371\times10^8)^2$ $cm^2\times8.16$ J/cm^2 · min=1.74×10^{17} J/s，相当于太阳向宇宙空间辐射的总能量的 22 亿分之一。

4. 太阳的产能机制

太阳的产能过程是太阳内部的核反应过程。在太阳内部上千万度高温和高压条件下，物质的原子结构遭到破坏，电子被剥离了原子核，一部分原子核获得极高的速度，能够克服原子核之间的电斥力，使较轻的原子核聚合成较重的原子核，并在聚变过程中释放出巨大的能量。这种以粒子在高温条件下的高速运动为条件的核反应，叫作**热核反应**。另外，物质要高度密集，才能使核反应持续进行下去。

按照相对论，质量和能量可以相互转化，与 m 克物质相当的能量为

$$E=mc^2\ (c=3\times10^8\ \mathrm{m/s})$$

这种物质转化成能量的过程在一般的条件下是不能进行的，只能通过原子核反应才能进行，而原子核反应只在极高温高压的条件下才能进行，所以称为热核反应。

原子核反应过程中，进行着质——能的转化，而产生巨大的能量，即原子能，释放原子能有两种途径：重核的裂变和轻核的聚变。裂变和聚变时产生的能量即为

$$\Delta E=\Delta mc^2$$

式中，Δm 为核的质量亏损，ΔE 为 Δm 质量转化的能量。

太阳能即属于核聚变所产生的原子能。在太阳核心区域，那里存在着 1 500 万°C的高温和 2500 亿个大气压的高压，在高温高压条件下，4 个氢原子核聚合成 1 个氦原子核，发生核聚变而产生相应的原子能。所产生的能量主要靠辐射方式，通过原子的反复吸收和反复发射，辗转传递到太阳表面。

因此，在太阳热核反应中，1 g 氢核聚变为氦核时能产生约 6.21×10^{11} J 的热能。由前面已知，太阳每秒钟辐射的能量 3.826×10^{26} J。依此可知，太阳每分钟约损耗 2 亿吨的质量，这虽然是较大的数字，但对太阳巨大的质量来说，却是微不足道的，50 亿年耗损约 0.3‰，100 亿年耗损约 0.6‰。因此，根据质——能转化的理论，预计太阳的寿命为 100 亿年，目前它大约度过了一半。

5. 太阳能源

太阳的产能中心在太阳的核心区域，在太阳内部上千万度高温和高压条件下，物质的原子结构遭到破坏，产生热核反应，使较轻的原子核聚合成较重的原子核，主要是氢核聚变为氦核，在聚变过程中，质量转化为能量，释放出巨大的能量。

（七）太阳活动和日地关系

1. 太阳活动

太阳大气受太阳磁场的支配，处于局部的激烈运动中，称为**太阳活动**，其本质是磁活动。尽管起伏不多（大约 0.1%～0.2%），但太阳辐射这个微小的变化，特别是在紫外和 X 射线波段的涨落会给地球带来重大的影响。太阳活动既有周期性的变化（主要是 11 年或 22 年），又有非周期的波动。最明显的标志是太阳黑子、太阳耀斑以及日冕物质的抛射（或太阳风）。

太阳存在着在短时间内，局部爆发的现象，如光球层的黑子，色球层的耀斑、日珥等，这些现象属于**太阳活动**。

太阳活动有时很剧烈（扰动太阳），有时相对平静（宁静太阳），周期为 11 年，其主要标志是太阳黑子。太阳活动种类繁多，除黑子外，还有光斑、耀斑、日珥及日冕膨胀等。这些形形色色的变化，大体上都随黑子的变化而同步起落。扰动太阳时，产

生的光、磁、电、热等能量突变现象。

（1）太阳黑子。黑子是光球上经常出没的暗黑斑点。一般由较暗的核和围绕它的较亮的部分构成，中间凹陷约 500 km，黑子看起来是暗黑的，但这只是明亮光球反射的结果。其实，一个大黑子能发出像满月那么多的光，黑子的温度低于光球，较暗部分有效温度约 4 240 K，较亮部分有效温度为 5 680 K。

太阳活动最明显标志——黑子的特点：① 是巨大的气体漩涡、温度偏低，约 4 500 K。② 在太阳赤道两侧成对出现；大者直径 20 万 km、小者直径 1 000 km。③ 由于太阳自转，匀速位移；黑子越大寿命越长，近 100 天。④ 有以 11 年为周期的盛衰变化。

（2）光斑和谱斑。光斑是与黑子相反的一种光球现象，具有各种不同形式的纤维状结构，比光球的温度高。在日面边缘部分，可以见到微弱亮片。光斑和黑子的密切联系，常常相互伴随，它比黑子先出现，平均寿命约 15 日。光斑的纬度分布同黑子类似，但稍比黑子带宽些，光斑亮度比光球背景亮 11%左右。

谱斑出现在色球中，位于光斑之上，它延伸的区域一般与光斑符合，也称为色球光斑，大多数谱斑也同黑子有联系，氢谱斑和铅谱斑的面积和亮度都随黑子 11 年周期而变化。

（3）日珥。在日全食时观测，或平时用色球望远镜单色光观测，常常在其边缘看到明亮的突出物。它们具有不同的形状，有的像浮云，有的似喷泉，还有圆环、拱桥、火舌、篱笆等形状，统称为日珥。日珥的大小不等，一般说来长约 200 000 km，高约 30 000 km，厚约 50 000 km，其寿命维持几个月，日珥主要存在于日冕中，但下部常与色球相连。根据形态和运动特征，日珥可分为若干类型。投影在日面上的日珥，称为暗条。在日面的高纬度区和低纬度区都会出现日珥，但最亮的日珥常出现在低纬度区，太阳黑子带内的日珥也具有 11 年周期变化，两极地区日珥的周期不明显。

（4）耀斑。耀斑出现在色球层，是太阳活动明显标志之一。当用单色光观测太阳时，有时会看到一个亮斑点突然出现，几分钟或几秒钟内面积和亮度增加到极大，然后比较缓慢地减弱，以至消失，这种亮斑点，称为耀斑，这种现象也常称为色球爆发。耀斑很少在白光中看到，其强度常增至正常值的 10 倍以上，最大发亮面积可达太阳圆面的千分之五。耀斑的寿命很短，平均约 4 ~ 10 min。当耀斑近于消失时，在其上或附近常出现暗黑的纤维状物，以很高的速度（300 km/s）上升，当达到一定的高度（可达 10 万 km）之后，又快速地返回落向太阳，这种现象称为“回归日珥”。

耀斑出现的概率与黑子也有很大的关系。在黑子群的生长阶段，耀斑活动最为强烈，通常出现在黑子群上部的色球中。耀斑爆发的时候，发出大约 10^{30} ~ 10^{32} 尔格的能量，它抛射出的粒子流达 1 000 km/s 的速度，到达地球时，常引起磁暴和极强的极光。耀斑发出的强紫外辐射和 X 射线，会对地球产生很大的影响。

2. 太阳活动对地球的影响

太阳活动进入活动峰年时，太阳黑子相对数增加，耀斑爆发、日冕物质抛射等现象频繁出现，太阳活动增强，并且发射出大量高能带电粒子。高能粒子流（速度可达每秒数百或近千千米）到达地球附近时，扰乱了地球磁场，引起磁针剧烈颤动，就像地球磁场突然卷起一场风暴，称为**磁暴**。发生磁暴时，磁针突然颠动，有时失灵，会影响飞机和船舶航行。在地球的极区，在晚上甚至在白天，常常可以看见天空中闪耀着淡绿色或红色，粉红色的光带或光弧，称为**极光**。太阳活动对电离层的影响明显，电波就因损失能量而短波衰减，因而引起信号减弱甚至完全中断，电子数的密度增加越大，受衰减的频率就越高。当耀斑发生时，短波被吸收，中波不变，长波信号反而增强。

由于太阳紫外线的改变，可导致地球大气臭氧层在分布与密度上的变化，进而影响平流层温度，它使 120 km 以上的大气电离和加热，改变大气环流状况，直接影响的地球天气和气候。太阳的瞬时活动可能影响地球天气，太阳能量输出长期变化或日地空间物质改变能影响地球气候。某些地区气压、温度、雨量都与太阳黑子的 22 年周期有一定的相关性，地震发生的次数与太阳黑子活动的 11 年周期或 22 年磁周相关。还有，某些疾病、血液系统、神经系统（表现为城市交通事故和犯罪率增多或减少）的变化，同样与太阳活动强弱有相关性。

二、太阳系

太阳系是以太阳为中心、所有受到太阳的引力约束的天体的集合体。除太阳外，其主要成员包括 8 颗大行星、冥王星等矮行星、160 多颗已知的卫星和数以亿计的太阳系小天体（包括小行星、彗星等）。

（一）太阳系的发现

太阳系的发现，是天文史上最辉煌的一页。欧洲“文艺复兴”时代，天文学摆脱了托勒密的“地心”宇宙体系，创立了哥白尼的“日心”宇宙体系。

地心说，认为地球静止在宇宙中心，日月星辰围绕大地做昼夜旋转。这种宇宙结构符合人们的直觉印象，也符合以人类为中心的基督教义，成为中世纪欧洲维护神权统治的理论支柱。

托勒密地心学体系的要点：① 地球位于宇宙中心静止不动；② 每个行星都在一个叫“本轮”的小圆形轨道上匀速转动，本轮中心在称为“均轮”的大圆形轨道上绕地球匀速转动，但地球不是均轮中心，而是与圆心有一定的距离，用这两种运动的复合来解释行星视运动中的顺行、逆行、合、留等现象；③ 水星和金星的本轮中心位于地球与太阳的连线上，本轮中心在均轮上一年转一周，火星、木星和土星到它们各自的本轮中心的连线始终与地球到太阳的连线平行，这三颗星每年绕其本轮中心转一周；④ 恒星都位于被称为“恒星天”的固体壳层上，日、月、行星除上述运动外，还与恒星一起每天绕地球转一周，以此解释各种天体每天的东升西落现象。

日心说，认为宇宙的中心是太阳，地球只是绕太阳运动的一颗普通行星。

哥白尼日心学体系的要点：① 地球不是宇宙的中心，太阳才是宇宙的中心，太阳运行的一年周期是地球每年绕太阳公转一周的反映；② 水星、金星、火星、木星、土星五颗行星同地球一样，都在圆形轨道上匀速地绕太阳公转；③ 月球是地球的卫星，它在以地球为中心的圆轨道上，每月绕地球转一周，同时月球又跟地球一起绕太阳公转；④ 地球每天自转一周，天穹实际不转动，因地球自转，才出现日月星辰每天东升西没的周日运动，这是地球自转运动的反映；⑤ 恒星离地球很遥远。

但从现代观点来看，哥白尼的日心体系也有缺陷，这主要是由于当时科学水平及时代的局限，表现在三个方面：① 把太阳作为宇宙的中心，且认为恒星天是坚硬的恒星天壳；② 保留了地心说中的行星运动的完美的圆形轨道；③ 认为地球匀速运动。但不管怎样，哥白尼是第一个以科学向神权挑战的人，他的历史功绩在于确认了地球不是宇宙的中心，从而给天文学带来了一场根本性革命。哥白尼的宇宙日心体系是人类对天体和宇宙的认识过程中的一次飞跃。

（二）太阳系的组成

除太阳以外，组成太阳系的天体包括八大行星、矮行星、卫星、小行星、彗星、流星体等，如图 3-9 所示。

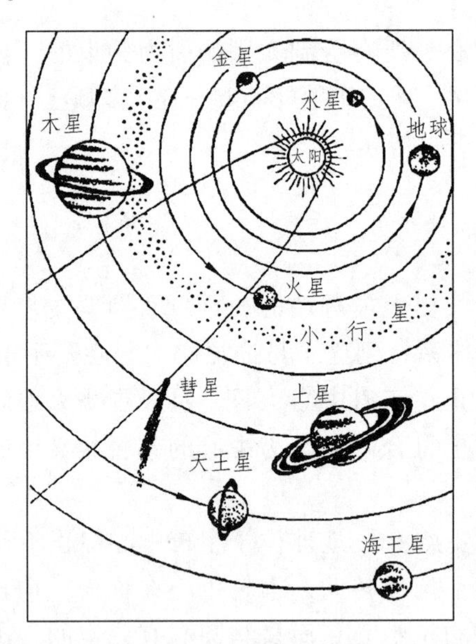

图 3-9　太阳系示意图

太阳系有水星、金星、地球、火星、木星、土星、天王星、海王星八大行星，在火星和木星之间还有小行星带。

根据万有引力定律和天体力学知识，人们可以估算太阳系的边界范围，目前有几种界定：① 按彗星起源假说的柯伊伯带为界，约 50 ~ 1 000 au。依奥尔特云为界，约 10 au ~ 0.5 ly；② 依太阳风作用的范围，约 100 ~ 160 au；③ 理论计算太阳系的引力范围，约 15 万 ~ 23 万 au。

但是，我们已知的太阳系包括大行星、小行星、彗星等在内，除了部分彗星有可能运行到离太阳好几百个天文单位的地方，八大行星都“缩”在太阳附近的空间。自20世纪以来，随着人们先后发现天王星、海王星，太阳系的疆域就一直在扩大，人们对太阳系边界的认识也在不断刷新。

1. 八大行星

太阳系中的八大行星，按距太阳远近排列依次为水星、金星、地球、火星、木星、土星、天王星、海王星，如表3-2所示。

表3-2 太阳行星表

行星	质量（地球=1）	体积（地球=1）	密度（水=1）	公转周期	自转周期
水星	0.055	0.056	5.46	87.9^{d}	58.6^{d}
金星	0.82	0.856	5.26	224.7^{d}	243^{d}
地球	1.00	1.000	5.52	1^{y}	$23^{h}56^{m}$
火星	0.11	0.150	3.96	1.9^{y}	$24^{h}37^{m}$
木星	317.94	1316	1.33	11.8^{y}	$9^{h}50^{m}$
土星	95.18	745.0	0.70	29.5^{y}	$10^{h}14^{m}$
天王星	14.63	65.20	1.24	84.0^{y}	约 16^{h}
海王星	17.22	57.10	1.66	164.8^{y}	约 18^{h}

它们的总质量约为太阳1/745，体积约为太阳1/600。它们之间的差异很大，最大的是木星，最小的是水星。若以地球的质量、体积为1，则木星大约分别为318、1 316，而水星仅为0.0554、0.056。行星绕太阳公转具有共面性、近圆性和同向性的共同特点。

八大行星，若以地球轨道为界，分为地内行星和地外行星；若以小行星带为界，以内的大行星称为内行星，以外的则称为外行星；若根据行星的物理性质，还可将其分成类地行星和类木行星，前者包括水星、金星、地球和火星，后者包括木星、土星、天王星和海王星，也有人把土星和木星称为巨行星。

类地行星和类木行星的特点如下：

类地行星特点：质量小，体积小，具有固体表面，平均密度大，由重物质组成，表面温度较高，公转周期较短，自转周期较长，距离太阳较近。

类木行星特点：质量大，体积大，由轻物质组成，没有坚硬表面，平均密度小，表面温度低，公转周期长，自转周期短，距离太阳较远，有光环。

2. 矮行星

矮行星体积介于行星和小行星之间，质量足以克服固体应力以达到流体静力平衡（近于圆球）形状，围绕太阳运转。目前被确认的矮行星有五个，即谷神星、冥王星、阋神星、鸟神星、妊神星。下面主要介绍冥王星和谷神星。

（1）冥王星。1930年2月18日汤博从大量拍摄的星象中发现一颗星，当时天文界把它命名为“冥王星”，曾把它定义为太阳系的第九颗行星。冥王星的半径约1 150 km，质量约为地球质量的千分之二，平均密度为 1.5 ~ 1.936 g/cm^3，它的内部有岩石核和水冰幔，表面是甲烷、氮和一氧化碳的冰壳，它的表面温度变化于 47 ~ 60 K。由于冥王星的特征比较特殊，2006 年 8 月国际天文学联合会已通过决议，把冥王星降级为“矮行星”，以区别其他八大行星。

（2）谷神星。谷神星在公元 1801 年被发现时被认为是第一颗小行星。其平均直径为 952 km，约等于月球直径的 1/4；质量为（11.7±0.6）$\times 10^{23}$ g，约为月球质量的 1/50。2006 年以后被确认为矮行星，也是唯一的一颗位于小行星带的矮行星。

3. 大行星的卫星

太阳系大行星中除水星和金星外，其余均有自然卫星，且随着人类探测水平的提高，行星的卫星数可能还将会增加。据目前资料统计探索发现的太阳系卫星已达 160 多颗。其中地球的卫星是月球，火星有 2 个卫星，即火卫一和火卫二，木星的卫星很多，至今已确认达 61 颗。目前确认，土星的卫星有 31 颗，天王星的卫星有 24 颗，海王星的卫星有 11 颗。

4. 小行星

小行星是太阳系内类似行星环绕太阳运动，但体积和质量比行星小得多的天体。至今为止在太阳系内已发现了约 70 万颗小行星，已编号的小行星有一万多颗。小行星大多数分布在火星和木星轨道之间，构成小行星带。它们绕太阳沿椭圆轨道运行，轨道半径为 2.17 ~ 3.64 au。

小行星特点：① 大小不一，直径从 12 km 到几十千米不等，最大直径 1 000 km 左右；② 数量众多，亮度大于 21 星等的就有 50 万颗；③ 主要分布火星与木星之间，构成小行星带；④ 运动特征符合开普勒三大定律；⑤ 物质组成以岩石物质为主，同时也有水和炭挥发性物质。

5. 彗　星

彗星是在扁长轨道上绕太阳运行的一种质量较小的呈云雾状天体。外貌随着与太阳距离的变化不断改变，当远离太阳时，呈现为朦胧的点状，当离太阳较近时，体积急剧变大，太阳风和太阳的辐射压力把彗星内的气体和尘埃在背向太阳的方向推开形成一条长长的尾巴。

彗星的外貌特征：云雾状、长尾巴，扫把状。由于彗星的这种独特外貌，中国民间又称它为“扫帚星”。

彗星的运动特征：① 方向：自东向西或自西向东；哈雷彗星的公转是逆转，即自东向西。② 轨道：椭圆形或抛物线形。椭圆轨道的偏心率很大，轨道显得又扁又长。③ 周期：长的几万年；短的几年到几十年；哈雷彗星环绕太阳一周的周期为 76 年。④ 结构：彗核、彗发、彗尾。

固体颗粒，掺杂着尘埃以及冻结的水汽、甲烷、氨、二氧化碳等构成彗核。当彗星在轨道上逐渐接近它的近日点、距太阳足够近的时候，太阳的热力使彗核中一部分冻结的气体蒸发或升华，形成一个云雾状的包层，称为彗发。当彗星继续接近太阳，彗发的直径可扩大到 10 万 km。彗发中的一部分气体和尘埃，被太阳风和光压推向一旁，漂向远方，形成长长的彗尾。一般地说，彗星在距太阳仅两个天文单位时，才显现其可察觉的彗尾。

6. 流星体

流星体是指太阳系星际空间，特别是在地球轨道附近的空间，环绕太阳公转的细小天体。一般都是绕太阳运转的单个的或成群的固体块或尘粒，主要是小行星和彗星的碎裂与瓦解的产物，小的仅有几克，大的可达几十至几百吨。流星体容易受较大天体引力作用被俘获，当它们运行到地球附近，受到地球引力进入大气层就会产生摩擦生热而燃烧，出现发亮光的流星现象。但若是成群流星体闯入地球大气，则出现“流星雨”。进入地球大气层的流星体，多数被燃烧而化为灰烬。少数残体落到地面，称为陨星或陨石，按其物质组成，可分为铁陨石（主要含铁镍）、石陨石（主要含硅酸盐类）和石铁陨石（由硅酸盐和铁镍组成）。这三类陨星中，陨石约占 92%。

地球上最大的陨星是非洲纳米比亚的戈巴陨铁，约 60 000 kg，第二大是格陵兰的约克角 1 号陨铁，约 34 000 kg；第三大是我国的新疆大陨铁，约 30 000 kg，现陈列于乌鲁木齐展览馆。对陨星的科学研究，有力地促进了太阳系起源和演化的研究。

（三）太阳系的运动规律

天体都是物质的，物质都是运动的，太阳系的运动规律具有以下特征：

（1）天体绕转遵循以质量决定的引力大小。太阳带着整个太阳系围绕银核运转，行星绕转太阳，卫星绕转行星。

（2）行星绕太阳公转具有同向性。太阳系的天体大致朝同一方向运动，行星绕太阳运动，概无例外地都与地球公转的方向相同，均为自西向东。行星绕轴自转，除金星和天王星是自东向西以外，也都同地球绕轴自转的方向一致；卫星除极个别的例外，也是如此；还有太阳本身也作自西向东的自转。

（3）行星的公转轨道具有近圆性。行星的公转轨道虽然都是形状和大小不同的椭圆，太阳处于其中一个焦点上（这是行星运动第一定律，也叫轨道定律）。但是多数行星轨道的偏心率都很小（水星较大），公转轨道形状近似正圆。

（4）行星的公转轨道具有共面性。以地球轨道（黄道）面为基准，其他行星轨道面与其交角不超过 3°。除水星为 7°外，行星绕太阳运动的轨道平面，都很接近黄道面；卫星的轨道平面，也都接近各自行星的赤道面。就整体来说，太阳系是很“扁”的。

（5）行星的向径在单位时间内扫过的面积相等。因此，行星在近日点附近比在远日点附近转动得快（这是行星运动第二定律，也叫面积定律）。

（6）行星绕太阳运动的周期的平方与它们轨道半长径的立方成正比。因此，行星的轨道半径越大，其公转的同期越长，反之就越短。设 T_1 和 T_2 分别表示两行星的公转周期，a_1 和 a_2 分别表示它们与太阳的平均距离（即半长轴），则有：$T_1^2/T_2^2=a_1^3/a_2^3$（这是行星运动第三定律，也叫周期定律）。

（四）太阳系的起源和演化假说

太阳的起源和演化在第一章第二节已有叙述。普遍比较认同康德-拉普拉斯的太阳起源星云假说，观点是：在星际空间存在着大量的运动着的弥漫星云，即大团的气体和尘埃；使弥漫星云运动的主要原始力量，是由万有引力引起的质点间的引力和质点旋转时产生的离心力，而这两种力在一般情况下是平衡的；弥漫星云在万有引力作用下收缩凝聚，星云收缩时转动速度加快；在中心引力和离心力的联合作用下，星云越来越扁；当星云赤道面边缘处气体质点的惯性离心力等于星云对它的吸引力时，这部分气体物质便停止收缩，停留在原处，形成一个旋转气体环，其物质通过碰撞和吸积继续收缩。分离过程一次又一次地重演，逐渐形成了和行星数目相等的多个气体环，各环的位置大致就是今天行星的位置。

太阳系所有天体都是由同一原始星云按照客观规律逐步演变形成的。康德-拉普拉斯的太阳起源星云假说：（1）银河系星云分裂，分离出太阳星云。（2）星云自引力使自身体积收缩，自转加快。（3）惯性离心力与自引力促成星云盘形成。（4）在进一步收缩中，星云盘的中心和主要部分变成原始太阳。（5）在星云盘的周围部分，通过碰撞和吸积，进行着行星（如地球）的形成过程。（6）行星周围的残余物质，在较小范围内重演行星形成的过程，产生了卫星（如月球）。

第三节　月球和地月系

一、月　球

1. 地球的天然卫星

在茫茫宇宙的无数天体中，月球只是一个微不足道的小天体。但是，由于月球距离地球比较近，在地球上看来，它却是一个非常重要的天体。对于地球来说，除了太阳之外，天空中没有其他天体比月球更加显著。从对地球的影响来看，月球的作用，也是太阳以外的任何天体不可比拟的。因此，月球同人类的关系是非常密切的。

月球是地球的天然卫星，从“嫦娥奔月”到“阿波罗”登月，再到“嫦娥四号”成功着陆月球背面，是人类探索认识月球的过程。月球是离地球最近的天体，是地球的亲密伙伴。通过对月球的研究有助于我们认识地球的过去、现在和将来，对促进一系列新技术的发展和科学领域的开拓都具有重要的深远意义。

人类对月球进行科学的观测、研究，已有好几个世纪的历史。几百年来，天文学家在对月球的观测、研究方面，获得了越来越多的成果。

在地球上看起来，月球有时会遮蔽太阳（日食）、行星和恒星（掩星），却从未见过它被别的天体所遮蔽。因此，古人早就认识到，月球是距地球最近的一个天体。由于距离上的接近和相互绕转，月球对于地球的作用就显得特别重要。如：月相的圆缺变化周期，曾是一种天然的和最早的历法；日月有同样的视大小，因而月轮有可能遮蔽日轮而发生日食现象；月球对地球上的潮汐现象也起着主导作用。因此，对于地球来说，月球是一个十分重要的天体。

2. 月地距离

（1）三角视差法：月球是离地球最近的天体，因此，可以用地面上的三角测量法测定月地距离。天文上在测定太阳系内较近天体的距离时，通常采用地球半径作为基线。从天体到基线二端的连线所夹的角，即地球半径对该天体所张的角，叫作该天体的**视差**。当天体位于地平时，其视差最大；这个最大的视差值，叫作天体的**地平视差**，如图 3-10 所示。

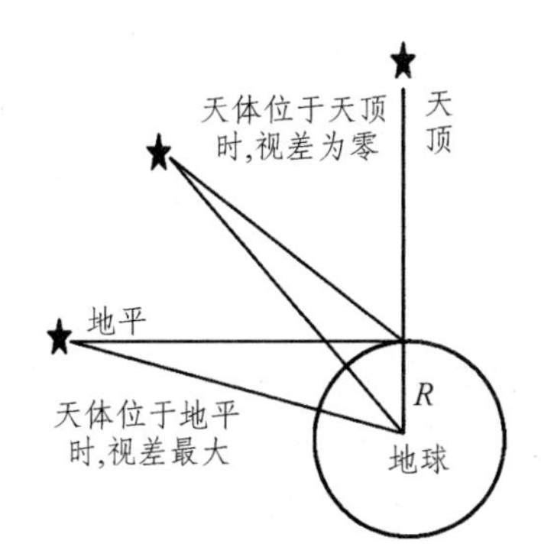

图 3-10　天体地平视差图

图 3-11 所示为月球的地平视差，根据测定，月球的地平视差为 57′。它与地球半径 R 和月地距离 d 有如下的关系：

$$\csc 57' = \frac{d}{R}$$

$d=R\csc 57' =60R$，即月地距离约为地球半径的 60 倍。

在地球半径（6 371 km）已知的条件下，求得月地距离为 384 400 km。但其精度不高，误差在±几千米以上。

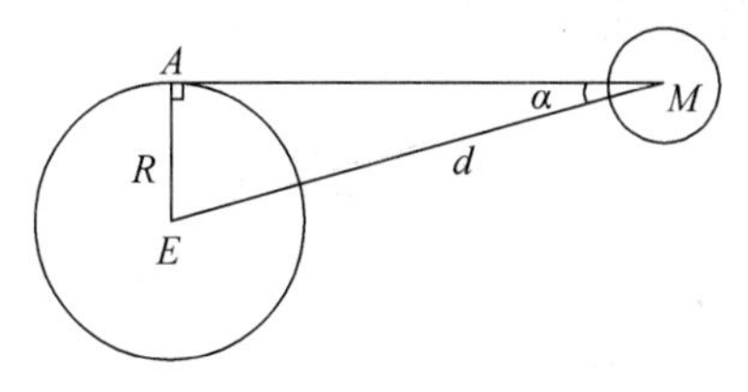

图 3-11　月球的地平视差

（2）雷达测量法：雷达测距技术的应用，改进了月地距离的测定方法。人们在地面观测站通过巨大的雷达天线向月球发射无线电讯号，无线电波到达月球表面，再反射回到地面观测站。根据观测站记录的同一无线讯号发射时刻（t_1）和接收时刻（t_2），以及无线电波传播速度——光速（c），就可以计算出月地距离。若以 d 表示月地距离，则：

$$d=\frac{c(t_2-t_1)}{2}$$

用雷达测距的方法来测定月地距离比较简便，所求得的月地距离也更加精确。但是，仍然有±1 km 的误差。

（3）激光测量法：激光技术的出现，为测定月地距离提供了更加先进的手段。1969年 7 月，“阿波罗” 11 号登上月球后，宇航员在月表安装了供激光测距用的光学后向反射器。自此以后，人们又开始用激光测距的方法，来测定月地距离。用激光测月地距离的原理与雷达测距一样，只是向月面发射的不是无线电波，而是脉冲激光。同雷达发射的无线电波相比较，激光在测距方面具有方向性好、光束集中等突出优点。因而用激光测得的月地距离精度进一步提高，其误差不超过 10 cm。

总之，月球在环绕地球运动的轨道（白道）是椭圆，地球位于这个椭圆的其中一个焦点上，这样月地距离是变量。月球在远地点时月地距离为 405 508 km，在近地点时月地距离为 363 300 km，平均距离为 384 404 km。

3. 月球的大小

根据天体测量得知，月球的地心平均角半径（或称视半径）为 15′33″。太阳的平均视半径为 16′0″，比月球的平均视半径略大一点。因此，人们在地球上观看日、月，觉得它们的大小相差不多。实际上，太阳远远大于月球。这是因为日地距离比月地距离大得多(日地距离差不多为月地距离的 400 倍)，才使人们感到日、月的大小几乎相等。

要想知道月球的真实大小，需要求出它的线半径。通过测量，知道了月地距离（d）和月球半径对地心的张角（β），平均15′33″，就可以计算出月球的线半径，如图 3-12 所示。以 r 表示月球的线半径，则

$$\sin 15'33''=\frac{r}{d}$$

$$\Rightarrow r=384\ 404\times\sin 15'33''=1\ 738.2\ \text{km}$$

月球半径约为地球半径（6 371 km）的 1/4。由月球的线半径，可以求得月球表面积约为 3.8×10^{7} km^2，大约等于地球表面积的 1/14，月球体积约 2.2×10^{10} km^3，约为地球体积的 1/49。

月球形状是南北极稍扁、赤道稍许隆起的扁球。它的平均极半径比赤道半径短 500 m。南北极区也不对称，北极区隆起，南极区洼陷约 400 m。但在一般计算中仍可把月球当作三轴椭圆体看待。

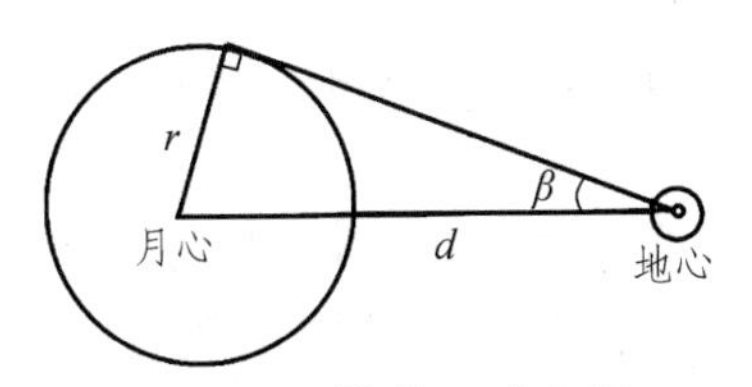

图 3-12 推算月球半径

4. 月球质量

月球质量的测定，曾经是一个复杂的问题。按牛顿的万有引力定律，可以根据天体的绕转来测定中心天体的质量，却不能用这个方法来测定绕转天体的质量。人们注意到，月球和地球彼此环绕它们的共同质心运动。从地月系质心分别至地球和月球中心的距离之比，即为二者质量的反比率，以此来推算月地的质量比。

通过精密观测，确定地月系质心距地球中心为 4 671 km。由月地距离可知，它距月球中心为 379 729 km。那么，地心到共同质量中心 4 671 km 是月心到共同质量中心 379 729 km 的 1/81.3。已知地球质量为 5.989×10^{21} t，则有

$$M_{地}\cdot 4671=m_{月}\cdot 379\,729$$

得月球的质量：

$$m_{月}=5.989\times10^{21}\div81.3=7.196\times10^{19}\ (\mathrm{t})$$

根据月球的质量和体积，可以求得月球的平均密度为 3.341 g/cm³，相当于地球密度（5.52 g/cm³）的 3/5。宇航员从月球上带回来的岩石，平均密度为 3.0 g/cm³，比月球的平均密度略小一点。

月球表面的重力加速度 1.622 m/s²，比地球表面的重力加速度（9.8 m/s²）小得多。由于月表重力大约只有地表重力的 1/6，因此，同一个物体在月球上要比在地球上轻得多。例如，一个体重为 60 km（在地表称量）的宇航员，如果在月球表面称量，就只有 10 km 重了。

月球表面的表面逃逸速度为 2.4 km/s，大约只相当于地表逃逸速度（11.2 km/s）的 1/5，气体分子很容易从月球上逃逸。因而在月球上，也就没有大气层存在。由于月球表面逃逸速度比较小，如果在月球和地球上发射同样的航天器，飞离月球要比飞离地球容易得多。

5. 月球表面状况

凭肉眼就能看出，月面上存在着明暗不均现象。通过望远镜能看清月面上地形起伏的细致特性，月面有同地面相似的结构。

月面上比较阴暗的部分被称为月“海”。其实，那里没有任何形态的水，而是广阔的平原；那里存在着大范围的熔岩流，反照率低，因而显得阴暗。月海是月面上范围最广的地形。在月球的可见半球，较大的“海”有 10 个，它们都有一个富有幻想的名称：位于西部的是危海、澄海、静海、丰富海和酒海；位于东部的是风暴洋、雨海、云海、湿海和汽海。其中，最大的“海”是风暴洋，面积达 500 万 km²，比地中海还大得多。

月面上比较明亮的部分是高地，统称月陆。月陆一般高出月“海”2 ~ 3 km，反照率高，因而显得明亮。

无论在月海还是月陆，整个月面遍布一种四周凸起、中部低凹的环形隆起，叫作**环形山**，现在也叫**月坑**，如图 3-13 所示。环形山数量惊人，达 5 万多个。大小则差距很大：最大的环形山直径达 235 km；小的月坑直径只有几十厘米，甚至更小。环形山形状颇似地面上的火山口或陨星坑，它们是陨星撞击的产物。在所有的环形山中，最明显的是第谷环形山，靠近月球南端，满月时看得十分清楚；其次是哥白尼环形山和开普勒环形山，都位于月面的东部。

图 3-13　月球正表面及其环形山（月坑）

月面上的山脉，多半是早期天文观测家仿照地球上的山脉命名。例如，最显著的两条山脉命名为亚平宁山脉和阿尔卑斯山脉。比较高大的山脉有十多条，其中，亚平宁山脉，其长度达 1 000 km，位于月球南极附近的莱布尼兹山是月球上最高的山峰，高达 9 000 m，超过地球上的最高峰——我国喜马拉雅山的珠穆朗玛峰。

月球表面上还有一些亮线和暗线。亮线叫辐射纹，是从大环形山向四周辐散的明亮线条，延伸达数千千米。它们是环形山中抛出物的辐散条纹；其中，以第谷环形山和哥白尼环形山的辐射条纹最为优美，在圆月时看得很清楚。暗线是深陷的裂缝，有如地面上的沟谷，被叫作月谷。

综上所述，月球表面状况：（1）月海：低凹，无水，由暗色的玄武岩组成（反照率低），22 个。（2）月陆：高地、由浅色岩石组成。（反照率高）。为大面积的熔融结晶的岩石覆盖，是月球最古老的岩石，年龄约 41 亿 ~ 46 亿年。（3）环形山：数量众多，是陨石的撞击坑，（新、旧不同，风化差异）。（4）山脉：连绵、高峻。位于月球南极附近的莱布尼兹山是月球上最高的山峰，高达 9 000 m。（5）辐射纹：熔岩玻璃体，反照率高，陨石撞击抛出物。（6）月谷：月球表面深陷的裂隙。

6. 月面的物理情况

月面重力加速度只及地面的 1/6。人若来到月球，体重将减为原来的 1/6，他会感到身轻如燕。人们花同样的力气，便能举起比地面上重 6 倍的东西。

月球的微弱重力，使它不能保持大气。人们在望远镜里看到清晰的月轮，便证明了这一点。飞船登月实地考察也证实，月球上只有极微量气体，其密度不及地面大气密度的 1 万亿分之一，主要成分是氦和氩。因为重力小，月面逃逸速度就小，只有 2.4 km/s（地面逃逸速度是 11.2 km/s）。

在一个没有大气的世界里，充满着寂寞与荒凉。登月的宇航员形容月球世界“有一种自成一格的荒凉之美”。在那里，声、光和热等物理效应，与地面上迥然不同。

没有大气，声音得不到传播。月球世界万籁俱寂，听不到声音。没有大气对光的散射作用，月球上不见蔚蓝色的天空，也没有迷人的晨昏蒙影，即使在白天，天空也是一片漆黑；星星不会闪烁，但不分昼夜地出现在天空。

没有大气，无法保持水分，因为水总是要蒸发为水汽，然后散逸到行星际空间。因此，月球上没有风云变幻，不见雨露霜雪，也不会出现雷电和彩虹。总之，月球天空没有人们所熟悉的“天气”变化。

由于得不到大气和水分的调节，加上月球上昼夜漫长（它的一昼夜相当于地球上的一个月），月面的温度变化十分剧烈。白天，在太阳直射下，温度可高达 130 ~ 140 °C；日出前可降至−173 °C。根据月食时对月面温度的测量结果表明，月球进入地球本影后，1 小时内温度便可降低 150 °C。这说明，月面物质的热容量很小，不像是由岩石组成。登月考察证明，月球表面含有一层平均约 10 cm 厚的细沙粒层。

没有大气，没有水分，温度变化剧烈，月球上缺乏生命存在的必要条件。虽然在月球物质中已发现有机化合物，但没有任何证据表明其存在有生命能力的有机体。

尽管月球的生活条件如此严酷，但它却有利于天文观测和科学实验。如，在地球上观测日全食景象较难，但在月球上，只需用一块纸片遮住太阳光盘即成，随时随地可以观测到日冕。对太阳和恒星的光谱，可以检查到最充分的程度。

根据月震资料的分析表明，月球内部构造与地球相似。它分月壳、月幔和月核三个同心圈层。月壳厚度约 60 km，其中 60 ~ 1 000 km 为月幔，1 000 km 至月球中心为月核。月壳和月幔组成刚性的岩石圈；月核为软流圈，温度约为 1 000 K，可能是由硅酸盐类物质组成，不会是地球那样的金属核。因此，它的密度比地核小得多。空间探测发现，在某些月“海”表面有特别强的重力场，表明那里的物质聚集特别集中，被称为重力瘤；目前已发现 12 处这样的重力瘤，全部都在月球的正面。说明月球内部的物质分布是不均匀的，也是探寻月球矿床的可能区域。

月球几乎没有磁场，也没有地球那样的磁层。太阳辐射的粒子流和宇宙线，可以直接轰击月面。但是，月岩中却含有微弱的剩余磁性，其成因尚无公认的解释。

综上所述，月球表面的物理特征：（1）月球几乎没有大气，其主要成分是氦和氩，密度很小；（2）声音得不到传播，白天天空也是一片漆黑，星星、太阳、地球同时出现在天空；（3）无法保持水分，没有天气变化（风云雷电、雨雪雾霜）。月球上没有风云变幻，不见雨露霜雪，也不会出现雷电和彩虹；（4）由于月球没有大气干扰，清晰度极佳，是天文观测和科学实验的好基地；（5）因为得不到大气和水分的调节，加上月球上昼夜漫长，以及月壤的热容量和导热率都很小，月面温度变化十分剧烈；（6）缺乏生命存在的必要条件；（7）月球正面月海中有 12 个重力瘤，使飞船突降 3 ~ 4 m；（8）内部没有金属内核，磁场较弱；（9）月面重力仅及地球的 1/6。

二、地月系

地球和它的天然卫星——月球所构成一个天体系统，称为**地月系**。在这个天体系统中，由于地球的质量远大于月球，所以，这个系统的中心天体是地球。由于地球的引力作用，月球围绕地球不停地公转。严格地说，是月球和地球都对于它们的共同质心（距离地心 4 671 km，即地球半径的 2/3 处）的绕转。但由于地月系质心十分接近地球质心，因此，通常把地月系的共同运动，看作月球绕转地球的运动。月球在绕地球旋转的同时，还随地球绕转太阳运行，所以，月球运行的轨道是月球绕地球、地球绕太阳两种运动的合成，如图 3-14 所示。

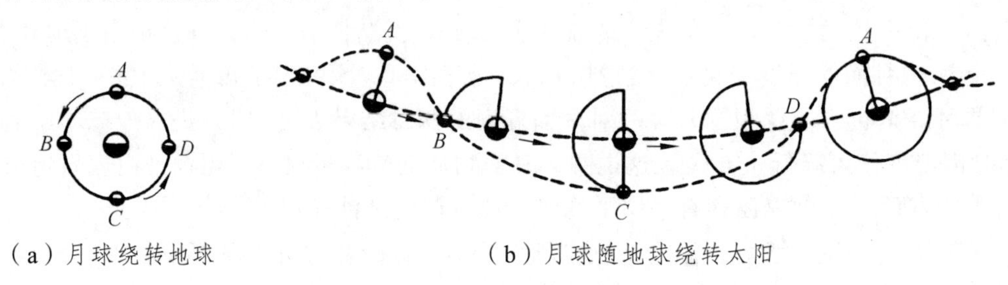

（a）月球绕转地球　　（b）月球随地球绕转太阳

图 3-14　月球的运动

（一）月球的公转

1. 月地相互绕转

在地球上，人们很容易觉察到月球在天球上自东向西不断移动，好像在绕着地球旋转，每经历一天多时间即转动一周。其实，这并不是月球的真实运动，而是由于地球自西向东不断转动所造成的相对视运动，称为**月球周日视运动**。

周日视运动的方向是自东向西，这种运动是显而易见的。如果以固定在天球上的恒星为背景，对月球进行观察，发现月球在恒星之间不断地自西向东穿行。这就是说，月球在天球上的位置并不固定，每天大约向东移动 13°10′，每隔 27 天多的时间，即在天球上移动一周。月球在天球上逐渐向东移动，是它的真实运动，即月球围绕地球的公转。

2. 月球公转轨道

（1）月球椭圆轨道

月球绕地球公转的轨道是一个椭圆，地球位于这个椭圆的一个焦点上，轨道偏心率大，为 0.0549。这样，随着月球在其公转轨道上的位置变化，它与地球之间的距离有时远，有时近。月球在运行的椭圆轨道上距地球最远的一点，称为**远地点**，即远地点的月地距离为 405 500 km；最近的一点称为**近地点**，近地点的月地距离为 363 300 km。月地距离变化于 405 500 ~ 363 300 km 之间，二者相差 42 200 km，平均距离为 384 404 km。

近地点和远地点的月地距离相差大。因此，在地球上看到的月球大小并不是固定不变，月球处于近地点时月轮较大，在远地点时月轮较小，月球的视半径变化在 16′46″ ~ 14′41″之间，二者视半径的差值最大可达 2′5″左右。

（2）白道

月球公转轨道在天球上的投影叫作**白道**。白道面相对于黄道面的交角，叫作**黄白交角**，如图 3-15 所示。黄白交角平均 5°09′，变化于 4°57′ ~ 5°19′之间。因此，月球在绕转地球时，其赤纬也在不断改变，导致月球的赤纬变化可以达到±28°35′（±23°26′±5°9′）。

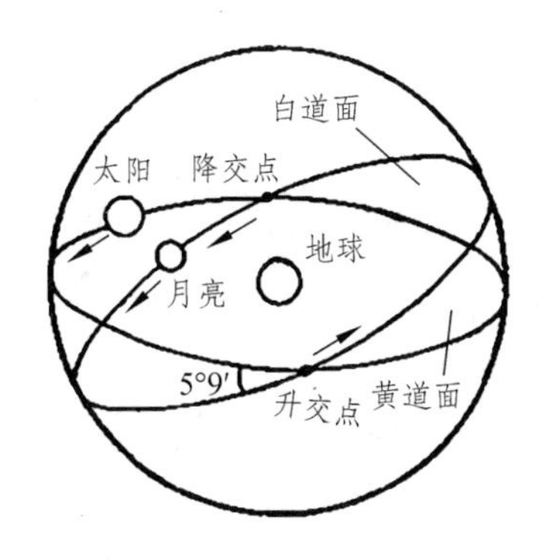

图 3-15　黄白交角

由于黄白交角的存在，白道和黄道有两个交点。月球在白道上运行，相对于黄道而言，月球从黄道以南进入黄道以北的那个交点叫**升交点**；相反，月球从黄道以北进入黄道以南的那个交点，叫**降交点**。

月球绕地球公转主要受地球引力的作用，但它也受太阳引力的干扰。由于太阳对月球的引力作用，使月球公转轨道平面发生顺时针的旋转（即与月球公转方向相反），致使升、降交点在黄道上向西移动，每月西移 1°36′/月，18.6 年为一个周期。

3. 月球公转周期

月球绕地球公转一周约需要一个月的时间，这即为**月球公转的周期**。

月球公转周期需要选定地球之外某一参照点为依据来度量。月球东移过程中，连续两次通过参照点（或该参照点与地心连线）的时间，即为月球的公转周期。由于所依据的参照点不同，月球公转有不同的周期，即有不同的月。月球公转周期有恒星月、朔望月、交点月、近点月等，分别以恒星、太阳、黄白交点和近地点为参考点。

（1）恒星月。以某一恒星（无明显的自行）为参照点，地球中心与月球中心的连线自西向东连续两次指向同一恒星的时间间隔，其值为 27.3217 日，即 $27^{d}7^{h}43^{m}11^{s}.4$。在一个恒星月内，月球正好完成绕地球一周的公转。因此，恒星月是月球真正公转一周（360°）的时间，是月球公转的真正周期，如图 3-16 所示。

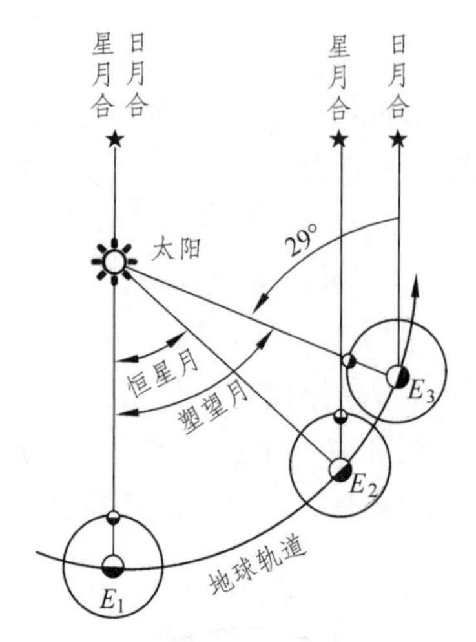

图 3-16　恒星月与朔望月比较

（2）朔望月。以太阳中心为参照点，月球中心自西向东连续两次通过日心与地心连线的时间间隔，叫作朔望月。其值为 29.5306 日，即 $29^{d}12^{h}44^{m}3^{s}$，是月球绕转了 389°所需的时间。在一个朔望月里，在地球上看，太阳和月球在天球上会合，所以朔望月即是日月会合周期，如图 3-16 所示。

恒星月与日常生活关系不大，而朔望月却因为是月亮圆缺变化的周期，与地球上涨潮落潮有关，与航海、捕鱼有密切的关系，对人们夜间的活动有较大的影响，同时在宗教上月相也占有重要位置，所以人们自然地以朔望月作为比日更长的计时单位，这个周期很久以前就是中国古代历法的基础。

朔望月比恒星月长 2.2089 日，分析如下。

因为月球在绕地球公转的同时还随同地球绕太阳公转。设在某地，恒星月、朔望月同时开始，如图 3-16 所示，月球绕地球公转，地月绕太阳运动，经过若干时间后，地球由 E_1 运行 E_2，这段距离对于遥远的恒星来说可以忽略不计，当月球又在某地与星中天时（月球公转 360°），完成一个恒星月（27.3217 日）。而对于距离较近的太阳来说这段距离必须考虑，也就是说，当月球公转 360°（即一个恒星月）时，地球已不在原来的位置，而是围绕太阳向东运动了大约 27°，但此时月球尚未到达日地中心连线，月球必须再公转同样的角度，才可能完成一个朔望月，与此同时地球又向东前进了约 2°，这样月球又要公转 2°，才完成一个朔望月，所以在一个朔望月里，月球公转的角度为 360°+27°+2°=389°，才能真正回到日地中心连线位置，即完成一个朔望月。因为，月球平均速度为 13°10′/天，因此，月球必须再花 2 天多，才完成一个朔望月。

（3）近点月。以近地点为参照点，月球中心自西向东连续两次通过近地点的时间间隔，长度为 27.5546 日，月球公转 363°2′38″（近地点东移 3°2′38"/月）。在中国东汉时代，贾逵就发现近点月周期，并由刘洪首次测定其长度为 27.5548 日，与今日测值相差无几。

（4）交点月。以升交点（或降交点）为参照点，月球中心自西向东连续两次通过该交点的时间间隔，长度为 27.2122 日，月球公转 358°24′（黄白交点西移 1°36′/月）。

在我国南北朝时期，祖冲之推算的交点月周期与近代数值就相当接近。

月球公转的四种周期比较如表 3-3 所示。另外，月球公转周期还可以通过其他参照点来测定。如以春分点为基准测定的周期称为分点月（又称回归月），平均为 27.3216 日。

表 3-3　月球公转周期比较

公转同期	参照点	周期数值	周期日数	公转角度
恒星月	恒星	$27^{d}7^{h}43^{m}11^{s}.4$	27.3217 日	360°
朔望月	太阳中心	$29^{d}12^{h}44^{m}3^{s}$	29.5306 日	389°
近点月	近地点	$27^{d}13^{h}18^{m}33^{s}$	27.5546 日	363°2′38″
交点月	黄白交点	$27^{d}5^{h}5^{m}36^{s}$	27.2122 日	358°24′

4. 月球运动速度

（1）月球公转速度——角速度。

月球绕地球公转的角速度，依月球公转真正周期——恒星月求出，即 360°÷27.3217 日=13°.2/日（13°10′/日），为月球公转的平均角速度。由于月球公转轨道是个椭圆，所以公转速度是不均的。近地点最快，约为 15°/日；远地点最慢，约为 11°/日。

月球在公转轨道上平均每日自西向东移了 13°.2，因地球自转所造成的月球自东向西的周日视运动，必然逐日向后推迟约 52 分钟，这就是我们日常所见明月当空逐日推迟的现象。

月亮逐日推迟出没地平的原因：

月亮的真运动是每日自西向东移动，但发现月亮每日却推迟升起和降落。这是地球自转和月球公转的速度不同造成的。月球在公转轨道上平均每日自西向东移行了 13°.2，地球自转每日 360°，远远大于月球的移动，造成月球自东向西的周日视运动，即每天东升西落。

因月球平均每日向东运动 13°.2，在地球自转 360°后，月球还没有东升或西落，这种现象就是月球周日视运动逐日向后推迟。要想看到月球东升或西落，那么地球就必须再自转 13°.2，约需 52 分钟（因 15°/小时），这就是月球每日出没地平的时间平均向后延迟 52 分钟。这也是我们日常所见明月当空逐日推迟的道理。

（2）月球公转速度——线速度。

月球绕地球公转的线速度也是不断变化的，在近地点时为每秒 1.08 km，在远地点时为每秒 0.97 km，平均为每秒 1.02 km。

月球绕地球的角速度为 13°10′/日，太阳周年运动速度为 59′/日，二者相差：

13°10′/日−59′/日=12°11′/日

此即月球相对于太阳的会合速度，则月球以此速度赶超太阳的周期为：

360°÷12°11′=29.530 6（日）（也称为会合周期）

（二）月球自转

1. 同步自转

月球在绕地球公转的同时，还不停地围绕自己的轴旋转，这是不以其他天体的存在为条件的自身旋转运动，称为**月球自转**。

月球的自转方向与其公转方向，都是自西向东。月球自转周期与其公转周期相等，都等于恒星月。这样的自转运动称为**同步自转**，如图 3-17 所示。

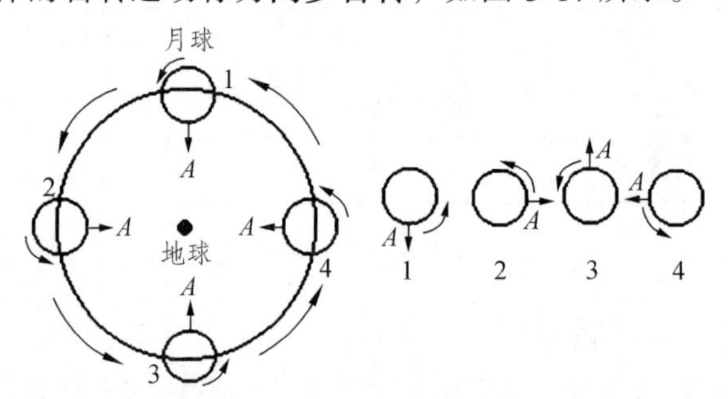

图 3-17　月球的同步自转

月球的自转与其绕地球公转具有相同的方向和相等的周期。对地球来说，月球只有固定的半个球面面对我们，对月球来说，只有固定的半个月球上能看到地球。

在地球上观察月面时，会发现这样的情况：无论月球公转到哪个位置，所看到的月面同一部位面貌是一样的。这表明，月球在绕地球公转过程中，朝向地球的总是其固定的半个球面。这一事实有力地证明月球在进行同步自转。

用图 3-17 可以解释月球的同步自转运动。设 *A* 为月面上的一个固定点，月球在位置 1 时，*A* 点正对着地球。月球绕地球公转到位置 2 时，*A* 点仍然正对着地球。观察发现，从位置 1 到位置 2，*A* 点在轨道上向东转了 90°，即月球公转了 90°也自转了 90°。随着月球在公转轨道上位置的不断变化，*A* 点一直都对着地球，而它绕月心的旋转也一直在进行。月球运行到位置 3 时，*A* 点已围绕月心旋转了 180°。当月球公转一周再回到位置 1 时，*A* 点也围绕着月心旋转了 360°。由于月球不断地进行和公转同步的自转，使 *A* 点在月球绕地球公转过程中，始终正对着地球。

2. 月球上的一天

和地球相比，月球自转非常缓慢，一个恒星月（27.321 7 日）才旋转一周。所以在月球上，昼夜的交替也是非常缓慢的。在一个恒星月内，月球上的昼和夜各更替一次，昼和夜的长度各为半个恒星月。这样，月球上的一天也就是地球上的一个恒星月。

月球上特别长的昼和夜，使白天的增温过程和夜间的降温过程，都连续经历很长时间，因而使热量的积累和散失都非常充分。这使月球表面白天温度特别高，夜间温度又特别低，所以，昼夜更替缓慢是造成月面温度变化剧烈的重要原因之一。

3. 月球正面的微小变化

月球自转围绕的轴，叫作自转轴。月球的自转轴与其公转轨道面成 83°21′的夹角。

这样，在地球上看月球，随着它在公转轨道上的位置变化，有时看到月球的北极部分多一些；有时看到月球的南极部分多一些。这样，在月球绕地球公转一周的过程中，人们在地球上所看到的并非是一成不变的半个球面。

此外，月球绕地球公转的速度在不断变化着，近地点时运行快一些，远地点时运行慢一些。这样，在地球上观察月球，在月球公转慢的时候，看到月面西边部分多一些，东边部分少一些；相反，在月球公转快的时候，看到月面东边部分多一些，西边部分少一些。

上述情况表明，人们在地球上所看到的月面，并不是完全没有变化的固定的半个月球面。这样，在地球上不同时间可能看到的月面，就不是其总面积的一半，而是 59%，看不到的月面只占其总面积的 41%。

（三）月　相

1. 日月会合运动

地球绕着太阳公转，是地球的真实运动。从地球上看，这种运动反映在天球上即是太阳在天球上的周年视运动。月球绕地球公转是月球的真实运动。从地球上看，这种运动则表现为月球在天球上的东行，即不断穿行于天球背景的恒星之间的视运动。

日、月的这种视运动，与它们的周日视运动不同。其一是日、月相对于天球背景的运动，而不是像周日视运动那样随着天球旋转；其二是日、月相对于天球背景的视运动方向为自西向东，而不像周日视运动那样自东向西；其三是日、月这种视运动速度都远远小于它们的周日视运动速度。

月球、太阳在天球上的位置移动方向虽然都是自西向东，但二者的东移速度不同。前者每天向东移动约 13°10′，27 天多时间在天球上移动一周；后者每天向东移动约 59′，365 天多的时间才能在天球上移动一周。由于二者的东移视运动速度的差异，它们在天球上的相对位置便不断地发生变化。具体来说，就是月球在天球上自西向东不断地追赶太阳、超过太阳、再追赶、再超过，……，如此循环往复，永无休止。

当月球在天球上自西向东追上太阳（即月球绕地球公转到日、地之间）时，太阳、月球和地球位于同一平面上，从地球上看，月球和太阳的视角距为 0°，叫作日月相合。当日月相合后，月球在天球上超过太阳并向东不断远离太阳，二者之间的视角距不断增大，当二者的视角距增大到 180°（即日、月分处地球两侧）时，太阳、地球和月球又重新位于同一平面时，叫作日月相冲，如图 3-18 所示。

日月相合时，太阳和月球位于地球的同一方向，被阳光照亮的月面背向地球，叫作朔。日月相冲时，太阳和月球则位于地球的相反方向，被阳光照亮的月面朝向地球叫作望。

日月相冲后，月球在天球上又开始追赶太阳，二者视角距继续增大，当视角距达 360°时，即再次出现日月相合。

从日月相合（或日月相冲）到日月相冲（或日月相合），再到日月相合（日月相冲），如此循环不已，这就是**日月会合运动**。在地球上所看到的月球相对于太阳的这种视运动，实际上是月球、地球和太阳真实的绕转运动在天球上的一种反映。

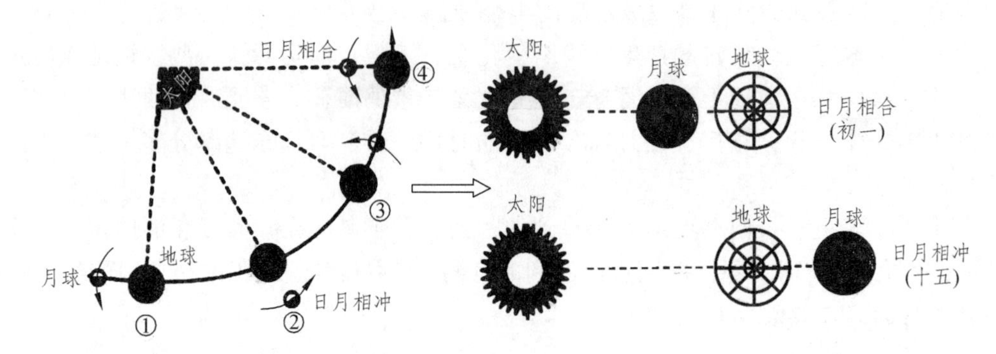

图 3-18　日、地、月三者的位置关系

2. 月相变化

月相是指月球视圆面盈亏的各种形状。月相是月球、地球和太阳绕转运动产生的现象。

月球本身不发光，只能反射太阳光。在太阳照射下，月球总是被分为光明和黑暗两个半球。它们是月球上的昼半球和夜半球。但从地球上看来，这明暗两部分的对比，时刻发生变化：有时看到它的光明半球，有时看到它的黑暗半球；在一个时期，月轮的光明部分不断扩大，黑暗部分持续缩小；在另一个时期则反之，如此往复循环，这便是月相变化，如图 3-19 所示。

月相变化主要有新月（朔月）、蛾眉月、上弦月、凸月、满月（望月）、凸月、下弦月、蛾眉月（残月）、又回到新月（朔月），如此循环下去。

每当朔日（农历初一），日月相合，月球和太阳的视角距为 0°。对着地球的是黑暗的月球面，在地球上看不到月球的光亮部分，这时的月相叫作**新月**。月相为新月的时候，日出月出，日没月没，月球以黑半球对地球的昼半球，整夜不能见。

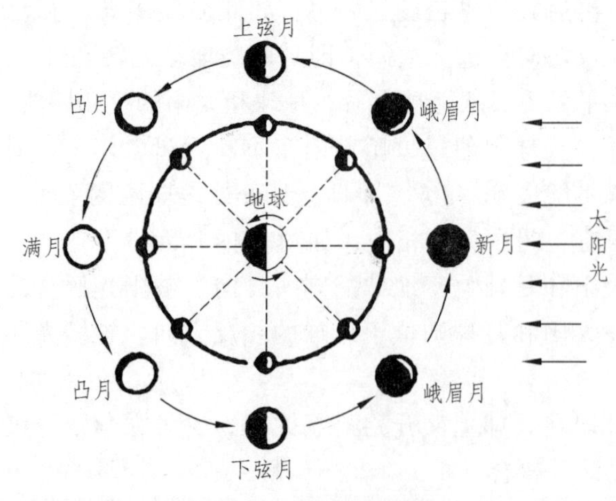

图 3-19　月相的成因

朔日以后，月球在天球上运行到太阳的东边，在地球上开始看到月球的部分光亮。日落不久，在西边近地平线的天空，出现又细又弯的**蛾眉月**。随着日、月在天球上视角距的不断扩大，在地球上能看到的月球明亮部分越来越大。初七、初八日，月球和太阳的视角距增大到 90°。此时人们见到的月亮明暗各半，叫**上弦月**。月相为上弦月的时候，月以光黑线正对地球的晨昏线，西半部亮；正午月出，子夜月没，上半夜可见。

每当望日（农历十五日前后），日月相冲，太阳落山时，在与太阳视角距 180°的东方，一轮圆形的明月从地平线升起。这时的月相，叫作**满月**。月相为满月的时候，月以光半球对地球的夜半球，见明亮圆面；日没月出，日出月没，整夜可见。

望日以后，月相向着相反的方向变化，在地球上看到月球光亮部分逐渐减小，月面的黑暗部分从西边开始，逐渐向东边扩展。农历二十二、二十三前后，月球和太阳的视角距达到了 270°，地球上看到月球光亮部分缩小成半个圆形。这时的月相，叫**下弦月**。月相为下弦月的时候，月以光黑线正对地球的晨昏线，东半部亮；子夜月出，正午月没，下半夜可见。

在地球上看上弦月与下弦月，它们的月相相似，都是半个圆形月面，却有区别的。前者位于太阳之东，明亮的凸面向西；后者位于太阳之西，因而凸面朝东。

下弦月以后，月球的光亮部分继续缩小，黑暗部分继续向东边扩展。当月球运行到日月相合位置时，月相又变为**新月**，此时恰值下一个初一。这样，月球在天球上向东移动一周，也就完成了一次日月会合。

月相的周期性变化，直接体现了日、月的周期性会合运动。在一个农历月里，实际上就是从新月开始，经历蛾眉月、上弦月、凸月、满月、凸月、下弦月、蛾眉月、又回到新月，如此循环下去。

从月相角度来看，新月和满月，上弦月和下弦月，周期性地轮番出现。上半月（农历）由缺变圆，下半月由圆变缺。从这一次新月（或满月）到下一次新月（或满月）所经历的一段时间，即月相变化的周期，也就是前述的**朔望月**。

日月会合运动产生的月相变化，非常直观，极容易观察，又有具体明显的周期性，如表 3-4 所示。所以，古代就已被人们人作为制订历法的重要依据。

表 3-4　月球的出没与中天的大致时刻

月相	距角	日月关系	月日出没比较	月出	中天	月落	见月时间
新月	0°	日月合朔	同升同落	清晨	正午	黄昏	彻夜无月
上弦月	90°	日月方照	迟升后落	正午	黄昏	半夜	上半夜西天
满月	180°	日月相冲	此起彼落	黄昏	半夜	清晨	通宵见月
下弦月	270°	日月方照	早升先落	半夜	清晨	正午	下半夜东天

3. 月相变化规律

由于太阳、地球、月球三者的相对位置不断变化，从而产生不同的月相，下面介绍一种巧记月相变化规律的方法，如图 3-20 所示。

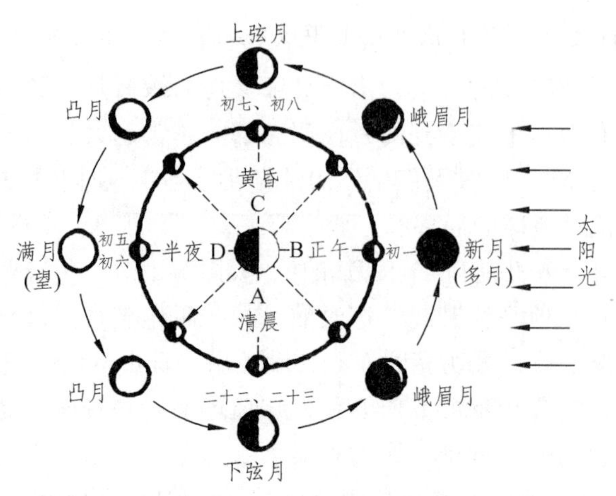

图 3-20 月相变化成因

图中心是地球，以北极点为中心，自转方向为逆时针，阴影部分为夜半球。内圈为月球所处的位置，外圈为月相，右边为太阳光照射的位置。首先根据地球自转方向，判断出地球上 *A*、*B*、*C*、*D* 四点时间，*A* 点即将进入白天，为清晨，*B* 点为正午，*C* 点即将进入黑夜，为黄昏，*D* 点为半夜。

（1）判断月出月落时间

对新月而言，图中地球只有右半边才能看到，顺着地球自转方向，即由 *A*—*C* 的范围，*A* 点正是新月月出时间——清晨，*C* 点正是新月月落时间——黄昏，与太阳出没时间相比是同升同落；依此类推，对上弦月而言，图中地球只有上半部才能看到，顺着地球自转方向，即由 *B*—*D* 得出上弦月月出时间是 *B* 点——正午，月落时间是 *D* 点——半夜，与太阳出没相比是迟升后落；对满月而言，图中地球只有左半边才能看见，顺着地球自转方向，即由 *C*—*A* 得出满月月出时间为 *C* 点——黄昏，月落时间是 *A* 点——清晨，与太阳出没相比是此升彼落；对下弦月而言，图中地球只有下半边才能看见，顺着地球自转方向，即由 *D*—*B* 得出下弦月月出时间为 *D* 点——半夜，月落时间为 *B* 点——正午，与太阳出没相比是早升先落。如表 3-5 所示。

表 3-5 判断月出月落时间

月相	新月	上弦月	满月	下弦月
月出	清晨	正午	黄昏	午夜
月落	黄昏	半夜	清晨	正午
与太阳出没相比	同升同落	迟升后落	此升彼落	早升先落

（2）判断夜晚见月时间

白天由于太阳光强烈，月相一般是看不见的，只有等到太阳下山之后才能看见月相，再根据月相出落时间判断出夜晚见月时间。如表 3-6 所示。

① 新月是清晨月出，黄昏月落，只在白天出现，所以彻夜不见。

② 上弦月是正午月出，半夜月落，从正午到黄昏由于在白天，看不到月相，只有

从黄昏到半夜才能看见，所以上弦月是上半夜可见。

表 3-6　判断夜晚见月时间

月相	新月	上弦月	满月	下弦月
夜晚见月时间	彻夜不见	上半夜可见	通宵可见	下半夜可见

③ 满月是黄昏月出，清晨月落，出现时间全部在夜晚，所以满月是通宵可见。

④ 下弦月是半夜月出，正午月落，从半夜到清晨可以看见，而从清晨到正午是在白天，看不到月相，所以下弦月是下半夜可见。

（3）判断夜晚月相出现的方位

从地球上看，月相也是从东边升起，西边落下，前一半时间月相出现在东半天，后一半时间月相出现在西半天，根据月相出落时间及夜晚见月时间即可判断出月相出现的方位。如表 3-7 所示。

表 3-7　判断夜晚月相出现的方位

月相	新月	上弦月	满月	下弦月
出现方位	//	上半夜在西半天； 黄昏在上中天	上半夜在东半天； 下半夜在西半天； 半夜在上中天	下半夜在东半天； 清晨在上中天

① 新月是彻夜不见，不存在月相存在方位。

② 上弦月是正午月出，半夜月落，前一半时间从正午到黄昏是在白天，看不到月相，后一半时间从黄昏到半夜（上半夜）上弦月出现在西半天，黄昏时正好在上中天。

③ 满月是黄昏月出，清晨月落，前一半时间从黄昏到半夜（上半夜）满月出现在东半天，后一半时间从半夜到清晨（下半夜）满月出现在西半天，半夜时正好在上中天。

④ 下弦月是半夜月出，正午月落，前一半时间从半夜到清晨（下半夜）下弦月出现在东半天，后一半时间从清晨到正午是在白天，看不到月相，清晨时正好在上中天。

（4）判断上弦月、下弦月亮面朝向

由于月球本身不透明、不发光，只能反射太阳光，所以月相亮面应该朝向太阳，太阳黄昏从西边落下，清晨从东边升起，上半夜时太阳在西边，下半夜时太阳在东边，只要根据月相出现时太阳所处的方位，就可以判断亮面朝向。如表 3-8 所示。

表 3-8　判断上弦月、下弦月亮面朝向

月相	新月	上弦月	满月	下弦月
亮面朝向	//	朝西	//	朝东

① 上弦月出现在上半夜，此时太阳在西边，所以上弦月亮面朝西。

② 下弦月出现在下半夜，此时太阳在东边，所以下弦月亮面朝东。

③ 新月夜晚看不见，不存在亮面朝向问题。

④ 满月在夜晚是一圆盘，也不存在亮面朝向问题。

综上所述，上弦月出现在上半月的上半夜，出现在西边的天空且月亮的西侧半边明亮。下弦月出现在下半月的下半夜，出现在东边的天空，且月亮的东侧半边明亮。可以简记为：**“上上上西西，下下下东东”**。

练习题

一、名词解释

1.恒星　2.恒星亮度　3.恒星光度　4.天文单位　5.光年　6.秒差距　7.银河　8.银河系　9.星云　10.太阳常数　11.流星　12.行星　13.彗星　14.流星体　15.太阳活动　16.白道　17.朔望月　18.恒星月　19.月相

二、填空题

1. 恒星是由____________组成的，能够____________的球状或类球状天体。主要组成成分是______，约占______，其次为______，约占________。

2. 恒星内部的能源来自__________反应，其中最普遍最基本的是______________________________反应。

3. 视星等表示恒星的______，绝对星等表示恒星的______；恒星的视星等数值越大，看起来越______，恒星的绝对星等数值越______，它发光越多。

4. 比 5 等星亮 100 倍的恒星，其星等为________，比-3 等星暗 100 倍的恒星，其星等是______；相邻两星等之间的亮度差是________。

5. 位于天北极附近能指示方向的恒星是__________，它属于________星座。

6. 天琴座最亮星是______，天鹰座 α 星是______。二者的角距离为______，空间直线距离为____光年。

7. 银河系的主要成员是________，在结构上最主要的部分是__________。在地球上，眼睛能看到恒星最多的地方是______________。

8. 太阳的巨大能源是由其内部________反应产生的，其主要元素____不断减少，不断增多，其反应以亏损________为代价。

9. 太阳的外部大气包括__________、__________、__________三层，太阳活动的主要标志是________和________，平均周期为____年。

10. 在八大行星中，类地行星有___________________，其物质组成以________为主；类木行星有______________________________，其物质组成以__________为主。

11. 八大行星中质量体积最大的是__________，卫星数目最多的是__________，作逆向自转的是______、______，小行星主要分布在________和________的轨道之间。

12. 彗星由_______和_______组成，一个发育完全的彗星由_______、________和_______三部分构成。著名的哈雷彗星绕日公转的平均周期约为____年。

13. 太阳是太阳系的______和______的主要源泉，它以______和______等形式不断向外辐射能量。地球得到的太阳能只占全部太阳辐射的____分之一。

14. 太阳活动的主要标志是________和__________，平均周期为______年。

15. 在太阳系中，距太阳越远，公转周期越______。太阳系最大的是______，最小的行星是______，太阳西升东落的是______星。小行星大都集中在太阳系的______星和______星轨道之间。

16. 太阳比月球约大____倍，日地距离比月地距离约大____倍，造成太阳和月球的视半径约为______。

17. 月球绕_______公转的轨道平面同_______的交线叫白道，黄白交角平均为______，黄白交点每年沿黄道向______移动约______。

18. 月球绕地球运动的真周期是____月，月球同太阳视运动的会合周期是____月，其值为________日。

19. 月球的自转周期是________，由于同________同步同向，所以月球总是以同一面对着________。

20. 月相变化的周期是________月，当月球和太阳的黄经相等时，叫作________，月相为_________，当月球和太阳的黄经相差180°时，叫作_______，月相为________。

三、选择题

1. 1光年等于（　）。

A. 1.496亿km　　B. 63 240天文单位（au）

C. 3.26秒差距（pc）　　D. 3.09×10^{13}ly

2. 北斗七星属于（　）。

A. 小熊星座　B. 大熊星座　C. 仙后星座　D. 御夫星座

3. 宇宙中最基本的天体是（　）。

A. 行星和恒星　B. 行星和卫星　C. 恒星和星云　D. 恒星和卫星

4. 下列天体系统中，不包含地月系的是（　）。

A. 总星系　B. 太阳系　C. 银河系　D. 河外星系

5. 恒星同行星最根本的差别是（　）。

A. 相对位置是否移动　　B. 发展阶段不同

C. 质量大小不同　　D. 星光是否闪烁

6. 在太阳的外部大气中，温度最高而亮度最小的层次是（　）。

A. 光球　B. 色球　C. 日冕

7. 在八大行星中，具有光环的是（　）。

A. 外行星　B. 类木行星　C. 远日行星　D. 地外行星

8. 在下列行星中是由重物质组成的是（　）。

A. 水星　B. 木星　C. 天王星　D. 海王星

9. 扰动太阳的最明显的标志是（　）。

A. 耀斑　B. 黑子　C. 太阳风

10. 对地球影响最大的太阳活动是（　）。

A．太阳黑子　　B．光斑　　C．耀斑　　D．日珥

11．月相为上弦月时，明亮的凸面（　）。

A．向东　　B．向南　　C．向西　　D．向北

12．月球同太阳的会合周期是（　）。

A．恒星月　　B．朔望月　　C．近点月　　D．交点月

13．清晨月落，该是什么月相？（　）

A．上弦月　　B．下弦月　　C．朔月　　D．望月

14．某天早晨，看见弯弯的月亮挂在东边天空，此时大约为农历（　）。

A．初七、八　　B．十一、二　　C．十七、八　　D．二十六、七

15．当日、地、月大致成一线而月球处在太阳与地球中间，其月相为（　）。

A．新月　　B．满月　　C．上弦月　　D．下弦月

16．晴朗的夜晚，能见到下弦月的时间为（　）。

A．上半夜　　B．下半夜　　C．傍晚　　D．整夜可见

17．地球和月球相关的下列叙述中，错误的是（　）。

A．月球是地球唯一的天然卫星　　B．月球有时会遮蔽太阳

C．月面重力加速度比地面大　　D．月球是离地球最近的天体

四、判断题

1．恒星和行星的本质区别是发射或不发射可见光。（　）

2．银河是恒星在天空中分布最稠密的部分，其在地心天球上是一个圆盘状。（　）

3．恒星的亮度与距离的平方成正比。（　）

4．银河系圆盘体是在旋转中形成的，并形成一些旋臂，太阳位于其中一条旋臂上。（　）

5．恒星星等以等差级数增大，亮度以等比级数递减；星等相差 1 等，亮度相差 2.512 倍。（　）

6．彗星是由冰物质等组成，所以它越靠近太阳，其彗尾越短。（　）

7．太阳能量来源于太阳光球所进行的热核反应。（　）

8．地内行星的自转周期都小于地外行星的自转周期。（　）

9．地内行星的公转周期小于地外行星的公转周期。（　）

10．类木行星均有光环和多卫星现象。（　）

11．在太阳的外部大气，随着高度的增加，亮度迅速下降。（　）

12．一般地，在望日，太阳和月球在地平上同升同没。（　）

13．月球公转一圈的周期等于一个朔望月。（　）

14．地心和月心绕地月系质心转动的周期和角速度相等。（　）

15．农历的初一是日月合朔，但日月相望却不一定在农历十五。（　）

16．在地球上肉眼看到月球不同的明暗程度，是月面的组成物质导致不同的反照率造成。（　）

17．月球上数量众多的环形山是由于火山活动造成的。（　）

18. 夜半月落，该日的月相是上弦月。(　)

19. 当月球和太阳的黄经相差 180°时，月相为满月。(　)

20. 在我国传统节日中，端午节和清明节的月相是相同的。(　)

21. 中秋赏月，北京地区一轮明月升起的时间是子夜。(　)

五、计算题

1. 织女星的周年视差为 0″.12，求它与地球的距离（秒差距）。

2. 织女星的视星等为 0.1，若其距离增加为 10 倍，这时它的星等将是几等？肉眼还能看到它吗？（例题 5）

3. 某恒星的视星等比绝对星等大 5 等，求该恒星的距离是多少光年？（例题 6）

六、问答题

1. 简述恒星特点。

2. 什么是恒星的自行？为什么恒星会有自行？

3. 恒星的光谱可分哪几种类型？光谱类型与恒星的质量、颜色、表面温度有什么联系？

4. 行星和恒星从现象和本质上有何区别？

5. 恒星视星等与绝对星等有怎样的关系？

6. 简述有关宇宙起源的大爆炸理论。

7. 为什么银河是条亮白的光带？

8. 比较类地行星和类木行星的物理性质的差异。

9. 什么是太阳系？它包括哪些主要天体？太阳系的运动和结构有何特征？

10. 为什么太阳是一颗普通却又不普通的恒星？

11. 太阳活动以哪些形式进行？它们对地球有什么影响？

12. 太阳系的运动规律具有哪些特征？

13. 月面上有着怎样的自然条件？

14. 为什么朔望月比恒星月长 2.2089 日呢？

15. 绘图并解释月球总以正面对着地球。

16. 月球表面物理特征。

七、作图与填表题

1. 作恒星月与朔望月的比较图。

2. 填写月相比较表。

月相	农历日期	亮区部位	月出时刻	上中天时刻	月没时刻	照明时段
新月						
上弦月						
满月						
下弦月						

第四章　地球运动及地理意义

地球是无数天体中的一个普通天体。同宇宙间其他一切天体一样，地球在宇宙中不停地运动着，地球运动的形式复杂多样，可分成多种运动方式，其中最主要的是自转、公转、月地绕转、地轴进动、极移等。此外，地球还有章动、摄动、轨道变动等运动形式。地球的每种运动都有其自身的特点与规律，这些特点与规律对地球本身、地理环境以及人类的生存、生活生产的意义重大。地球运动的形式多种多样，其中，最重要最显著的运动，是地球的自转和公转。本章首先介绍地球运动的主要形式——自转和公转，重点对地球自转和公转的规律以及产生的地理意义加以阐述，其次介绍变化中的地球运动及其后果。

在本章学习“地球运动”规律、“正午太阳高度、昼夜长短”等内容时，要运用到天球坐标的黄道、地平高度、赤纬和时角等知识。

第一节　地球自转及其地球意义

一、地球自转及证明

（一）地球自转基础

地球自转，就是地球本身的旋转。地球的这种绕轴旋转被称为**自转**，以别于它绕太阳的公转。天体东升西落的周日运动是地球自转的反映，是地球自转的视运动。地球自西向东绕着一根假想的轴转动是地球真运动。

1. 地轴和两极

一切物体的自身旋转，都是围绕通过其本身的轴线进行的。地球的自转，是地球围绕着地轴的旋转。地球自转轴线，简称**地轴**（实际不存在）。地球自转实际上就是构成地球的各个质点相对于地轴的旋转，其轨迹是互相平行的圆，所有的圆心都位于地球的轴线上。

地轴通过地心，与赤道平面垂直相交，同地球表面相交于两点，叫作地球的两极。因此，地轴也就是通过地球两个极点的假想的一条直线。朝向小熊星座 α 星的地球极点叫作**北极**，用 N 表示。在北极看，小熊星座 α 星与地轴延长线之间相距只有约 1°。由于在天北极的位置没有明亮的星作标志，因此，习惯上人们就以这颗距地轴延长线最近的亮星，来代表天北极，并把它叫作**北极星**。地球的另一个极点，位于与北极相反的地表，称为**南极**，用 S 表示。南极延长线的天空没有明亮的星作标志，无所谓南极星。

2. 地球自转的方向

人们把地球自转的方向，叫作**自西向东**。可用“右手法则”判断。即把右手捏成拳头，大拇指伸出来，把右手看成一个地球，大拇指是北极，其他四指所指的方向是地球自转的方向，地球的自转方向就是自西向东，如图 4-1 所示。

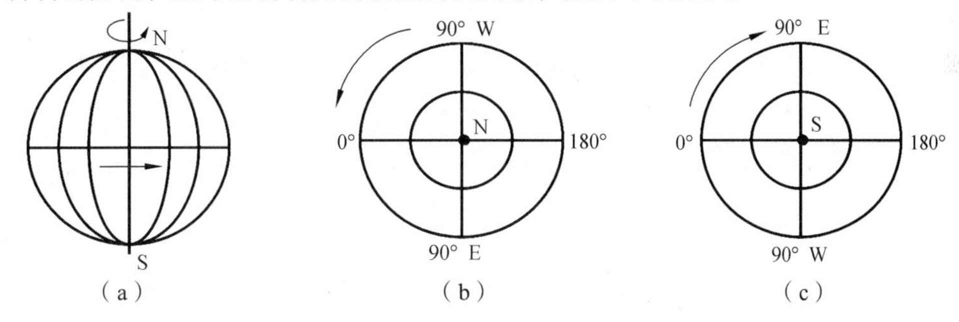

图 4-1　地球自转方向

事实上，无论是地球上的东西方向或是天球上的东西方向都是从地球的自转方向延伸出来的：人们把顺地球自转的方向定义为自西向东方向，把逆地球自转的方向定义为自东向西方向。由于天球的运动方向与地球的自转方向相反，因而日月星辰周日视运动的方向为自东向西方向，如图 2-5 所示。

在地球侧面观察，地球自西向东的自转方向从左到右，如图 4-1（a）所示。地球自转运动的方向，还可以用钟表指针的转动方向来表示。从北极上空看地球，地球的自转方向是逆时针的，如图 4-1（b）所示。如果从南极上空看，地球则是顺时针方向旋转的，如图 4-1（c）所示。人们把这样的旋转叫作自西向东旋转。

（二）地球自转证明

地球自转的速度虽然有各种变化，然而这些变化非常微小。在比较短的时期内，地球自转近似于匀速运动。生活在地球上的人们很难直接感觉到地球的自转运动。

对地球自转运动的认识，是通过地表一些自然现象的观测实验，逐渐形成的。人们在大量的科学研究中，找到了许多可以有力证明地球自转运动的事实和现象。

1. 落体偏东

在地球上，朝着地心的方向为下，反之为上。受地心引力的作用，物体从高处向下落，若没有别的因素影响，它应该一直朝向地心下落。大量的实验证明，物体下落过程中并不是直向地心，而是略向东偏。所以，落体偏东现象是指在地球表面由高处下落的物体总是偏落在铅垂线的东侧的现象，如图 4-2 所示。

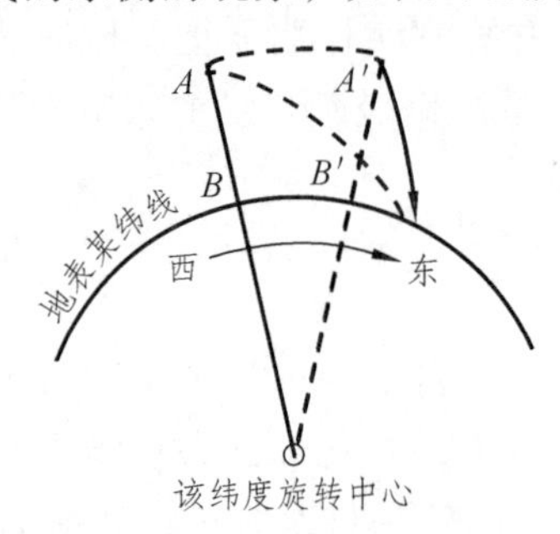

图 4-2　落体偏东

在地球，下落物体向东偏离是一种普遍的自然现象，这种现象主要是由于地球自西向东自转，使得地面上同一地点的自转线速度随高度增加而增大所致。实验证明，落体偏东与纬度和高度有关。落体东偏的水平位移应为

$$S=\omega\cos\varphi\sqrt{\frac{2h^{3}}{g}}$$

式中，ω 为地球自转的角速度，φ 为测点的纬度（北正南负），h 为物体下落前的高度，g 为重力加速度，位移 S 的方向为东正西负。

从公式可知：① 在赤道 $\varphi=0°$，有 $\cos\varphi=1$，即落体东偏的位移为最大值——偏东现象最明显；② 在极点 $\varphi=\pm 90°$，均有 $\cos\varphi=0$，故极点无落体偏东现象；③ 无论 φ 取正值或负值，均有 $\cos\varphi\geqslant 0$，故恒有 $S\geqslant 0$，即水平偏离位移 S 恒指东方，由此说明无论在北半球或南半球落体总是偏东的。

由此可知，物体下落向东偏离的幅度因纬度不同而有差异。在赤道上，物体下落向东偏离的幅度最大，如物体从 35 m 高处下落到地面时，向东偏离 11.5 mm。随着纬度的增高，落体偏东的幅度越来越小。例如，在北纬 40°的地方，物体从 200 m 高的地方下落到地面时，约向东偏离 47.5 mm。到了极地，落体偏东的数值减小为 0。从这些例子来看，落体偏东的水平位移值是很小的。

落体偏东，其真正的偏离方向并不是正东。只有在赤道上，物体下落才是向正东偏离。在赤道以北，下落物体在向东偏离的同时，还略向南偏离；在赤道以南，下落物体在向东偏离的同时，还略向北偏离。物体下落过程中，在南、北方向上的微小偏离，是由于落体受地球自转惯性离心力之水平分力作用而造成的。

落体偏东，以及落体偏东幅度随纬度增高而减小的事实，是地球绕地轴自西向东自转的有力证据。依此原理，将物体向上抛射，物体将会发生向西偏离的现象。实际上，下落物体偏东和上抛物体偏西，其偏离的数值都很小，如果再有其他因素干扰，

是很难察觉出来的。

2. 傅科摆偏转

地球自转最有说服力、最直观的证据，是傅科摆偏转。

傅科摆偏转，是地球自转最有说服力的证据之一。1851 年，法国物理学家傅科在巴黎保泰安教堂，用一个特殊的单摆让在场的观众亲眼看到地球在自转，从而巧妙地证明了地球的自转现象。后人为了纪念他，把这种特殊的单摆叫作傅科摆，如图 4-3 所示。傅科摆的特殊结构，都是为了使摆动平面不受地球自转牵连，以及尽可能延长摆动维持时间而设定的。傅科当年用了一根 67 m 长的钢丝绳，达到尽可能长的摆臂，使摆动周期延长——降低摆锤运动速度，以减小其在空气中运动的阻力。钢丝绳上端使用特殊悬挂装置——万向节系在教堂穹顶上，正是这个万向节使得摆动平面能够超然于地球自转。下端悬挂一个 28 kg 的金属锤，以增大惯性并可储备足够的摆动机械能。摆锤的下方嵌一枚尖针，在摆锤往返经过的地面上安放沙盘。当摆锤往复摆动的时候，尖针便在沙盘上划出一道道痕迹来。这样一个能摆脱地球自转牵连，并能长时间惯性摆动的傅科摆，人们就可以耐心地观察地球极为缓慢的自转现象。

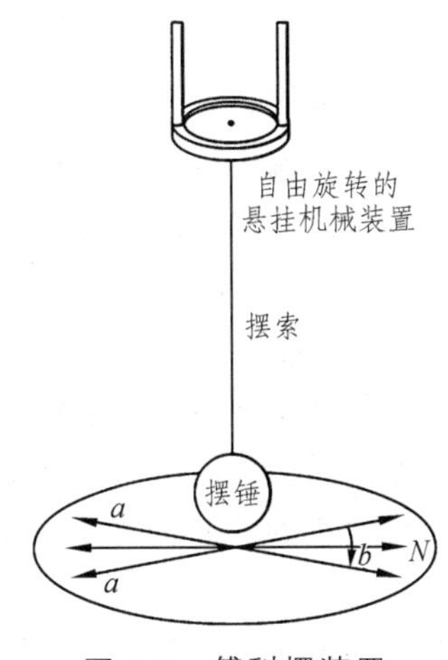

图 4-3　傅科摆装置

当傅科摆起摆若干时间后，在北半球人们会发现摆动平面发生顺时针偏转，而在南半球摆动平面则发生逆时针偏转。傅科摆偏转现象可以通过图 4-4 予以解释。假设当傅科摆起摆时，摆动平面与南北方向（或东西方向）重合。过若干时间后由于地球的自转导致该地的南北方向线（或东西方向线）发生偏转，因运动的惯性和摆动平面不受地球自转的牵连，故南北方向线（或东西方向线）与摆动平面发生了偏离。

通过实验得出，摆动平面的偏转角速度是与纬度的正弦成正比的，即摆面偏转的角速度 ω 为

$$\omega = 15° \sin\varphi / h \qquad (4\text{-}1)$$

式中，ω 为正值时是表示摆面顺时针偏转，如为负值时则表示摆面逆时针偏转；纬度 φ 的取值为北正南负。从（4-1）式中可知：在两极，$\varphi = 90°$ 时，$\omega = 15°/h$，即在极点

摆面偏转角速度最大；在赤道上，$\varphi = 0°$，$\omega = 0°/h$，即在赤道摆面无偏转；北半球，摆面顺时针偏转；南半球，摆面逆时针偏转。

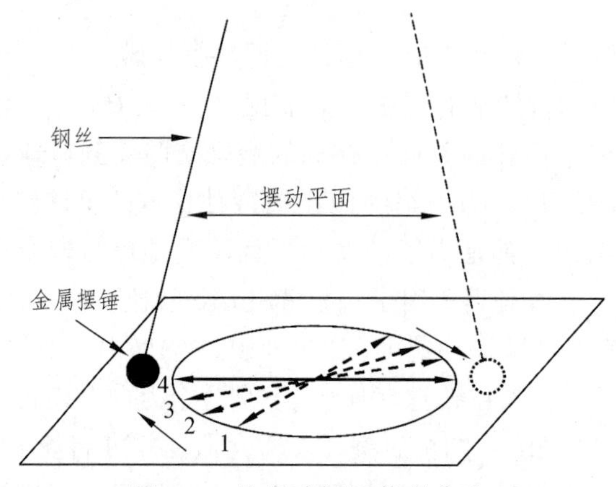

图 4-4　北半球摆面偏转方向

根据（4-1）式，只要知道某地的地理纬度，就可以求出傅科摆在该地摆动方向每小时的偏转角度。例如，在北京（39°57′N），傅科摆的摆动方向按顺时针方向偏转，每小时的偏转角度为

$$\theta = 15° \sin 39°57' = 9°38'$$

同样，傅科摆的摆动方向每小时的偏转角度，在哈尔滨（45°45′N），约 10°48′，在贵州凯里 26°36′N 约 6°43′，在广州（23°N）约 6°。

综上所述，傅科摆具有以下特性：

（1）结构：单摆，长 67 m，锤 28 kg。

（2）优点：周期长——长绳；持续久——抗阻力强。

（3）特点：摆不参与地球自转，摆动平面不变；沙盘跟随地球自转。

（4）现象：沙盘上的划痕沿顺时针方向偏转（北半球）。

（5）解释：假设当傅科摆起摆时，摆动平面与南北方向（或东西方向）重合。经过若干时间后，由于地球的自转，导致该地的南北方向线（或东西方向线）发生偏转，但因摆锤运动的惯性和摆动平面不受地球自转的牵连，故南北方向线（或东西方向线）相对摆动平面发生了偏离。

（6）速度：摆动平面的偏转角速度 ω 是与纬度 φ 的正弦成正比，即：$\omega=15°\sin\varphi/\mathrm{h}$。

（7）结论：理论和实验证明，傅科摆偏转的方向，因南北半球而不同：**北半球右偏，南半球左偏**。偏转的速度，则与纬度的正弦成正比。在两极点最大，等于地球自转的（角）速度。在**赤道上傅科摆不发生偏转**，偏转的速度为零，最小。

二、地球自转规律

1. 地球自转周期

地球绕地轴的自转，是周期性的运动。人们在生活在地球上，很难直接觉察地球的自转运动，也很难直接从地球本身去判定地球自转的周期性。地球自转及其周期，是从地表某点同地球以外其它天体的相对位置变化来测定的。

由于选择参照天体不同，地球自转周期的长短不同。通常用作度量地球自转的参照天体有恒星、太阳和月球，于是地球自转的周期有恒星日、太阳日和太阴日等。

（1）恒星日

以某一遥远的恒星（或春分点）为参照点，该恒星自东向西连续两次通过某地上中天（或下中天）的时间间隔，其值为 $23^h56^m4^s$，如图 4-5 所示。这是地球自转的真正周期，即地球恰好自转 360°所用的时间。[注：上中天（或下中天）（见图 2-23）]

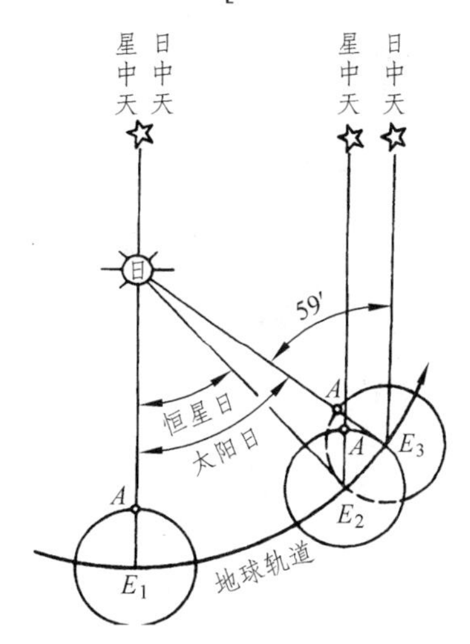

图 4-5 恒星日与太阳日比较

（2）太阳日

以太阳中心为参照点，太阳中心自东向西连续两次通过某地上中天（或下中天）的时间间隔，其值为 24^h，地球自转了 360°59′，如图 4-5 所示。

太阳日之所以比恒星日平均长 3^m56^s，是由地球的公转使日地连线向东偏转导致的。如图 4-5 所示，当 A 地完成 360°自转（1 恒星日）后，地球的位置由 E_1 到 E_2，日地连线已经东偏一个角度，平均为 59′。待 A 地经线再度赶上日地连线与之相交时，地球也平均多自转 59′。所以在一个太阳日内，地球平均自转 360°59′。

因地球公转的角速度是不均匀的，故太阳日不是常量。1 月初地球在近日点，公转角速度大（每日公转 61′），太阳日较长，为 24^h+8^s（地球自转 361°01′）；7 月初地球在远日点，公转角速度小（每日公转 57′），太阳日较短，为 24^h-8^s（地球自转 360°57′）。

太阳日有真（视）太阳日与平太阳日之分。（真太阳、平太阳概述参见第五章的“真太阳时与平太阳时”的叙述）

影响太阳日长度的因素：

① 黄赤交角：同样的每日太阳黄经差所对应的每日太阳赤经差在二分日前后最小，使最短的太阳日短了 21 s；在二至日附近最大，使最长的真太阳日长出 21 s。

② 地球在椭圆轨道上的变速公转运动：近日点上地球公转速度快——61′/日，远日

点上地球公转速度慢——57′/日。因此，使视太阳日长度发生±8 s 的变化。

③ 两者合成：造成最长的太阳日在冬至后的 12 月 23 日；最短的太阳日在秋分前的 9 月 17 日。因为冬至时刻，地球比较靠近近日点。

（3）太阴日

以月球中心为参照点，月球中心自东向西连续两次通过某地上中天（或下中天）的时间间隔。自转 373°38′，为 $24^h50^m36^s$。太阴日长于恒星日，是由于月球绕地球公转使月地连线东偏所致。一个太阴日，地球平均自转 373°38′，比恒星日多转 13°38′，如图 4-6 所示。

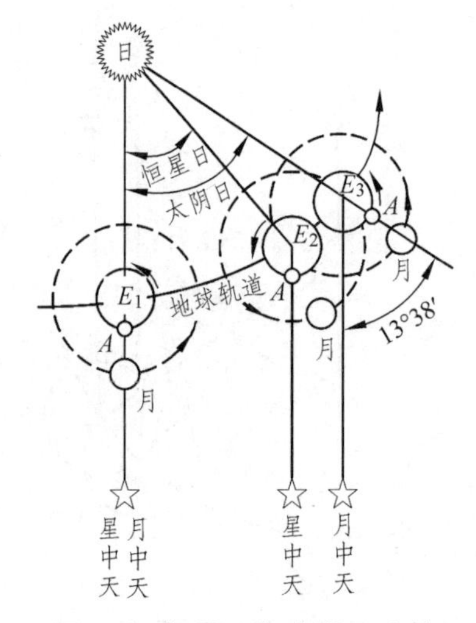

图 4-6　恒星日与太阴日比较

上述数据由来，是因为人类日出而作，使用的是太阳时刻，故规定太阳日长度为 24 小时整，推出恒星日长度为 23 小时 56 分 4 秒，太阴日是 24 小时 50 分 36 秒。

2. 地球自转的速度

地球自转的速度分角速度和线速度。

（1）地球自转的角速度

在单位时间内，地球绕地轴旋转的角度，叫作地球自转角速度。地球自转的角速度的大小与旋转半径是无关的，一般地，地球自转的角速度是均匀的，不随纬度和高度而变化，除南北极地为零外，全球的自转角速度都是相等的。设地球自转的角速度为 ω，则有

$$\omega=360°/\text{恒星日}=360°59'/\text{太阳日}=15.041°/\text{h}$$

在精度要求不高时，为了方便记忆，角速度约为 $\omega\approx15°$。

综上所述，地球上各地的自转角速度相等。地球自转的角速度平均为每小时 15°，或每分 15′，每秒 15″。严格地说，这里的时、分和秒，皆指恒星时。

（2）地球自转的线速度

地球自转的线速度是指地球上某点在单位时间内绕地轴所转过的线距离。例如，

赤道上的某个地点，在一个恒星日内绕地轴转了一周（360°），因而赤道，便是该地点在一个恒星日内绕地轴转过的线距离。用太阳日的秒长度，去度量恒星日为 86 164 s（用 T 表示）。地球的赤道半径（R_0）长为 6 378 160 m。这样，就可以求得赤道上的旋转线速度（V_0），即：

$$V_0=\frac{2\pi R_0}{T}=\frac{2\times3.14\times6\,378\,160\ \text{m}}{86\,164\ \text{s}}=465\ \text{m/s}$$

这只是地球赤道上地面各点绕地轴旋转的线速度。地球有相同的自转角速度，却没有相同的自转线速度。因为旋转刚体的线速度与旋转半径的长度有密切关系；旋转半径越长，线速度越大；旋转半径越短，线速度越小。因此，赤道上的旋转半径是最长，自转线速度最大。从赤道向两极，随着纬度的增高，旋转半径越来越短，自转线速度也越来越小。

如要把地球近似地看成一个正球体，那么，位于某纬度（φ）的地点，其绕地轴旋转的线速度（V_φ）为

$$V_\varphi=\frac{2\pi R\cdot\cos\varphi}{T}=V_0\cos\varphi$$

可见，地面任一纬度的地球自转线速度，与该纬度的余弦成正比。

60°的余弦值为 1/2。因此，在南、北纬 60°的地方，地球自转的线速度相当于赤道上的一半，即：

$$V_{60^\circ}=V_0\cos60^\circ=\frac{1}{2}V_0$$

同样可以求得南、北纬 30°处地球自转的线速度为 402 m/s。地球南、北两极点的纬度都是 90°，其余弦值等于 0，所以极点的旋转线速度为 0。因此，南、北两个极点既没有角速度，也没有线速度。

地表是起伏不平的，同一纬度的不同海拔高度处，具有不同的旋转半径，它们的线速度也有所不同。假设某地的地理纬度为 φ，海拔高度为 h，地球半径为 R_φ，恒星日为 86 164 s（用 T 表示），则该地绕地轴旋转的线速度为

$$V_\varphi=\frac{2\pi(R_\varphi+h)\cos\varphi}{T}(\text{m/s})$$

由此可知，地球上各地的自转线速度因纬度和海拔高度而不同。纬度越低自转线速度越大，反之越小；同一纬度，海拔高度越高，自转线速度越大，反之越小。但注意，在同一纬度不同海拔高度处，地球自转线速度的差别并不显著。

三、地球自转的地理意义

地球自西向东自转，虽然人类很难直接感觉到地球的自转运动，在通过对地球自转的基本特性和规律性的研究后发现，日月星辰等天体的周日运动、昼夜交替出现和地球上物体做水平运动的方向偏转等，都是因为地球自转而产生的。

（一）天体的周日视运动

太阳从东方升起，在西方落下，夜空的繁星也是东升西落，在地球上看来，这些天体似乎都在自东向西运行，不断地绕着地球移动。实际上，这是人们的一种错觉，天体自东向西移动，正是地球自西向东自转的反映。天体好像每日绕地球一周，则表明地球每日绕地轴自转了一周。所以说，**天球周日视运动**是地球上观测者所见天体相对于自己的周日转动。

远离地球的天体，尤其是非常遥远的恒星，短时间内它们在天球上的相对位置基本保持不变。因此，可以把这些恒星看成是镶嵌在天球的一定位置上的。地球位于天球的球心，地球自西向东自转，地球上的人，觉察不出地球的转动，却感觉到整个天球在自东向西旋转，固定在天球上的各个恒星，也好像在东升西落。地球自转以通过南、北极点的直线为轴线，所以，天球的旋转也就以地轴的延长线——天轴为轴线，这样，我们看到只有位于天轴和天球交点（天极点）的恒星位置固定不变，而天球上的其他天体好像都以天北极和天南极为圆心，进行着周日视运动，其运动轨迹叫作**周日圈**。周日运动着的所有天体，都有一定的周日圈，天球上距天极越近的天体，其周日圈就越小，到了天极点，周日圈缩小为固定不变的点，如图 4-7 所示。

图 4-7　天体的周日圈

天体的周日视运动，说明地球在自转。天体的周日视运动是自东向西，说明地球自转的方向是自西向东；南、北天极不做周日运动，位置固定不变，说明通过天北极—地心—天南极的直线是地球自转所围绕的轴线；在一个恒星日内，恒星的视角距发生 360°变化，即完成了一周的视运动，说明恒星日就是地球自转 360°的运动周期。

由此可知，由于地球自转造成天球周日视运动，其特点及其反映地球自转的情况可以总结如下。

1. 天球周日运动特点

（1）天球周日运动的转轴（天轴）是地轴的无限延长。天轴与天球的两交点—天北极和天南极是地球两极在天球上的投影。

（2）天球周日运动的方向是地球自转方向的反映。正是由于地球自转方向是自西向东，才导致天球的周日视运动的方向为自东向西。

（3）天球周日视运动的周期是地球自转周期的反映。恒星周日运动的周期是恒星日，它是地球自转的真正周期；太阳周日运动的周期是太阳日，它是地球昼夜更替的周期。恒星周日运动的角速度大小，反映了地球自转角速度的大小。

2. 恒星的周日运动是地球自转的真实反映

从如下三个方面具体反映地球自转的情况：

（1）恒星周日运动的路线（周日圈），即各自所在的赤纬圈，都以南北天极为不动的中心，南北天极如实地反映了地轴在天空中的位置。

（2）天和地的关系，犹如球面与球心的关系，周日运动的方向应同地球自转方向相反。天体的东升西落，说明地球自西向东自转。

（3）恒星周日运动的周期（恒星日）和（角）速度，如实地反映了地球自转的周期和角速度。

天球周日视运动表现在天体的东升西落，这种现象是相对于地平圈而言。不同纬度的地平圈不同，则天体的东升西落及其周日圈各具特色，具体表现在不同纬度的天球周日视运动。

3. 不同纬度的天体周日视运动

天球周日运动以仰极（如在北半球观察，天北极即为仰极）为绕转中心，而一地的仰极高度，总是等于当地的地理纬度。因此，各地所见的天球范围及周日圈情况，皆因纬度而不同，如图 4-8、图 4-9 所示。

（1）观测者在两极，$\varphi=90°$：在两极，仰极与天顶重合，地平圈与天赤道重合，赤纬圈与高度圈重合。天体运行与地平圈平行，高度永远等于 δ，如图 4-8（a）所示。

（2）观测者在赤道，$\varphi=0°$：在赤道，上点与天顶重合，下点与天底重合，地平圈与天赤道垂直，赤纬圈与高度圈垂直。天体周日圈垂直于测者地平圈，并且被地平圈平分，如图 4-8（b）所示。

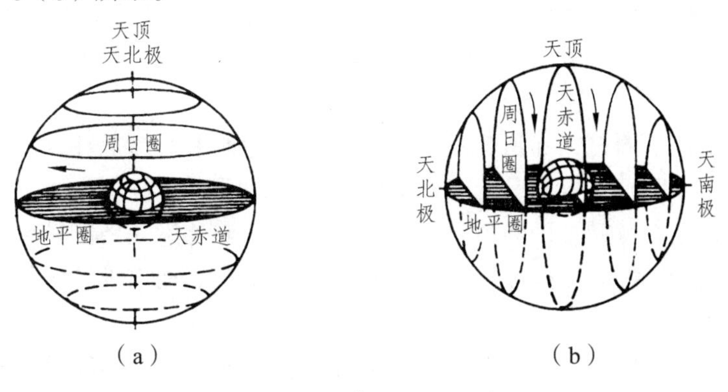

图 4-8　天体周日视运动

（3）在其他任意纬度φ，地平圈与天赤道斜交，天体周日圈与地平圈斜交，其斜交倾角为θ。地理纬度不同，天体周日圈的倾角不同，倾角$\theta=90°-|\varphi|$。以北半球为例，如图 4-9 所示。

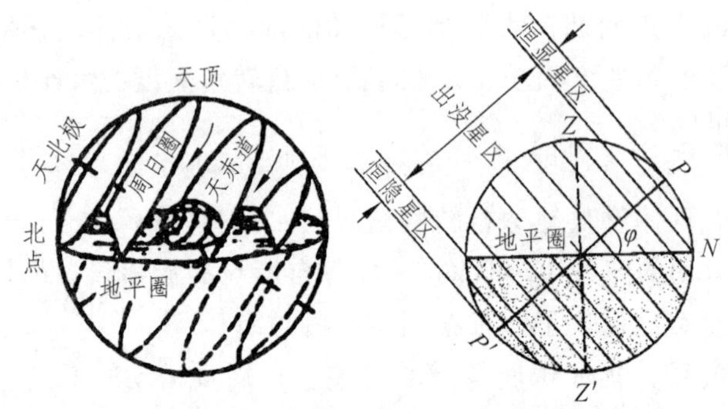

图 4-9　北半球纬度φ地区的周日视运动及星区划分

从图示来看，明显分为以下三种情况。

① 在天球上，既位于地平圈以上，又通过北点的赤纬圈到天北极（仰极）的赤纬范围，该范围距天北极等于当地的地理纬度φ。在该范围内的天体，永不落入纬度为φ的地平面之下，该范围称为**恒显星区**。在恒显星区内，天体周日视运动的周日圈位于地平圈以上，那么这些天体总是位于地平面以上，终日可见，这些天体称为**恒显星**。恒显星的周日视运动的轨迹，即称为**恒显圈**。

② 在天球上，既位于地平圈以下，又通过南点的赤纬圈到天南极（俯极）的赤纬范围，该范围距天南极等于当地的地理纬度φ。在该范围内的天体，永不升起纬度为φ的地平面之上，该范围称为**恒隐星区**。在恒隐星区内，天体周日视运动的周日圈位于地平圈以下，那么这些天体总是位于地平面以下，终日不可见，这些天体称为**恒隐星**。恒隐星的周日视运动的轨迹，即称为**恒隐圈**。

③ 在天球上，在恒显星区与恒隐星区之间的范围等于 2（$90°-\varphi$），该范围内的天体有东升和西落，该范围称为**出没星区**。在出没星区内，天体的周日圈与地平圈斜交，每日东升西落，这些天体称为**出没星**。

例 4-1　分析赤道、北回归线及北极点所见的恒显星区、恒隐星区和出没星区的范围。

答： 根据恒显星区和恒隐星区的范围等于当地纬度φ，出没星区的范围等于 2（$90°-\varphi$），则：

在赤道上，地平圈与天赤道相垂直，所有天体在地平上都是直升直落，即出没星区的范围是（赤纬 90° ~ -90°），无恒显星区和恒隐星区。

在北回归线上，恒显星区和恒隐星区的范围都等于 23°26′，恒显星区的范围（赤纬 66°34′ ~ 90°），恒隐星区的范围（赤纬-66°34′ ~ -90°），而出没星区的范围是（赤纬-66°34′ ~ 66°34′）。

在北极点，地平圈与天赤道相重合，天赤道以北的所有天体的周日圈平行于地平面，从不在地平落下，而天赤道以南的所有天体的周日圈也平行于地平面，从不在地平升起。因此，恒显星区的范围是（赤纬 0° ~ 90°），恒隐星区的范围是（赤纬 0° ~ -90°），无出没星区。

例 4-2 分析北京（39°57′N）的恒显星区、恒隐星区和出没星区的范围。

答：（1）根据恒显星区的范围等于当地纬度，因北京的纬度为 39°57′，则恒显星区的范围等于 39°57′，从天北极往南到赤纬 50°03′，即赤纬 50°03′～90°的范围为恒显星区，在该范围内的天体永不落入北京的地平面之下，都为恒显星。

（2）根据恒隐星区的范围等于当地纬度，因北京的纬度为 39°57′，则恒隐星区的范围等于 39°57′，从天南极往北到赤纬−50°03′，即赤纬−50°03′～−90°的范围为恒隐星区，在该范围内的天体永不升起北京的地平面之上，都为恒隐星。

（3）在恒隐星区与恒显星区之间的天体，有东升和西落，这些天体属于出没星。根据出没星区的范围等于 2（90°−φ），则其范围为 2（90°−39°57′）=100°06′，即北京的出没星区的范围是赤纬−50°03′～50°03′。

（二）昼夜交替

1. 昼夜的形成

地球是一个不发光且不透明的球体，并且在自转，所以在同一时间里，太阳只能照亮地球表面的一半。被阳光照亮的半个地球是白昼，该半球叫作**昼半球**；没有被阳光照亮的半个地球是黑夜，这个半球叫作**夜半球**。由于地球的自转，各地轮流地变化为昼半球和夜半球，因而经历着昼夜的交替。

由于地球的自转，地球不同位置同一时刻的昼夜情况是不一样的，有的是正午，有的是子夜，有的正经历昼夜交替的早晨（黎明）或黄昏（傍晚）。当某地太阳升起到一天中最高位置时，太阳直射在该地所处的经线上，这时就是当地的正午。当某地随同地球自转，从夜半球到昼半球，就叫作**早晨**；如果从昼半球到夜半球，就叫作**黄昏**。

2. 晨昏线（圈）

昼夜半球的分界线，是一个大圆（不考虑太阳视半径和大气折光作用的影响），叫作**晨昏圈**，如图 4-10 所示。晨昏圈经过的各地，正经历着一天中的清晨或黄昏。那里见到的太阳，正好位于东方或西方的地平上。

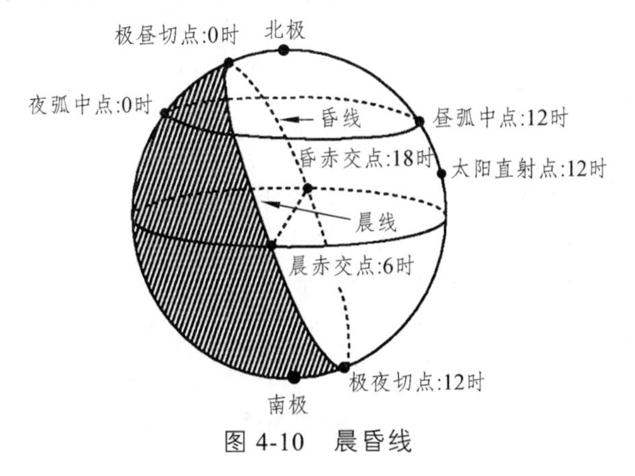

图 4-10 晨昏线

3. 昼夜交替

地球自转，使地表各地点时而位于昼半球而经历着白昼，时而位于夜半球而经历着黑夜的交替现象。在同一日期，由于地轴是倾斜的，即存在 66°34′的倾角，所以地球上不同地区的昼夜长短是不同的；在地球自转的同时，也在绕太阳公转，两种运动的共同作用下，地球上不同地区的昼夜长短不同。尤其在地球的南北两极地区，太阳终年斜射，昼夜长短变化最大。在南北半球的高纬度地区还会出现太阳终日不落或终日不出的现象，即一天 24 小时都是白天或者都是黑夜，这就是极地地区的极昼和极夜现象。（昼夜长短详见之后的地球公转的地理意义）

由于地球不停地自西向东旋转，使得昼夜半球和晨昏线也不断自东向西移动，这样各地不断出现昼夜交替。有了昼夜的更替，使太阳可以均匀加热地球，为生物创造了适宜的生存环境，也使地球上的一切生命活动和各种物理化学过程都具有明显的昼夜变化，如生物活动的昼夜变化，植物光合作用与呼吸作用的昼夜交替，气象要素的日变化等。

（三）水平运动物体的偏转

在地球上做水平运动的一切物体，如地球表面的大气、海水、河水等物质的水平运动，由于地球自转而发生偏向。具体来讲，在北半球做水平运动的物体，将会离开其原来的方向而逐渐向右偏转；在南半球，水平运动的物体，则会逐渐向左偏转。这里的“右”偏和“左”偏，是指以运动物体前进方向的偏向而言，如图 4-11 所示。

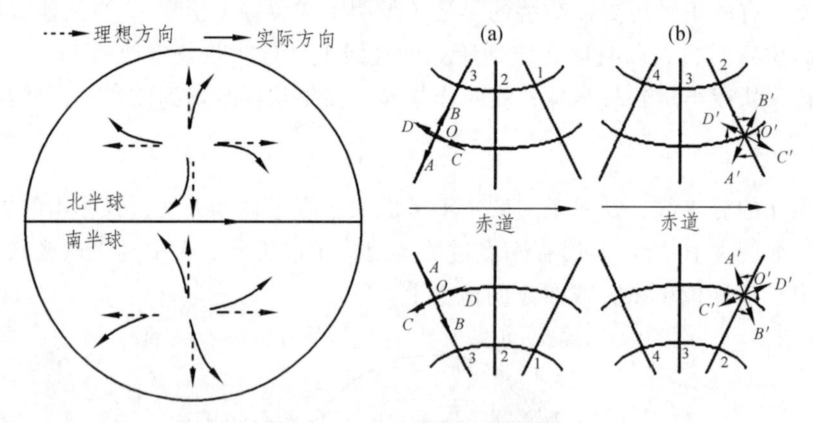

图 4-11　水平运动的偏向

在地球上，相对于地球运动的物体，会受到一种惯性力的作用。这种使地球上做水平运动的物体改变方向的力叫作地球自转偏向力，简称**地转偏向力**。因为首先是由法国数学家科里奥利进行研究的这种惯性力，又称为科里奥利力，简称科氏力。

地球自转偏向力与运动物体质量、运动速度、所在地理纬度及地球自转角速度相关，其数值可以用下面公式表示：

$$F=2v\omega m\sin\varphi$$

式中，地球自转角速度（ω）是已知的，对于以一定速度做水平运动的具体物体，其质量（m）和运动速度（v）也是已知的，因而 F 取决于该水平运动物体所在的地理纬度（φ）。

根据以上公式，在赤道上，地理纬度的正弦值等于 0，即得到地转偏向力为 0。故物体沿赤道做水平运动时不受地转偏向力的作用，不发生偏向。物体一旦离开赤道做水平运动，便受到地转偏向力的作用，而且随着纬度的增高，地转偏向越来越大，到了极地，地转偏向力达到最大值。可见，对于具有一定速度的某一运动物体来说，在高纬度地区的偏向现象，比在低纬度地区的偏转更加明显。

对于同一个地点来说，地理纬度（φ）是固定值，某个作水平运动的物体所受地转偏向力的大小，取决其运动速度的变化。运动速度越大，受到地转偏向力的作用也越大。反之，运动速度越小，受到地转偏向力的作用也越小。

上述水平运动的偏向，是相对于固定在地面的经线和纬线所表示的方向和位置变化。按照惯性原理，运动物体将为力图保持其原来的运动状态，不因地球自转而改变其运动方向。因此，在地球自转过程中所发生的物体运动状态相对于经线和纬线之间的方向、位置改变，则是由于经线、纬线随地球自转的变化所致。所以，在地球上所谓水平运动方向的偏转，是一种相对于经线或纬线的视偏转运动，那么所谓作用于水平运动物体的惯性力——地球自转偏向力，也就不存在了，是虚构的一种力。

在地球上，有关水平运动偏向的自然现象，有很多的实例。这些自然现象的发生，都可以用地转偏向力来解释。

例如，由于太阳辐射在地表分布不均匀，以及海洋和陆地热力性质的差异，在不同纬度地带之间，在海洋和陆地之间，常有大规模的气体交换。当大气在水平方向流动时，受地转偏向力作用而发生偏向。

在世界大洋中，主要因定向风作用而导致的大规模的海水运动，在地球自转偏向力及其他因素作用下，不断发生偏向，形成了各大洋中巨大的环流系统。

一般来说，在北半球，河流的右岸冲刷比较严重，河岸较陡；在南半球，情况则与北半球相反。河流左、右两岸的不对称现象，也是在地球自转偏向力作用下，流水加重对右岸（北半球）或左岸（南半球）侵蚀所造成的结果。

可见，地球自转偏向力对于做水平运动的各种状态（包括固态、液态、气态）的物质，都会发生作用而使之改变方向。所以，水平运动的方向偏转是地球上普遍存在的自然现象。

第二节　地球公转及地理意义

地球的自转和公转是同时进行的，也就是说，地球在不停的自转过程中还绕太阳公转。地球除自身不停地旋转之外，还参与太阳系众行星共同地绕太阳运动，太阳是它们共同的中心天体。正因为如此，地球的绕太阳旋转被称为**公转**。

一、地球公转及证明

地球**公转**就是地球对太阳的绕转。地球公转是一种环绕运动，它的运动方向只能是一种绕转方向。它同地球自转的方向一致，从天北极俯看，地球公转呈逆时针方向。这样的旋转方向被叫作向东。所以，人们习惯上就说地球向东公转。

严格地说，地球公转所环绕的不是太阳中心，而是太阳和地球的共同质量中心。换句话说，地球公转并不是地球单方面的运动，而是地球和太阳同时环绕它们的共同质心运动。

地球的公转较之自转现象具有更加抽象的特征。自哥白尼日心体系建立以后，人们就试图从各种角度来证明地球的公转。例如，人们找到了地球公转的物理数据，天文观测数据等等，如前面所讲的日心体系、行星的会合运动等即是地球公转的证据，下面主要从恒星的周年视差、光行差和行星视运动来证明地球的公转。

（一）恒星周年视差位移

1. 视差的概念

从不同地点观测同一目标，这个目标就会有不同的方向，即在它的背景上有不同的位置。不同方向之间的夹角称为**视差**。这种由于观测者的位移，而使目标方向发生改变的现象，叫作**视差位移**。

2. 周年视差

为了说明恒星周年视差的大小，人们设想，把在太阳上观测的恒星在天球上的位置，作为它的平均位置。从地球上观测到的恒星的实际位置，同这个平均位置比较起来，总存在一定的偏离，也就是地球轨道半长轴对恒星张开的角度，被称为恒星的**视差位移**。恒星视差位移的大小，则因地球的轨道位置而不同。当日地连线（即地球轨道半径）同星地连线相垂直时（这种情况每年有二次），同一恒星的视差位移达到极大值，如图 4-12 所示。这个极大值便被称为该恒星的**周年视差**，或简称年视差。

3. 恒星年视差路线

在南北黄极，恒星周年视差位移的路线与地球轨道相同（近似圆形）；在黄道上，则成为一段直线。在其他黄纬，恒星周年视差路线都是椭圆，并被称为周年视差椭圆：愈近黄极，椭圆的扁率愈小；愈近黄道，扁率愈大。如图 4-13 所示。

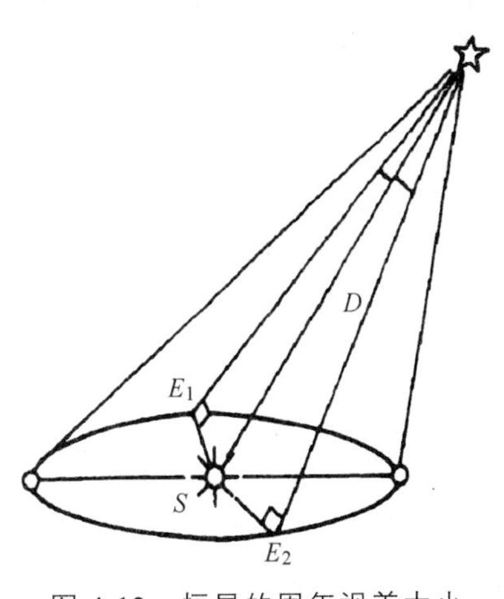

图 4-12　恒星的周年视差大小

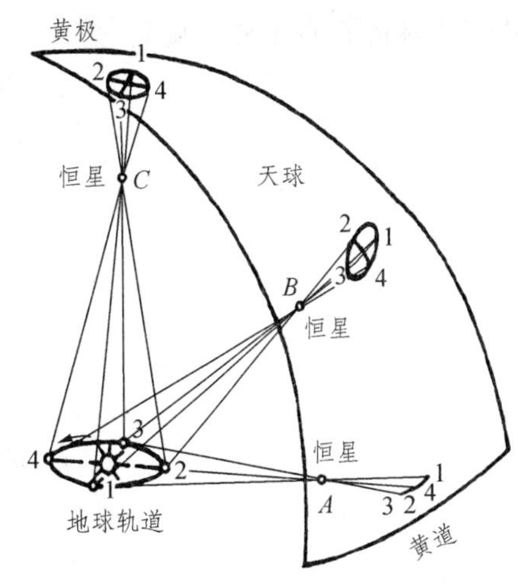

图 4-13　恒星周年视差椭圆

4. 恒星年视差大小

日地平均距离是不变的，因此，恒星年视差的大小，决定于恒星的距离，恒星愈远，其年视差便愈小。故恒星年视差的测定，成为测定恒星距离的基本手段。如，1837 年测出天鹅座 61 的周年视差为 0″.3（实为 0″.29），从而证实了地球的公转。

5. 秒差距

恒星年视差既是天球上的一段弧（视差椭圆的半长轴），也是地球轨道半径对于恒星所张的一个角。这个角是太阳、地球和恒星所构成的直角三角形的最小的一个内角。其中，恒星距离 D（即日星连线）是这个角的斜边，地球轨道半径 a（1 个天文单位）是它的对边。得 $\sin\pi=a/D$。由于 π 角度很小，其正弦可以近似地用它所对的弧度来表示，即 $\sin\pi=\pi$，那么 $\sin\pi=a/D$ 则为 $\pi=a/D$。

因为，1 弧度=360°/2π=57.3°=3438′=206 265″。所以，$\pi=a/D$ 式中的 π 若以角秒表示，则得 $\pi=206\,265a/D$，如恒星的周年视差为 1 秒（即 $\pi=1$），即 $D=206\,265a$，也就是，当恒星的周年视差为 1″时，该恒星的距离为 206 265 个天文单位。则该恒星的距离被称作 1 秒差距，用符号 pc 表示（见第三章的恒星距离单位）。

把恒星的距离同它的周年视差直接联系起来，二者之间存在一个简单的数量关系：若恒星的距离以秒差距为单位，那么便有

$$D=\frac{1}{\pi}$$

即恒星距离的秒差距数与其周年视差的角秒值互为倒数，如图 4-14 所示。恒星的周年视差一经测定，便立刻得出其距离的秒差距数。这样，天文工作者不必做复杂的计算，便能把所测得的视差值，直接换算为距离。所以，秒差距是用来表示恒星距离的最方便的单位。在天文工作中，它比光年应用得更广泛。

恒星年视差的发现，是天文史上一项卓越的成果。半人马座 α（南门二）是距我们

最近的恒星，故有“比邻星”之称。它的年视差仅 0″.76。

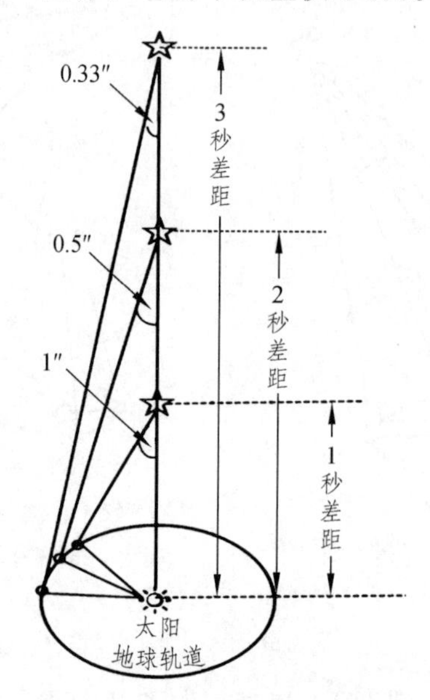

图 4-14　恒星年视差与恒星距离

（二）光行差位移

1. 光行差的概念

光行差是指星光速度与地球公转速度合成后产生的恒星位置的视位移。这个现象在 1725 年由詹姆斯 · 布拉德雷发现，并被他用来测量光的速率。

2. 光行差大小

光行差大小是指由于地球的公转运动，使地球观察者看到恒星的视方向与其真方向产生的差角 θ，如图 4-15 所示。光行差现象和生活中的“雨行差”现象十分类似，如图 4-16 所示。在无风的情况下，雨滴以 v_a 的速度垂直降落。若列车以 v_b 的速度运行。原来垂直落下的雨滴，而在运行列车上人们看到车窗外的雨线却是倾斜的。显然，列车运行得越快，雨线向后倾斜的角度越大。光行差的道理酷似列车上的雨行差，那么，光行差的大小为

$$\tan\theta = \frac{c}{v} = \frac{30}{300\,000} = 0.000\,1$$

$$\theta = 20''.496$$

式中，c 为地球公转速度，v 为星光速度，这个角度 θ 被叫作光行差常数。

3. 光行差路线

由于光行差位移，恒星的视位置，用地球公转的方向表示，总是偏向真位置的前方。地球公转不断地改变方向，恒星视位置也跟着绕转它的真位置；地球公转以一年

为周期，恒星视位置绕转其真位置也以一年为周期，其形状则因恒星的黄纬而不同。光行差位移总是沿着地球公转速度方向偏离其真实位置。在南北黄极，光行差轨道与地球轨道形状相同，半径为 20″.496；在黄道上，它变成长度为 20″.496×2 的一段直线；在其他黄纬，光行差轨道为半长轴为 20″.496 的椭圆，如图 4-17 所示。

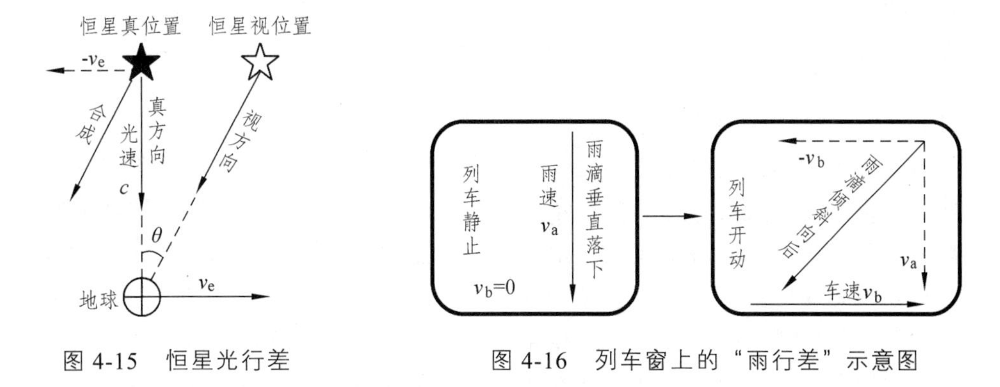

图 4-15　恒星光行差

图 4-16　列车窗上的“雨行差”示意图

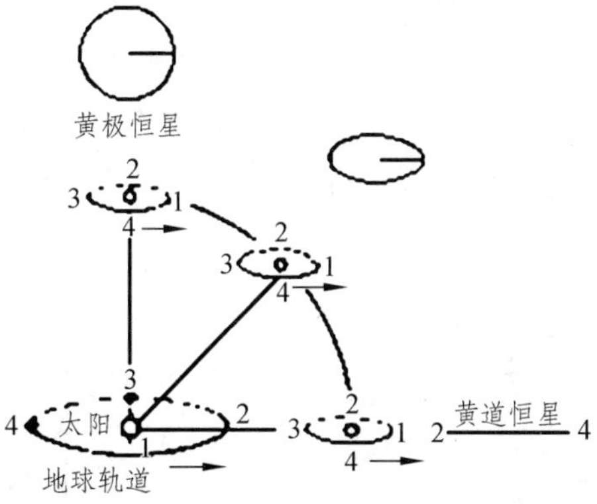

图 4-17　恒星光行差椭圆

4. 恒星的周年视差与光行差的异同

（1）相同点：① 两者都是视位置与真实位置（或平均位置）的偏离。② 两者的位移路线都是椭圆。

（2）不同点：① 成因不同：前者是地球在公转轨道上“偏离”平均位置所致；后者因地球轨道速度（公转线速度）造成。② 数值不同：周年视差是一个变量，因恒星的距离而有所变化；光行差却为常量（光行差常数 θ=20″.496），与恒星距离无关。③ 视位置的偏离：在半年间，视差位移与地球在轨道上的空间位移相互平行，方向相反，视差相距 180°；光行差位移则与地球的空间位移相互垂直，光行差相距 90°。

另外，地球绕太阳公转，使地球与恒星发生相对运动。对于特定的时间来说，地球向一部分恒星接近，而从另一部分恒星离开；对于特定的恒星来说，地球半年向它接近，半年从它离开。总之，地球公转使恒星谱线以一年为周期，交互发生着紫移和红移。这是多普勒效应在地球公转中的表现，也是地球公转的证据。

（三）行星的会合运动与短暂逆行

地球和行星都绕太阳公转。它们的轨道大小和周期长短各不相同。从运动着的地球上来看行星的运动，是一种复合运动，表现为行星对太阳的周期性运动，称为行星的会合运动。

1. 行星会合运动

（1）地内行星会合运动

在图 4-18（a）中，地内行星轨道在地球轨道以内，地内行星相对太阳的黄经相等时，称为“合”，即行星合日。“合”分为上合（距地球最远）和下合（距地球最近）。在合日时，行星被太阳光辉所淹没。由于地内行星的轨道在地球轨道以内，因此，地内行星同太阳的黄经差小于 90°。当地内行星与太阳的距角达到最大时，叫作大距，分为东大距（太阳东侧）和西大距（太阳西侧）。金星的大距为 45°～48°。由于地内行星比地球公转周期短，地内行星轨道速度比地球轨道速度大，地内行星不断赶超太阳。当金星位于太阳西侧时，它于黎明前升起在东方，叫启明星。东方升起启明星，预示天将破晓。当金星位于太阳东侧时，它便在黄昏时耀辉于西天，继日而入，叫长庚星。水星的大距为 18°～28°，观测水星是不容易。在下合时，如果地内行星离黄道面非常近，从地球上看来，地内行星便在太阳面前经过，这就是水星或金星的凌日现象。

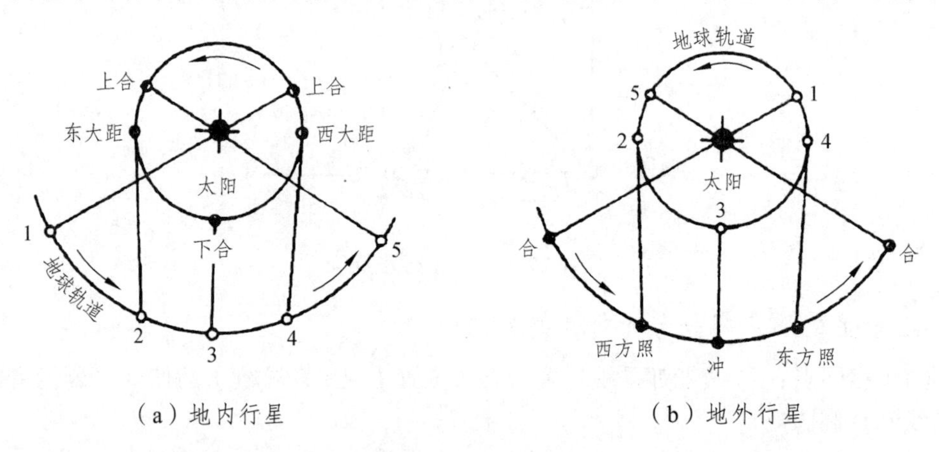

图 4-18　行星的会合运动

（2）地外行星会合运动

在图 4-18（b）中，地外行星的轨道在地球轨道之外，它们同太阳的黄经差可以从 0°～360°。在一个会合周期内，地外行星有一次合日（离地球最远）和一次冲日（距地球最近）。当地外行星和太阳的黄经相等时，称为“合”，这时它与太阳同升同落，我们看不到它。过一段时间，当地外行星同太阳黄经相差 90°时，称为“东方照”，此时半夜左右它从东方升起。太阳升起时，它已转到南方最高位置。当行星和太阳黄经相差 180°时叫作“冲”，即行星冲日，这时行星日落时升起，日出时下落，整夜都能观测，所以，冲是观测地外行星的大好时机。当行星和太阳黄经相差 270°时，叫作“西方照”，东方照时，太阳落山后，它出现在南方天空，于半夜时下落，之后再到合的位置。因外行星轨道不是正圆，每次冲，行星与地球距离不同，距离最近的冲，叫“大冲”。火星冲每两年多发生一次，但大冲每隔 15 年或 17 年发生一次，而且总在 7 月和 9 月之间。

2. 行星与太阳的会合周期

在地球上所看到行星相对于太阳的周期性的会合运动，那么，行星的连续两次合（或冲）所经历的时间称为会合周期。会合周期的长短，取决于行星公转周期和地球公转（或太阳周年运动）周期。二者之间的具体关系，则因地内行星和地外行星而不同。

（1）地内行星会合周期

如 4-19 所示，当行星位于 P_1，地球位于 E_1 时，是该行星的第一次合日。地内行星的角速度远大于地球公转的角速度，当行星完成公转一周又继续运行到 P_2 时，发生该行星的第二次合日（均指下合），这时，地球仅从 E_1 公转到 E_2。由于两者的角速度不同，地内行星绕太阳公转了角度 $360°+\theta$，而地球只公转了 θ。设地内行星的公转周期为 P，地球公转周期为 E，则二者的角速度分别为 $360°/P$ 和 $360°/E$。

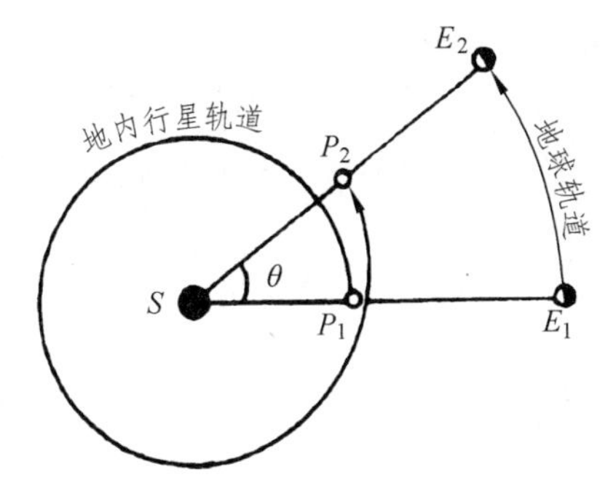

图 4-19　地内行星会合周期推算

那么，在一个会合周期（S）的时间内，地内行星转过的角度为

$$S=\frac{360°+\theta}{\frac{360°}{P}} \Rightarrow 360°+\theta=S\times\frac{360°}{P}$$

得

$$360°+\theta=\frac{S360°}{P} \tag{4-2}$$

地球转过的角度为

$$S=\frac{\theta}{\frac{360°}{E}} \Rightarrow \theta=\frac{S360°}{E} \tag{4-3}$$

（4-3）式代入（4-2）式，得

$$360°+\frac{S360°}{E}=\frac{S360°}{P} \Rightarrow \frac{360°\times S360°}{S360°}+\frac{S360°}{E}=\frac{S360°}{P}$$

得地内行星同太阳的会合周期

$$\frac{1}{S}=\frac{1}{P}-\frac{1}{E} \tag{4-4}$$

（2）地外行星会合周期

如图 4-20 所示，设地外行星某次冲日时，地球在 E_1，行星在 P_1；经过一个会合周期 S 后的第二次冲日，地球在 E_2，行星在 P_2。由于两者的角速度不同，地外行星绕太阳公转了角度 θ，而地球公转了 $360°+\theta$。设地外行星的公转周期为 P，地球公转周期为 E，则二者的角速度分别为 $360°/P$ 和 $360°/E$。

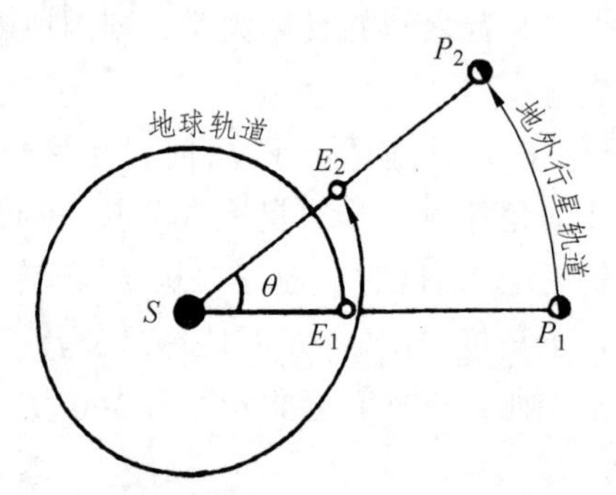

图 4-20　地外行星会合周期推算

那么，在一个会合周期（S）的时间内，地球转过的角度为

$$S=\frac{360°+\theta}{\frac{360°}{E}} \Rightarrow 360°+\theta=S\times\frac{360°}{E}$$

得

$$360°+\theta=\frac{S360°}{E} \tag{4-5}$$

地外行星转过的角度为

$$S=\frac{\theta}{\frac{360°}{P}} \Rightarrow \theta=\frac{S360°}{P} \tag{4-6}$$

将（4-6）式代入（4-5）式，得

$$360°+\frac{S360°}{P}=\frac{S360°}{E} \Rightarrow \frac{360°\times S360°}{S360°}+\frac{S360°}{P}=\frac{S360°}{E}$$

得地外行星同太阳的会合周期

$$\frac{1}{S}=\frac{1}{E}-\frac{1}{P} \tag{4-7}$$

（4-4）、（4-7）式表示，行星相对于太阳的会合速度 $1/S$，就是行星公转速度 $1/P$ 与地球公转速度 $1/E$ 之差。以这个差值的速度绕转 360°的时间，即为会合周期。会合周期公式之所以因地内行星和地外行星而不同，就在于前者的公转速度大于地球的公转速度，而后者的公转速度小于地球公转速度。

由上述公式可知，两天体的公转周期相差愈大，它们的会合周期便愈短；反之，则愈长。例如，火星和木星的公转周期，分别是地球公转周期的 1.88 和 11.86 倍，火星的会合周期长达 779.94 日，而木星的会合周期只有 398.88 日。

3. 行星的短暂逆行

在日心天球上，行星和地球的运动永远是顺行（向东），但在地心天球上，行星会发生短暂逆行。这是因为，行星和地球的公转，存在着速度的差异，导致地球在赶上和超越地外行星（冲日前后），或被地内行星（在下合前后）赶上和超过的短暂时间内，就观测到行星的逆行，如图 4-21 所示。

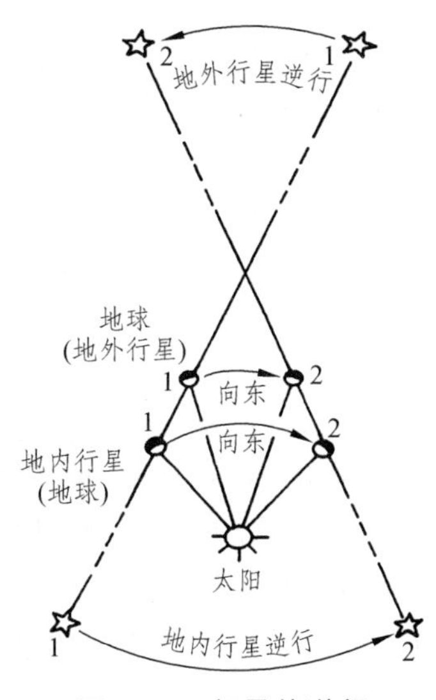

图 4-21 行星的逆行

在通常情形下，行星在恒星间自西向东运行，叫顺行。但是，当行星在其轨道上接近地球的时候，即下合前后的地内行星和冲日前后的地外行星，在地心天球上转变为向西运行，叫逆行；经过短暂时间后又恢复顺行。在由顺行转变为逆行，或由逆行转变为顺行的短时间内，行星在恒星间停滞不动，被称为留。这样，在一个会合周期内，行星的会合运动又表现为：顺行—留—逆行—留—顺行的依次循环。其中，顺行时间总是长于逆行时间，留的时间则很短暂。

4. 月球同太阳的会合运动

月球同太阳的会合运动，十分类似地外行星同太阳的会合运动。这是因为，月球和太阳的黄经差可以为 0° ~ 360°，因而也有合日和冲日，东方照和西方照。但是，二者之间也存在一些差异：（1）月球的会合运动同月相相联系，月球的合和冲，东、西方照，对应为：即朔（合）和望（冲），上弦（东方照）和下弦（西方照），它们分别同新月和满月，上弦月和下弦月相联系。（2）月球相对于太阳的运动与地外行星反之，因为月球绕转的角速度，远大于太阳周年运动的速度，即类似于地内行星的会合运动。（3）月球没有逆行，因为地球是月球绕转的中心天体，而非行星运动的中心。

综上所述，月球的会合运动，就是它在天球上自西向东赶超太阳，并且表现为：

朔—上弦—望—下弦—朔的依次出现和反复循环。

月球会合运动的周期是朔望月。朔望月的推算，用得着地内行星会合周期的公式，只需把月球绕转地球的周期 M（恒星月），取代地内行星的公转周期 P 即得

$$1/S=1/M-1/E。$$

将恒星年和恒星月代入公式，可得月球同太阳的会合周期——朔望月。即

$$1/S=1/M-1/E=1/27.3217-1/365.256\,4=0.0338\,631\,354，S\approx 29.530\,6 \text{ 日}$$

另外，关于朔望月的长度，还可以这样来推算：月球绕转地球的（角）速度是每日 13°10′，而太阳周年运动速度为每日 59′，二者的差值为 13°10′−59′=12°11′，这就是月球对于太阳的会合速度。月球以这样的速度赶超太阳的周期，即 360°÷12°11′≈29.5306 日，即是朔望月。

二、地球公转的规律性

（一）地球公转的轨道

如果不考虑地球和太阳的其他运动，仅就日地间的相对关系而言，地球绕太阳（确切地说是日地共同质心）公转所经过的路线，是一种封闭曲线，叫作地球轨道。与日地距离相比，地球的半径是微不足道的，因此，在讨论地球轨道时，通常把地球当作一个质点。确切地说，通常所说的地球轨道，实际上是指地心的公转轨道。地球轨道是一个椭圆。它的大小如表 4-1 所示。

表 4-1　地球椭圆数据

半长轴（a）	149 600 000 km	周长（l）	940 000 000km
半短轴（b）	149 580 000km	偏心率（$e=c/a$）	0.016 或 1/60
半焦距（c）	2 500 000km	扁率（$f=(a-b)/a$）	0.00014 或 1/7 000

由此可知，地球轨道的偏心率和扁率是很小的。它表明，地球轨道形状虽是椭圆，却十分接近正圆。所有行星轨道的共同特征之一，是它们的“近圆性”。

如同任何一个椭圆一样，地球轨道有两个焦点和一个中心（长轴与短轴的交点）。太阳的位置不在地球轨道的中心，而是偏踞轨道的两个焦点之一。所谓偏心率，就是表示焦点（太阳）偏离轨道中心的程度。

由于椭圆轨道以及太阳处于轨道内的焦点位置，使日地距离发生以一年为周期的变化。地球轨道上有一点离太阳最近，称为**近日点**；有一点离太阳最远，称为**远日点**。它们分别位于轨道长轴的两端。地球于每年 1 月初经过近日点，7 月初经过远日点。

轨道上的近日点距太阳约 147 100 000 km，远日点距太阳约 152 100 000 km，二者相差约为 5 000 000 km，即椭圆的焦距；其平均值约为 149 600 000 km，即轨道的半长轴。在太阳系范畴内，它被天文学用作距离单位，并称为天文单位。

（二）黄赤交角

地球绕日公转的轨道平面，叫作黄道平面。由于地球自转轴同黄道平面并不垂直，而是斜交成 66°34′的角度，因而黄道平面与地球的赤道平面相交成 23°26′的角度，即**黄赤交角**，如图 4-22 所示。反映在天球上，就是黄道同天赤道之间的交角。它的天文意义是太阳相对于天赤道作南北往返运动，形成地球四季的重要原因。

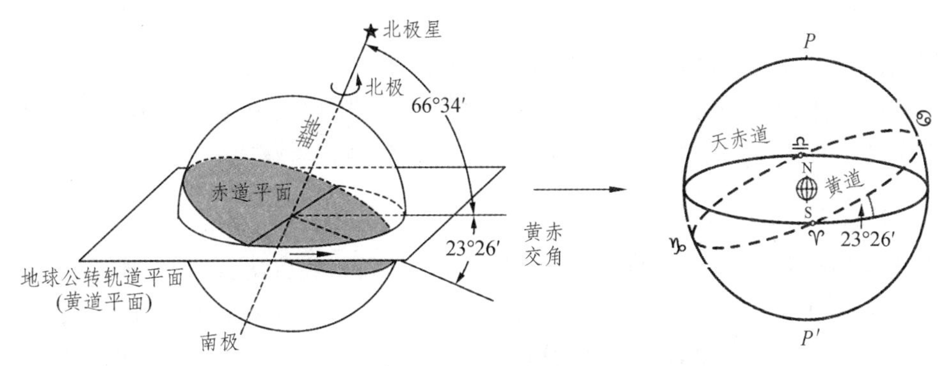

图 4-22　黄赤交角

黄道与天赤道的两个交点，叫白羊宫第一点和天秤宫第一点，在北半球分别称为春分点和秋分点，合称二分点。黄道上距天赤道最远的两点，叫巨蟹宫第一点和摩羯宫第一点，即北半球的夏至点和冬至点，合称二至点。二至点距天赤道 23°26′，称黄赤大距，是黄角交角在地心天球上的表现。

黄赤交角的存在，具有重要的天文和地理意义。后面将要说明，黄赤交角是地轴进动的成因之一；它还是视太阳日长度周年变化的主要原因。所以，黄赤交角是地球上四季变化和五带区分的根本原因。

（三）地球公转周期

地球公转的周期，笼统地说是一年。但是，由于参考点的不同，天文上的年的长度有四种：恒星年、回归年、近点年和交点年（食年），它们分别以恒星、春分点、近日点和黄白交点为度量年长的参考点。

1. 恒星年

视太阳中心自西向东连续两次通过黄道上同一恒星的时间间隔。或平太阳周年运动绕天赤道完整一周所经历的时间，称为**恒星年**。年长为 365.256 4 日。由于恒星参考点是天球上的固定点，这颗恒星必须是没有可察觉的自行。因此恒星年是地球公转的真正周期，视太阳中心也恰好转过 360°，也是地球绕太阳公转的平均周期。

2. 回归年

回归年是指视太阳中心在天球上自西向东连续两次通过春分点的时间间隔，它是以春分点为参考点，其值为 365.242 2 日，视太阳绕了 359°59′9".71 的角度。

为什么回归年比恒星年短 0.0142 日（$20^{m}24^{s}$）呢？因为春分点在黄道上每年西移 50".29，而视太阳是自西向东运动，这样地球公转的角度为 360°−50".29=359°59′9".71，即回归年比恒星年短，每年短 $20^{m}24^{s}$，在天文学上称为**岁差**。春分点西移是地轴进动的后果之一，回归年是季节更替的周期。

3. 近点年

近点年是指视太阳中心自西向东连续两次通过地球轨道的近日点的时间间隔，因近日点每年东移 11"，公转的角度为 360°0′11"，其值为 365.259 6 日。地球的近日点由于长期摄动，每年东移约 11"，所以近点年比恒星年约长 $4^{m}43^{s}$。

4. 交点年（食年）

交点年是指视太阳中心自西向东连续两次经过同一黄白交点的时间间隔，因黄白交点每年西移约 20°（19.4°），公转的角度为 341.6°，其值 346.620 0 日。由于太阳对地、月的差异吸引产生的外加力矩，导致地月系的动量矩的指向发生自东向西进动，致使黄白交点每年西退 19.4°所致。食年与日月食的周期有密切关系。

春分点、近日点和黄白交点，都是周期性的移动点。因此，以它们作为参考点测定的年长，都是周年运动中的太阳与这些动点的会合周期，如图 4-23 所示。

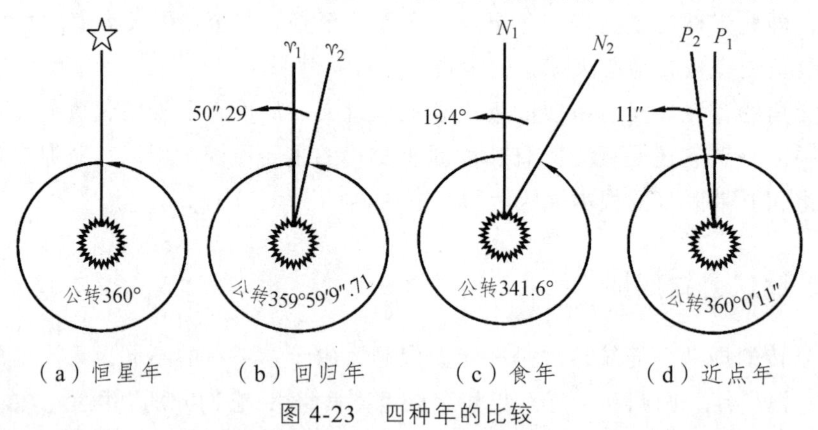

图 4-23　四种年的比较

上述各种年长比较如表 4-2 所示。

表 4-2　地球公转周期比较

周期名称	参考点	点的移动	地球公转角度	周期日数
恒星年	恒星	无明显自行	360°	365.256 4 日
回归年	春分点	每年西移 50″.29	359°59′9″.71	365.242 2 日
近点年	近日点	每年东移 11″	360°0′11″	365.259 6 日
交点年	黄白交点	每年西移 20°	341.6°	346.620 0 日

（四）地球公转的速度

地球公转是周期性的圆周运动，因此，地球公转速度包含着角速度和线速度两个方面。

1. 地球公转平均速度

如果采用恒星年作为地球公转周期的话，那么地球公转的平均角速度就是每年360°，也就是经过365.256 4日地球公转360°，即每日约59′8″。地球轨道总长度是9.4亿km，因此，地球公转的平均线速度就是每年9.4亿km，也就是经过365.256 4日地球公转了9.4亿km，即每秒29.78 km，约每秒30 km。

2. 面速度

开普勒行星运动第二定律表明，面速度不变。这就是说，中心天体的引力，只能改变公转的方向、线速度和角速度的大小，而不改变其面速度，也就是单位时间内扫过的面积相等，如图4-24所示的阴影部分。

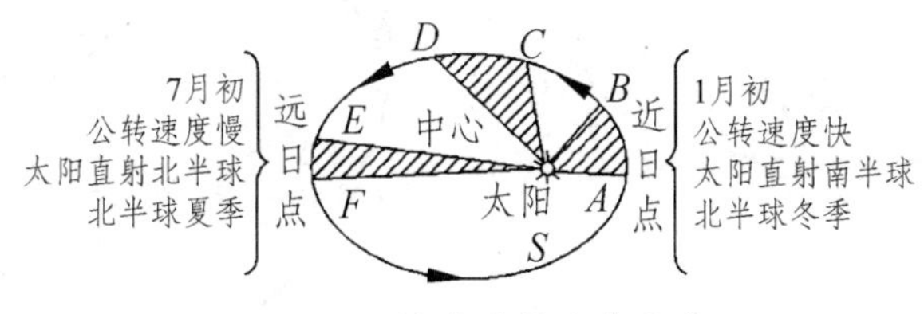

图4-24　地球公转速度变化

3. 地球公转速度变化

依据开普勒第二定律可知，地球公转速与日地距离有关，地球公转的角速度和线速度都不是固定的值，随着日地距离的变化而改变。地球在过近日点时，公转的速度最快，角速度和线速度都超过其平均值，角速度为每日61′10″，线速度为每秒30.3 km；地球在过远日点时，公转的速度最慢，角速度和线速度都低于其平均值，角速度为每日57′10″，线速度为每秒29.3 km。地球于每年1月初经过近日点，7月初经过远日点，因此，从1月初到当年7月初，地球与太阳的距离逐渐加大，地球公转速度逐渐减慢；从7月初到来年1月初，地球与太阳的距离逐渐缩小，地球公转速度逐渐加快，如图4-24所示。

我们知道，春分点和秋分点对黄道是等分的，如果地球公转速度是均匀的，则视太阳由春分点运行到秋分点所需要的时间，应该是与视太阳由秋分点运行到春分点所需要的时间是等长的，各为全年的一半。但是，地球公转速度是不均匀的，则走过相等距离的时间必然是不等长的。视太阳由春分点经过夏至点到秋分点，地球公转速度较慢，需要186天，长于全年的一半，此时是北半球的夏半年和南半球的冬半年；视太阳由秋分点经过冬至点到春分点，地球公转速度较快，需要179天，短于全年的一半，此时是北半球的冬半年和南半球的夏半年。由此可见，地球公转速度的变化，是造成地球上四季不等长的根本原因。

三、地球公转的地理意义

（一）太阳周年视运动

地球公转是地球对太阳的绕转，是真运动。但地球上的人们感觉不到地球的绕转运动，而是观测到太阳相对于星空的运动，是属于视运动。太阳周年视运动的方向自西向东，轨道为黄道，周期是恒星年。

古人根据黄道上夜半中星（在黄道上与太阳成 180°的恒星）自西向东的周年变化（$M_1 \rightarrow M_2 \rightarrow M_3$），推测太阳在黄道上的位置（$S_1 \rightarrow S_2 \rightarrow S_3$）是自西向东移动的，并且大致日行一度。事实上，太阳的周年视运动是地球公转在天球上的反映，如图 4-25 所示。

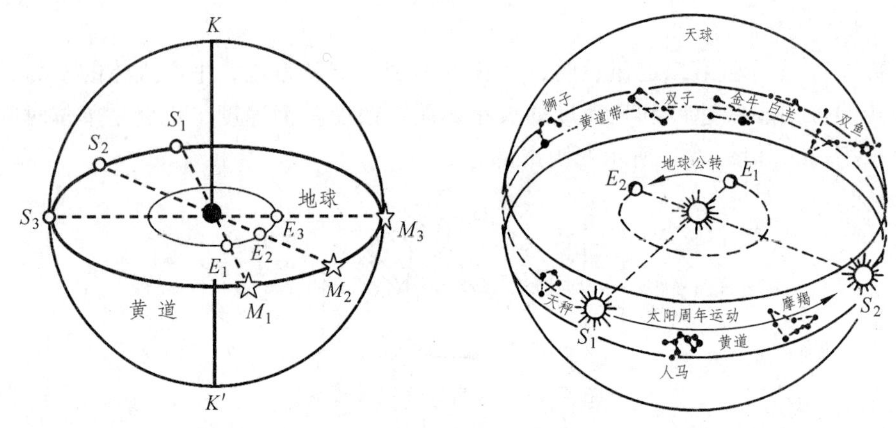

图 4-25　太阳周年视运动

（1）太阳周年视运动的轨迹（黄道）是地球轨道在日心天球上的投影，黄赤交角也正是地球轨道面与其赤道面夹角在天球上的反映。

（2）太阳在黄道上的不同位置是地球在绕日轨道上不同位置的反映，太阳视圆面最小时，表明地球恰好位于远日点上；反之，则位于近日点上。

（3）太阳周年视运动的方向（$S_1 \rightarrow S_2 \rightarrow S_3$）是地球公转方向（$E_1 \rightarrow E_2 \rightarrow E_3$）在天球上的反映，二者均为自西向东。

（4）太阳周年视运动的角速度是地球公转角速度在天球上的反映。在近日点附近地球公转角速度大，太阳周年视运动的角速度也大；反之，在远日点附近，二者角速度则变小。

（5）太阳周年视运动的周期是地球公转周期在天球上的反映。在地心天球上，日心连续两次通过黄道上的同一恒星或春分点或同一个黄白交点的时间间隔，所对应地球的公转周期分别是恒星年、回归年和食年。

天空中的太阳同时参与两种相反的运动：一种是由于地球自转，随同整个天球的运动，方向向西，日转一周；另一种是由于地球公转，表现为相对于恒星的运动，方向向东，每年巡天一周。这后一种运动使太阳周日运动的速度比恒星每日延缓约 1°。

一年中每天太阳出没的方位和正午太阳高度都在逐日变化，年复一年地有规律变化，这种变化只能说明地球和太阳相对位置的变化，而太阳是颗恒星，与其他恒星一样，在短时间内位置不变，所以只能是地球绕太阳逐日运动的结果。太阳周年视运动体现地球绕太阳逐日运动的结果，以及造成四季星空变化和太阳在黄道十二宫运行，如图 4-25 所示。

晴朗的夜空，观察天空的星座，一年四季不断变化，在北半球中纬度地区，夏秋之夜，可以看到天琴、天鹰、天鹅、武仙、北冕、牧夫等星座，牛郎星、织女星隔“河”相望，冬春之夜却看到狮子、双子、大犬、猎户、金牛、白羊等星座，这正是地球在太阳与恒星之间运动的结果。不同的季节，地球处于太阳与其他恒星之间的不同位置，观察到不同的星空。

人们从春分点开始，将黄道分为 12 等分，每 1 等分所占的范围叫做一宫，共计十二宫，称为**黄道十二宫**。由于地球绕太阳公转，我们看到太阳依次经过黄道十二宫，因春分点的西移，春分点在十二宫中的位置也在不断变化，目前春分点仅次于双鱼座，公元初年，春分点曾在白羊宫内，所以春分点的标记至今仍沿用白羊宫的符号（见表 2-2）。

（二）太阳回归运动

1. 太阳回归运动概述

地球的自转和公转有两个突出的特征：一是地轴相对于黄道是倾斜的，即存在着一个 23°26′的黄赤交角，这个角度值是相对不变的；二是地轴的倾斜方向在较长时期内是不变的，特别是在以年为单位的时间内，地轴有个稳定不变的倾斜方向，即地轴的空间指向保持相对不变，北极总是指向北极星附近的，如图 4-26 所示。

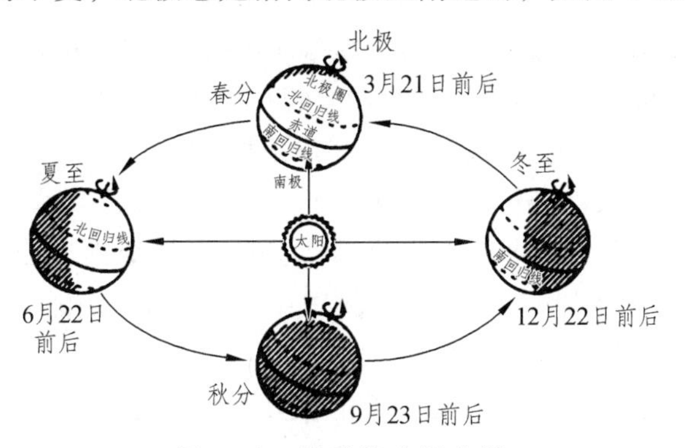

图 4-26 地球绕太阳公转

地球的运动在天球上，表现为太阳在黄道上的周年视运动。所以，在黄道上看太阳的周年运动是永远向前的，即只有太阳黄经的改变。但是，在天赤道上看，由于黄赤交角的存在，太阳的周年视运动则表现为太阳对于天赤道的往返穿越运动。即天球上的太阳，半年在天赤道以北，半年在天赤道以南；半年向北运行，半年向南运行。这种由于黄赤交角的存在，使得太阳在黄道上的周年运动表现为太阳相对于天赤道做南北往返运动，这种运动就叫**太阳回归运动**，如图 4-27 所示。太阳回归运动的南北界限，分别为±23°26′赤纬圈。

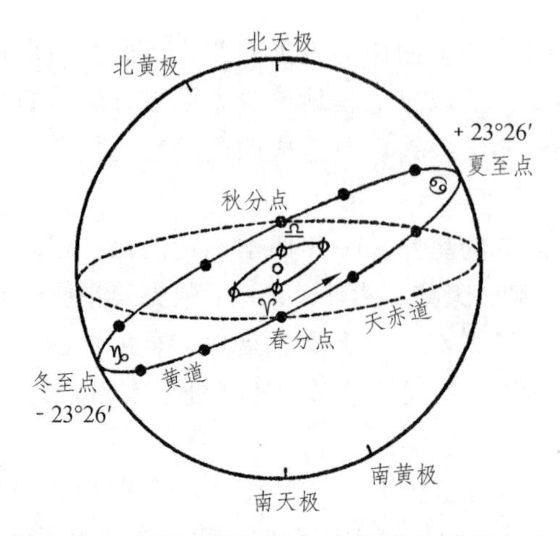

图 4-27　太阳回归运动与太阳赤纬周年变化

2. 太阳赤纬的周年变化

由于黄赤交角（23°26′）的存在，太阳的回归运动表现为太阳赤纬的周年变化。当太阳在天赤道以北的黄道上运行时，太阳赤纬值为正值，即从北半球的春分到秋分期间，太阳赤纬值大于 0°；当太阳在天赤道以南的黄道上运行时，太阳赤纬值为负值，即从北半球的秋分到春分期间，太阳赤纬值小于 0°。当太阳由南向北运行时，即从北半球的冬至到次年夏至期间，太阳赤纬值逐渐增大；当太阳由北向南运行时，即从北半球的夏至到冬至期间，太阳赤纬值逐渐减小。从定量的角度来讲，太阳视位置在春分点时，赤纬为 0°，在此之后，太阳视位置移向天赤道以北，其赤纬值则不断增大，当移到赤纬值+23°26′时，即为夏至点，此时是太阳视位置赤纬的最大值；尔后，太阳视位置向南移动，太阳赤纬值逐渐减小，赤纬减小为 0°时，即为秋分点，太阳继续向南移动，赤纬变为负值，当移到赤纬值-23°26′时，即为冬至点，太阳视位置赤纬达到最小值。从这以后，太阳往返向北移动，赤纬逐渐增大，最后回到春分点，赤纬又为 0°。这样，太阳就完成了一次以一年为周期的运行。由于太阳周年视运动，年复一年，太阳视位置循环往复于夏至点到冬至点之间，即太阳的赤纬变化于+23°26′ ~ −23°26′之间，如图 4-27 所示。太阳赤纬的变化周期同太阳的回归运动周期相同，即都是回归年。

太阳的视位置由春分点经夏至点到秋分点，太阳赤纬变化在 0° ~ +23°26′ ~ 0°的范围内，是北半球的夏半年；太阳的视位置由秋分点经冬至点到春分点，太阳赤纬变化在 0° ~ −23°26′ ~ 0°的范围内，是北半球的冬半年。由此可见，地球公转运动导致的太阳回归运动是形成四季交替的最根本原因。

3. 太阳直射点的周年变化

太阳的回归运动，反映在地球上，就是太阳直射点在赤道南北两侧的周期性往返运动。

太阳直射点就是太阳光垂直照射在地表上的点。当太阳直射时，太阳位于该地点的天顶位置。因为太阳和地球都是球体，只有太阳中心与地球中心的连线与地球表面相交的那一点，太阳光才是垂直照射的。因此，在任何时刻，太阳直射点只有一点。地球在持续地自转，太阳直射点也就随之不断移动。由于太阳赤纬在短时间内不会有太大的改变，在一天的时间里可以认为一个固定的常数。所以，可以认为，在一天的时间里，太阳直射点也基本上是沿着同一条纬线移动的。这样，随着太阳在天球上的回归运动，太阳直射点也就在地球赤道南北两侧来回移动，即半年在赤道以北，半年在赤道以南；半年向南移动，半年向北移动。

太阳直射点在地表的移动有一个规律，即**太阳直射点的地理纬度总是与太阳赤纬数值相对应**。当太阳赤纬为正值时，则太阳直射点位于北半球，其地理纬度与太阳赤纬值相等；当太阳赤纬为负值时，则太阳直射点位于南半球，其地理纬度与太阳赤纬的绝对值相等。例如，当太阳赤纬为 15°时，太阳直射点的纬度是北纬 15°；当太阳赤纬为-10°时，太阳直射点的纬度是南纬 10°。

太阳赤纬之所以与太阳直射点的地理纬度相对应，原因在于：地球上某地天顶的赤纬等于当地的地理纬度。当太阳直射某地时，则说明太阳一定位于该地的天顶位置，也就是说，此时该地的天顶赤纬即是此时太阳的赤纬。又知道，某地天顶的赤纬和地理纬度都等于天极的高度。所以，当太阳直射某地时，太阳赤纬与该地的地理纬度是相等的。

如前所述，太阳赤纬变化于+23°26′ ~ −23°26′之间，所以，太阳直射点的变化范围在北纬 23°26′，到南纬 23°26′之间。也就是说，在太阳的回归运动中，太阳在地球上直射最北界是北纬 23°26′，最南界是南纬 23°26′。因此，人们规定，北纬 23°26′为**北回归线**，南纬 23°26′为**南回归线**，如图 4-28 所示。

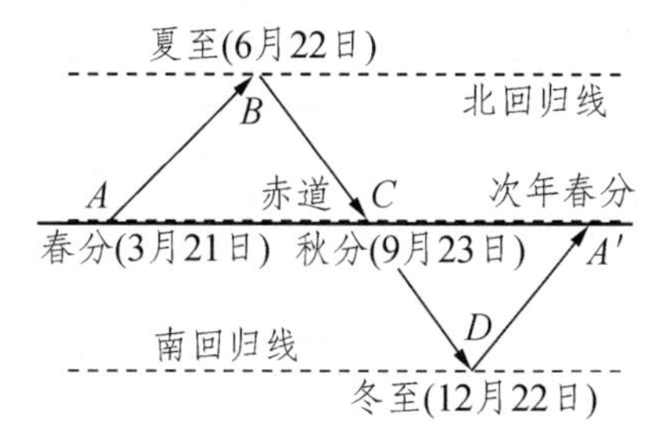

图 4-28　太阳直射点在南北回归线之间往返运动

晨昏圈与太阳光线垂直，是垂直于阳光且通过地心的平面与地表割出的大圆。与阳光的几何关系固定，随太阳直射点的回归运动而摆动，如图 4-29 所示。晨昏圈便在南、北极两侧摆动，摆动的幅度也是 23°26′。在这个纬度范围内，有极地区域特有的天文现象——极昼和极夜，故南、北纬 66°34′的两条纬线，被称为**南极圈**和**北极圈**。也就是说，在春分日，太阳直射赤道，晨昏圈通过南北两极，由此之后，太阳直射点由赤道向北移动，到夏至日，太阳直射点到达北回归线，在这过程，晨昏圈由极点向南、北纬 66°34′移动，一方面，造成北极地区的极昼范围由北极点扩大到北纬 66°34′，另一方面，造成南极地区的极夜范围由南极点扩大到南纬 66°34′；夏至日之后，太阳直射点向南移动，到秋分日，太阳直射赤道，在这过程，晨昏圈由南、北纬 66°34′向极点移动，造成北极地区的极昼范围由北纬 66°34′向北极点缩小，同时，造成南极地区的极夜范围由南纬 66°34′向南极点缩小。秋分日之后经冬至日再到春分日，太阳直射点在南半球，由赤道经南回归线再到赤道，在这过程，南、北极地区的极昼和极夜现象，与太阳直射点在北半球相反。由此可见，太阳直射点在地球表面的南北纬 23°26′之间的移动，是太阳赤纬周年变化的直接结果，它们又都是太阳的回归运动的反映。

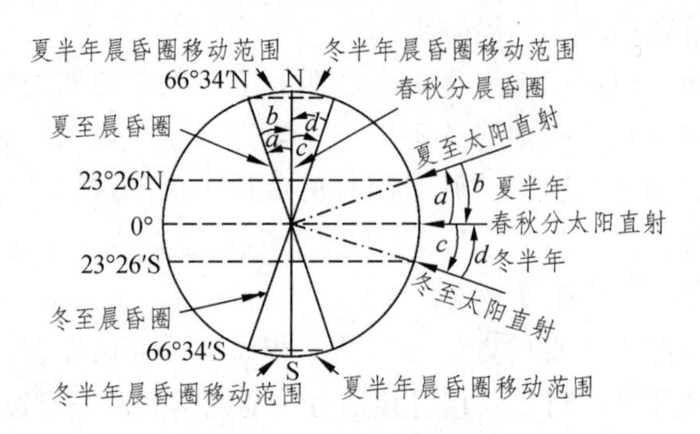

图 4-29　太阳直射点移动与晨昏圈移动的相互关系

太阳赤纬的周年变化与太阳直射点的地理纬度的周年变化，对应情况见表 4-3。

表 4-3　太阳赤纬与太阳直射点纬度对应情况

日期	太阳赤纬	直射点地理纬度
春分（3 月 21 日前后）	0°	0°
立夏（5 月 5 日前后）	+16°19′	16°19′N
夏至（6 月 22 日前后）	+23°26′	23°26′N
立秋（8 月 8 日前后）	+16°19′	16°19′N
秋分（9 月 23 日前后）	0°	0°
立冬（11 月 8 日前后）	−16°19′	16°19′S
冬至（12 月 22 日前后）	−23°26′	23°26′S
立春（2 月 5 日前后）	−16°19′	16°19′S

（三）太阳高度

1. 太阳高度概述

太阳高度，是指视太阳中心相对于地平圈的方向和角距离。太阳高度角大小以及太阳照射时间长短决定地面获得太阳热能的多寡。同样一束阳光，在单位面积地面上，直射比斜射获得热量就较多，如图 4-30 所示。

从太阳直射点的周年变化看，南北回归线之间的区域有太阳直射，正午（地方时）时，太阳位于天顶，太阳高度最大为 90°；南北回归线以外的地区，正午太阳高度都小于 90°；太阳出没的时候，其高度为 0°。从全球来说，在太阳直射点上，太阳高度是 90°；从这个地点开始，太阳高度向四周降低，作同心圆分布，到晨昏线上，太阳高度为 0°。如图 4-31 所示。

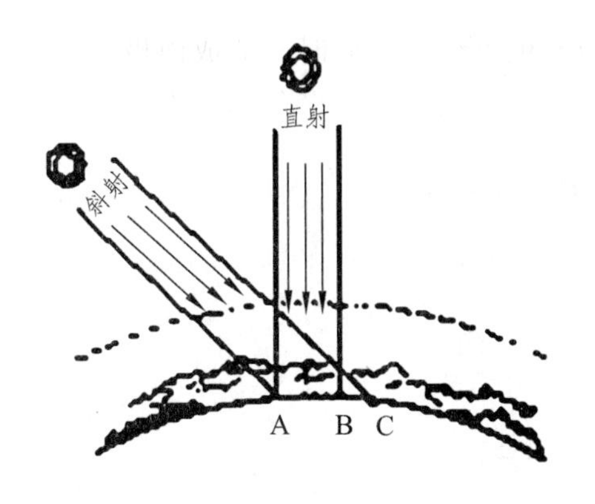

图 4-30 太阳高度与受热面大小的关系

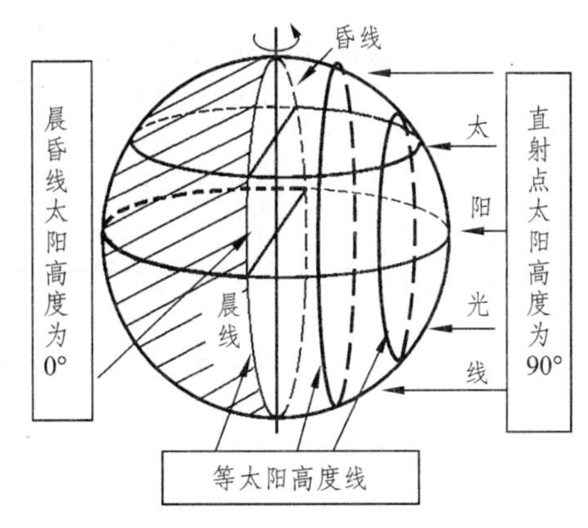

图 4-31 太阳直射赤道的等太阳高度角分布图

2. 太阳高度计算

（1）任意时刻太阳高度（h）

在天文学上，太阳高度用解球面三角形的方法计算。其大小决定于如下三个因素：当地的地理纬度 φ（地理分布因素），当日太阳赤纬 δ（季节变化因素）和当时太阳时角 t（周日变化因素）。

如图 4-32 所示，Z 为当地天顶，P 为天北极，S 为太阳位置，t 为当时太阳时角。

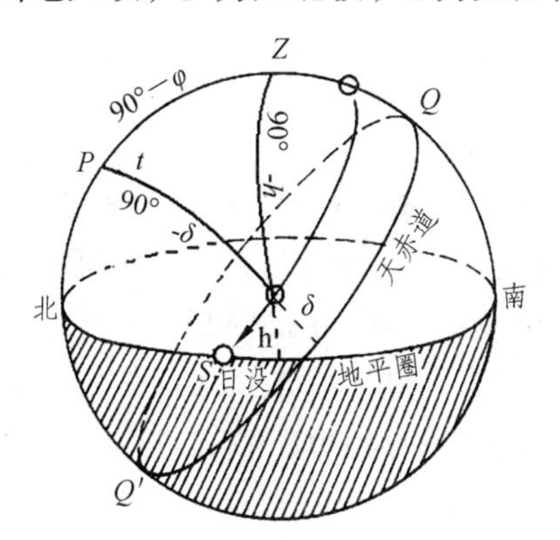

图 4-32 推算太阳高度

在△ZPS 中，$ZP=90°-\varphi$，$PS=90°-\delta$

已知三角形的两边及其夹角，求第三边（$90°-h$），代入余弦公式：

$$\cos(90°-h)=\cos(90°-\varphi)\cos(90°-\delta)+\sin(90°-\varphi)\sin(90°-\delta)\cos t$$

化简后得任意时刻太阳高度 h 的计算式为

$$\sin h=\sin\varphi\sin\delta+\cos\varphi\cos\delta\cos t$$

（2）正午太阳高度（H）

在一日内，从早晨日出到傍晚日落，太阳高度先是由小变大，然后是由大变小；其中正午时刻（地方时），太阳位于上中天，太阳高度最高，称为正午太阳高度，用 H 表示，如图 4-33 所示。

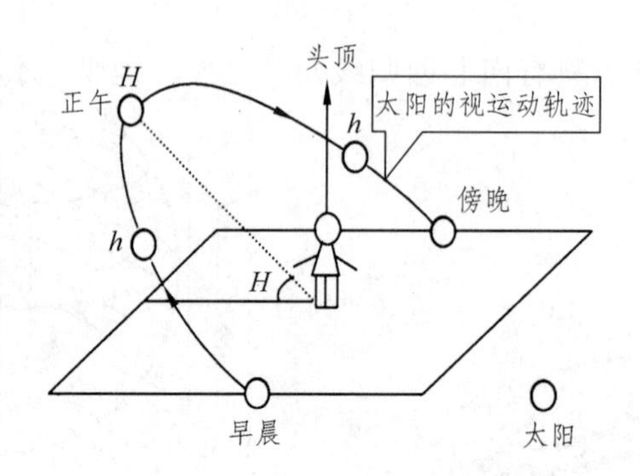

图 4-33　太阳高度角示意图

根据图 4-32，正午时刻，太阳时角 $t=0°$，$\cos t=1$，使任意时刻太阳高度公式变成

$$\sin H=\sin\varphi\sin\delta+\cos\varphi\cos\delta$$

按两角和的三角函数公式，上式右边即为

$$\sin\varphi\sin\delta+\cos\varphi\cos\delta=\cos(\varphi-\delta)$$

而

$$\cos(\varphi-\delta)=\sin[90°-(\varphi-\delta)]$$

于是有

$$\sin H=\sin\varphi\sin\delta+\cos\varphi\cos\delta=\sin[90°-(\varphi-\delta)]$$

从而得正午太阳高度公式：

$$H=90°-\varphi+\delta$$

式中，φ 不分南北纬，均为正值；δ 在太阳直射半球取正值，非直射半球取负值。

注意：北半球的太阳高度，以南点为起点；南半球的太阳高度则以北点为起点。因此，计算结果允许出现 $H>90°$ 和 $H<0°$ 的情形。

当太阳直射南、北半球 A 地，则北半球 B 地正午太阳高度推导如图 4-34 所示。图（a）为：$H=90°-\varphi+\delta$，图（b）为：$H=90°-\varphi-\delta$。

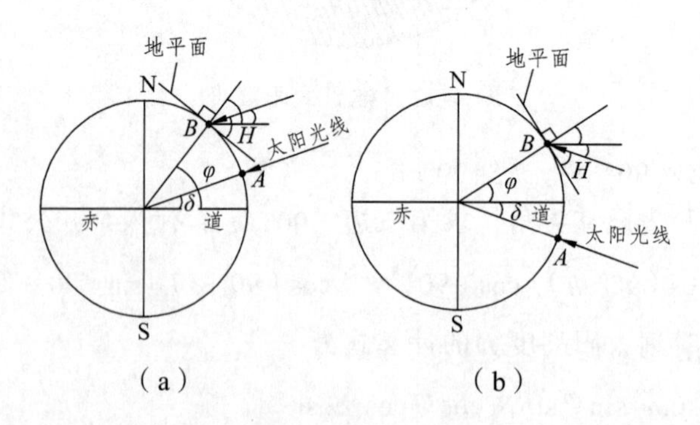

图 4-34　正午太阳高度因素：地理纬度 φ 和太阳赤纬 δ

（3）太阳高度公式的讨论

① 当 $\varphi=\delta$ 时，$H=90°$。太阳直射当地，才会有太阳赤纬 δ 等于当地的地理纬度 φ，正午时，太阳位于当地天顶，正午太阳高度 H 等于 90°。因为，太阳赤纬（δ）变化于

±23°26′之间，所以，地球上只有南北回归线及其之间的地带，才有可能达到 90°的正午太阳高度。

② 当 $\delta>\varphi$ 时，$H>90°$。这意味着该地正午太阳已越过天顶向北倾斜（北半球）。若换北点起算，其距离地平高度应为：H=180°-（90°-$\varphi+\delta$）。这种情况只限于南北回归线之间的地带，其他纬度（不包括南北回归线）不会有 $\delta>\varphi$ 的情况。

根据 H=90°-$\varphi+\delta$ 计算，在南北回归线内的地带，正午太阳高度的计算结果可能大于 90°时，用 180°去其结果。如太阳直射 20°N，求 10°N 的正午太阳高度。即

$$H=90°-10°+20°=100°$$

$$H=180°-100°=80°$$

③ 极圈内冬半年，在 $\varphi>90°-\delta$ 的地方，$H<0°$。它表示那里正经历着极夜。

在极圈内，正午太阳高度的计算，其结果可以是负值。如太阳直射北回归线，求南纬 80°的正午太阳高度。即

$$H=90°-80°-23°26'=-13°26'$$

（-13°26′表示太阳处于地平面以下 13°26′）

④ 夜半太阳低度：按正午太阳高度公式：H=（90°-φ）+δ 的图解，容易推出夜半太阳“低度”（H'）：

$$H'=-(90°-\varphi)+\delta=\varphi+\delta-90°$$

式中的-（90°-φ）即为下点（Q'）低度。

⑤ 白夜的纬度极限：根据公式 $H'=\varphi+\delta-90°$，只要把太阳“低度”标准（-18°）和 δ 的极大值（23.5°）代入上式，便得白夜的纬度界限。即

$$-18°=\varphi+23.5°-90°$$

于是有：φ=90°-23.5°-18°=48.5°。我国黑龙江省的漠河（φ=53.5°N），素有“中国的北极”之称，那里在夏至期间，就有白夜景色。

⑥ 在中学地理教学中，正午太阳高度的推算，被视为教学中的难点。中学教科书不涉及太阳赤纬的概念，δ 代之以太阳直射点的纬度，如图 4-34 所示。

例 4-3 计算漠河（53°30′N）在夏至日和冬至日的正午太阳高度。

解：（1）夏至日，太阳直射北回归线，即漠河处于夏半年，即 δ=23°26′，并已知 φ=53°30′，则漠河在夏至日的正午太阳高度为

$$H=90°-\varphi+\delta=90°-53°30'+23°26'=59°56'$$

（2）冬至日，太阳直射南回归线，即漠河处于冬半年，即 δ=-23°26′，并已知 φ=53°30′，则漠河在冬至日的正午太阳高度为

$$H=90°-\varphi+\delta=90°-53°30'-23°26'=13°04'$$

答：漠河在夏至日和冬至日的正午太阳高度分别为 59°56′和 13°04′。

例 4-4 计算海口（20°02′N）在夏至日和冬至日的正午太阳高度。

解：（1）夏至日，太阳直射北回归线，即海口处于夏半年，即 δ=23°26′，并已知 φ=20°02′，则海口在夏至日的正午太阳高度为

$$H=90°-\varphi+\delta=90°-20°02'+23°26'=93°24'$$

应为：H=180°−93°24′=86°36′

（2）冬至日，太阳直射南回归线，即海口处于冬半年，即 δ=−23°26′，并已知 φ=20°02′，则海口在冬至日的正午太阳高度为

$$H=90°-\varphi+\delta=90°-20°02'-23°26'=46°32'$$

答：海口在夏至日和冬至日的正午太阳高度分别为 76°36′和 46°32′。

3. 正午太阳高度的纬度分布

太阳直射的纬度，正午太阳高度最大，H=90°，由此向南北随纬度递减：两地的纬度差，就是它们的正午太阳高度差。

（1）春秋二分，δ=0°。赤道上正午太阳高度为 90°，其余各地的正午太阳高度都等于当地的余纬，即 H=90°−φ，至两极递减为 0°。

（2）夏至，δ=23°26′。北回归线的正午太阳高度为 90°，由此向南北递减；北半球各地的正午太阳高度 H=（90°+23°26′）−φ；南半球各地则 H=（90°−23°26′）−φ。至北极和南极，H 分别为 23°26′和−23°26′。

（3）冬至，δ=−23°26′。南回归线的正午太阳高度为 90°，由此向南北递减；北半球各地 H=66°34′−φ，南半球各地 H=（90°+23°26′）−φ。至北极和南极，H 分别为−23°26′和 23°26′。

综上所述，可以作二分二至日的正午太阳高度分布图，如图 4-35 所示。

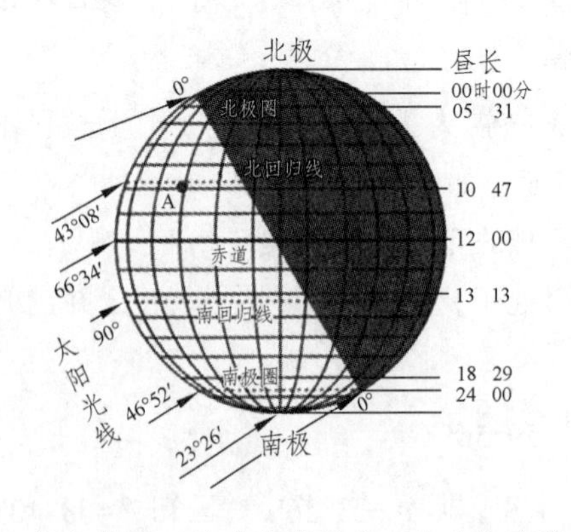

（a）冬至日全球的昼长和正午太阳高度

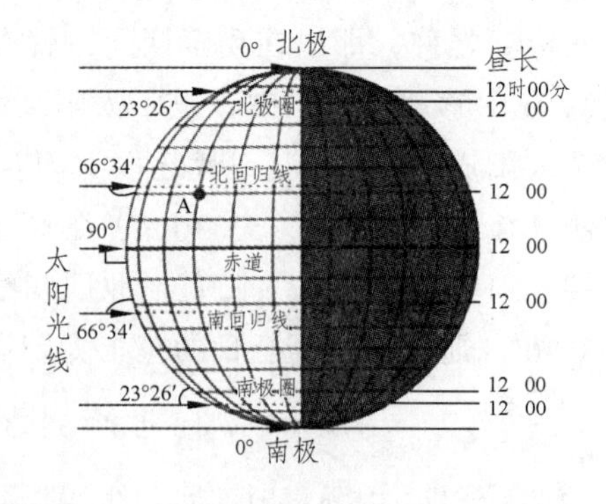

（b）春分日和秋分日全球的昼长和正午太阳高度

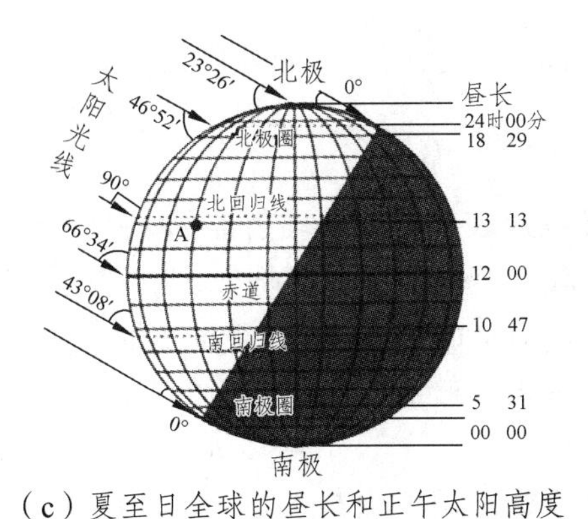

（c）夏至日全球的昼长和正午太阳高度

图 4-35 二分二至日的正午太阳高度和昼长分布

4. 正午太阳高度的季节变化

一地的正午太阳高度因季节不同而变化。由于南北半球季节相反，所以，在南北半球纬度相同的地方，正午太阳高度的变幅相等，变化情况相反，遵循夏半年高、冬半年低。

（1）赤道，φ=0°，H=90°+（0～±23°26′），实为 H=90°−（0°～±23°26′），即那里的正午太阳高度变化于 66°34′～90°～66°34′。

（2）南北回归线，φ=23°26′，H=66°34′+（0°～±23°26′），那里的正午太阳高度，夏半年最高可达 90°，冬半年最低不小于 43°08′。

（3）南北极圈，φ=66°34′，H=23°26′+（0°～±23°26′），那里的正午太阳高度，夏半年最高为 46°52′，冬半年最低为 0°。

（4）南北极，φ=90°，H=0°+（0°～±23°26′），那里的正午太阳高度，夏半年最高为 23°26′，冬半年最低为−23°26′。

根据正午太阳高度的纬度分布和季节变化，归纳成图 4-36 所示。

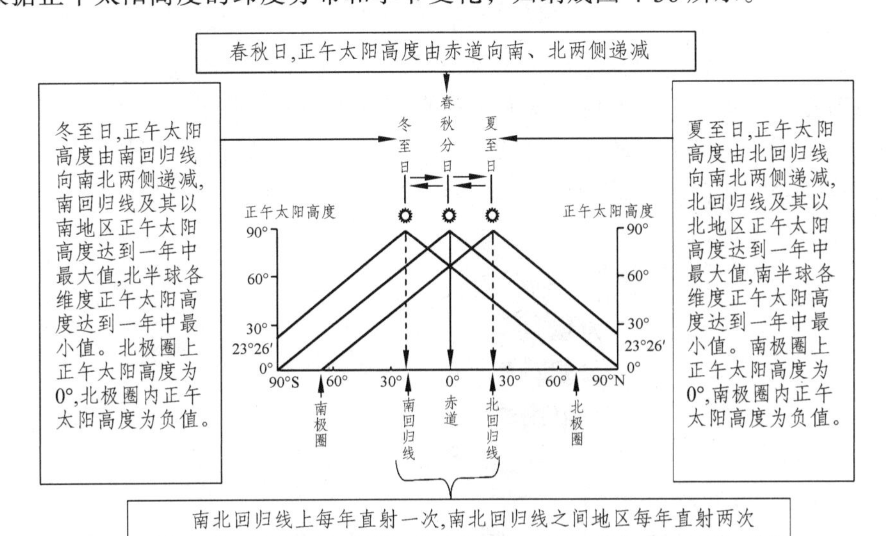

图 4-36 正午太阳高度的分布规律

（四）昼夜长短

1. 昼夜长短概述

昼夜长短的变化是导致地表获得太阳辐射能的多少，产生季节变化的重要因素之一。在不计太阳视半径和大气折光作用的影响下，引用晨昏圈（见图 4-10）来判断昼夜长短变化。晨昏圈是昼夜两半球的分界线，是地球的一个大圆。晨昏圈经过的各地，正经历着一天中的清晨或黄昏。那里见到的太阳，正好位于东方或西方的地平上。

（1）昼弧与夜弧

在一个太阳日里，地球在空间上划分为昼、夜半球，随着地球的自转和公转，昼夜两半球在时间上不断地变化，使得各地时而位于昼半球，因而经历着白昼；时而位于夜半球，因而经历着黑夜，这叫作昼夜交替。昼夜的长短，视晨昏圈分割纬线的情况而定。一般情形下，纬线被晨昏圈分割成两部分：位于昼半球的部分叫**昼弧**；位于夜半球的部分叫**夜弧**，如图 4-37 所示。昼弧和夜弧的弧长，决定该地的**昼长**和**夜长**。弧长 15°，折合时间 1 小时，弧长 15′，折合时间 1 分钟，弧长 15″，折合时间 1 秒钟。或 $1°=4^m$，$1′=4^s$。

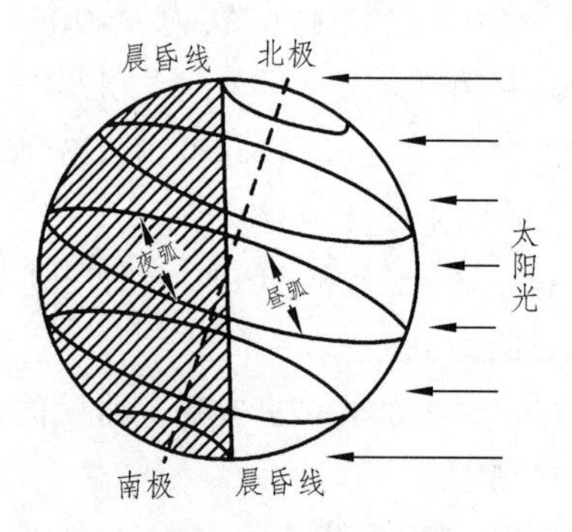

图 4-37　昼弧和夜弧

（2）昼夜长短变化

各地的昼夜长短，因晨昏圈随太阳直射点的移动而发生变化。

① 春秋二分：在春秋二分日，太阳直射点在赤道时，晨昏圈通过两极（与经圈重合），晨昏圈等分所有纬线。因此，全球各地昼夜等长，如图 4-38 所示。

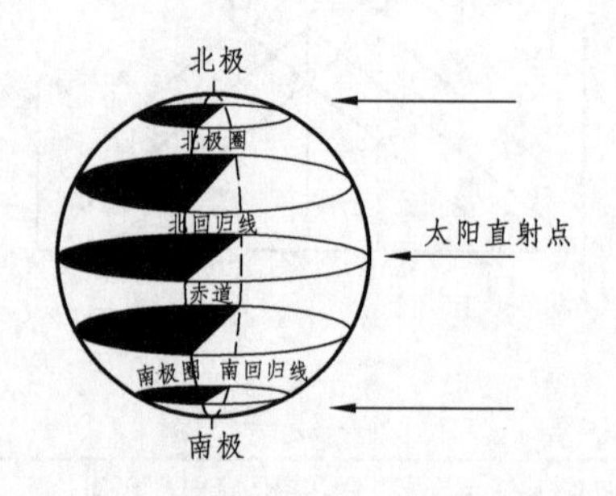

图 4-38　春秋二分日全球各地昼夜等长

② 夏至：在北半球的夏至日，太阳直射点移至北回归线，晨昏圈偏离两极，与南、北极圈相切。这时，昼弧与夜弧的分割最大，如图 4-39 所示。北半球各纬度昼最长而夜最短；南半球相反。北半球的昼长和南半球的夜长，皆随纬度增高而增长。到北极圈内，所有纬线都是昼弧，昼长达 24 小时，终日太阳不落，称为极昼。在南极圈内，所有纬线都是夜弧，一天 24 小时不见太阳，称为极夜。

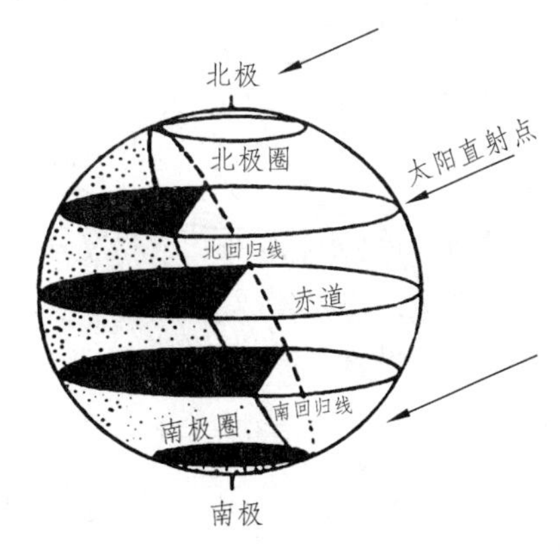

图 4-39　北半球夏至日全球昼夜长短分布

③ 冬至：在北半球冬至日，太阳直射点移至南回归线。南北两半球的昼夜长短分布情形，与北至日相反，如图 4-40 所示。

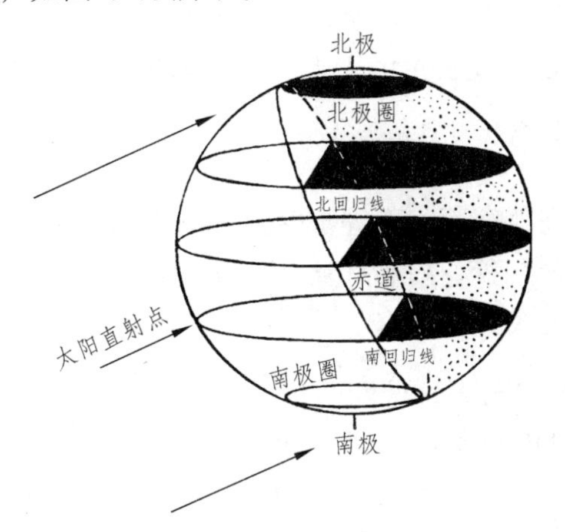

图 4-40　北半球冬至日全球昼夜长短分布

特别需要说明，在全年的任何时候，赤道是唯一保持昼夜等长的地方。因为，赤道和晨昏圈都是地球的大圆，两个大圆相交，必相互等分。

2. 白昼长度计算

（1）半昼弧公式

前面讲述的昼弧和夜弧的大小，根据地球上的纬线是否处于昼夜半球确定。对应在天球上的是太阳周日圈被地平圈分割的大小，即从日出经日上中天到日没的弧长为昼弧，而日没经日下中天到日出的弧长为夜弧。在图 4-41 中，日上中天到日没的一段弧即是**半昼弧长度**，半昼弧的二倍即为当日的昼弧。由时角坐标可知，日上中天到日没就是日没时的太阳时角 t。因此，半昼弧就可以用解球面三角形的方法来计算。

在△ZPS 球面三角形中，已知三条边：$ZP=(90°-\varphi)$、$ZS=90°$、$PS=90°-\delta$，求 t。

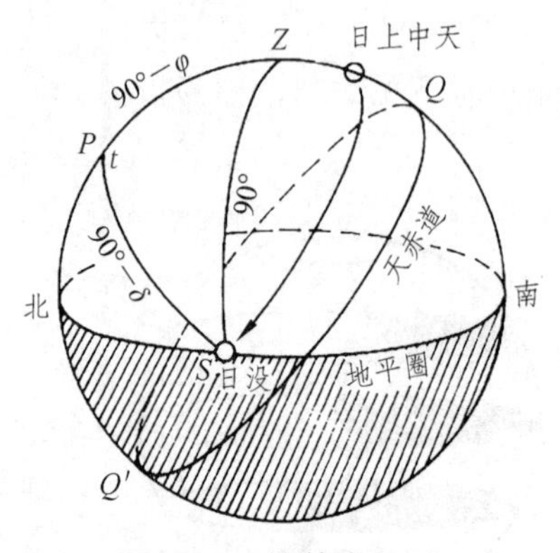

图 4-41　推算半昼弧

$$\cos 90°=\cos(90°-\varphi)\cos(90°-\delta)+\sin(90°-\varphi)\sin(90°-\delta)\cos t$$

$$0=\sin\varphi\sin\delta+\cos\varphi\cos\delta\cos t$$

$$\Rightarrow \cos t=-\frac{\sin\varphi\sin\delta}{\cos\varphi\cos\delta}=-\tan\varphi\tan\delta$$

这个公式被叫作**半昼弧公式**。按照北半球的习惯，式中的 δ、φ 都以北半球为正，南半球为负。因此，决定昼夜长短的因素，一是当地的地理纬度 φ，二是当时的太阳赤纬 δ（即太阳直射点纬度）。

（2）昼长公式

半昼弧的两倍就得昼弧，而夜弧等于 360°或 24^h 减去昼弧。一般地，昼夜长短以时间计量（单位为时、分、秒，如北京夏至日昼长为 $14^h50^m16^s$）。

昼长设为 D，昼长公式为

$$D=2\arccos(-\tan\delta\tan\varphi)/15\quad(\delta,\ \varphi\text{异号})$$

或

$$D=2[180°-\arccos(-\tan\delta\tan\varphi)]/15\quad(\delta,\ \varphi\text{同号})$$

（注意：式中 15 的单位包括角度的度、分、秒。如 15°、15′、15″）

例题 4-5　计算北京（39°57′N）的最长昼和最短昼。

解：① 北半球夏至日，北京的白昼最长。

已知 $\varphi=39°57'$，夏至日，太阳直射北回归线，即北京处于夏半年，即 $\delta=23°26'$。

设北半球夏至日北京的半昼弧为 t_1，则

$$\cos t_1=-\tan\varphi\tan\delta=-\tan 39°57'\times\tan 23°26'\approx-0.3630$$

$$t_1=180°-\arccos 0.363\,0=180°-68°43'=111°17'$$

又设北半球夏至日北京的昼长为 D_1，则

$$D_1=2\times111°17'/15\approx14^h50^m$$

② 北半球冬至日，北京的白昼最短。

已知 φ=39°57′，冬至日，太阳直射南回归线，北京处于冬半年，即 δ=−23°26′。

设北半球冬至日北京的半昼弧为 t_2，则

$$\cos t_2=-\tan\varphi\tan\delta=-\tan 39°57'\times\tan(-23°26')\approx 0.3630$$

$$t_2=\arccos 0.363\,0=68°43'$$

又设北半球冬至日北京的昼长为 D_2，则

$$D_2=2\times 68°43'/15\approx 9^{h}10^{m}$$

答：北京的最长昼和最短昼约为 $14^{h}50^{m}$ 和 $9^{h}10^{m}$。

（3）昼夜长短变化的讨论

根据半昼弧公式，昼夜长短的变化，从以下几个方面来探讨：

① 昼夜等长条件：**φ 和 δ 至少有一个是 0°**。φ、δ 之一为零时，$\cos t=0$，半昼弧 t=90°，才会有昼夜等长。若 φ=0°，赤道终年昼夜等长。若 δ=0°，即春秋二分日，全球昼夜等长。

② 昼长夜短条件：**φ 和 δ 为同号**。只有使 φ 和 δ 同号，使 $\cos t<0$，得 $t>90°$。由此得出，太阳直射半球为昼长夜短。

③ 昼短夜长条件：**δ 和 φ 异号**。只有使 δ 和 φ 异号，使 $\cos t>0$，得 $t<90°$。由此得出，非太阳直射半球为昼短夜长。

④ 极昼极夜条件：**φ 和 δ 同号，并互为余角，即 φ=90°−δ**。φ 和 δ 同号且互余时，得 $\cos t=-1$，t=180°。这样，在 $\varphi\geqslant 90°-\delta$ 的球冠地带，才会产生极昼或极夜。区别在于，极昼出现在太阳直射半球的球冠地带；相反，在非太阳直射半球的球冠地带为极夜。

3. 昼夜长短的纬度变化

由半昼弧公式可知，在同一日期，太阳赤纬是固定值，昼夜长短因纬度不同而变化。

（1）赤道上全年昼夜等长，昼夜各为 12 小时，不随太阳赤纬 δ 变化而改变。

（2）在太阳直射半球，昼长夜短。从赤道开始，随着纬度的增加，昼长夜短愈加明显，在 $\varphi\geqslant 90°-\delta$ 的球冠地带有极昼，全天 24 小时是白昼。

（3）在非太阳直射半球，昼短夜长。从赤道开始，随着纬度的增加，昼短夜长愈加明显，在 $\varphi\geqslant 90°-\delta$ 的球冠地带有极夜，全天 24 小时为黑夜。

由此可知，除春秋二分外，全球的昼夜长短可分为：极昼、昼长夜短、（赤道昼夜等长）、昼短夜长、极夜等四个地带，如图 4-42 所示。具体地，极昼和昼长夜短地带分布在太阳直射半球。其中，极昼地带是以极点为中心，宽度等于纬度为 90°−δ 到极点的球冠地带，昼长夜短地带的宽度为赤道到纬度为 90°−δ 的纬线；到赤道上，昼夜等长；在非太阳直射半球，分布昼短夜长和极夜地带，其分布地带分别是昼长夜短和极昼地带相对应的纬度带，宽度相等。随着太阳赤纬变化，昼夜长短四个地带便发生相应的改变。

结合地球公转椭圆轨道和公转速度的变化，昼夜长短还有如下情况：

极圈上，一年中仅 1 天极昼，1 天极夜。极圈内，随纬度增加，极昼（夜）天数渐增，到两极为半年极昼，半年极夜。

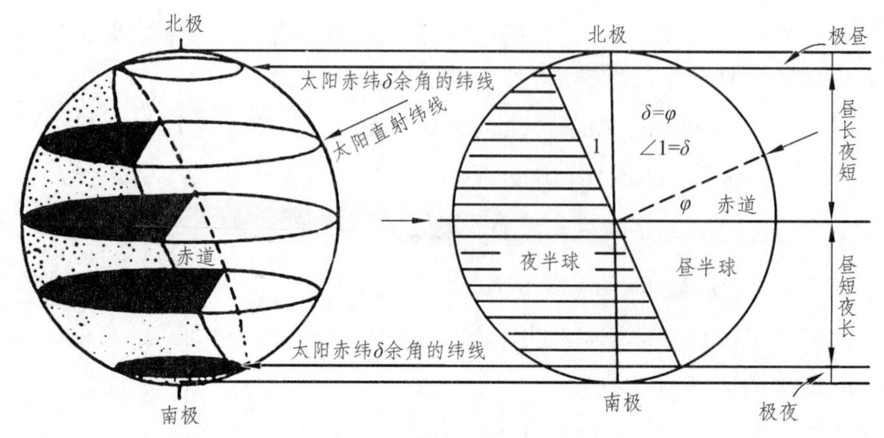

图 4-42　全球昼夜长短四个地带

北极极昼天数大于南极极昼天数，北极极夜天数小于南极极夜天数。这是因为北半球夏半年，地球在远日点，线速度小（慢），天数长；北半球冬半年地球在近日点，线速度大（快），天数短。

各地最长（短）昼和最长（短）夜的时间相等。如北纬某地最长昼为 15 小时，则其冬季最长夜也为 15 小时。

4. 昼夜长短的季节变化

在同一地点，纬度 φ 是个固定值。因此，同一地点的昼夜长短的季节变化，随着太阳赤纬 δ 的改变而变化。在赤道上，昼夜长短不随季节改变而变化，始终昼夜等长。随着纬度的增加，尤其是中高纬度地区，昼夜长短的季节变化极为明显，如图 4-43 所示。

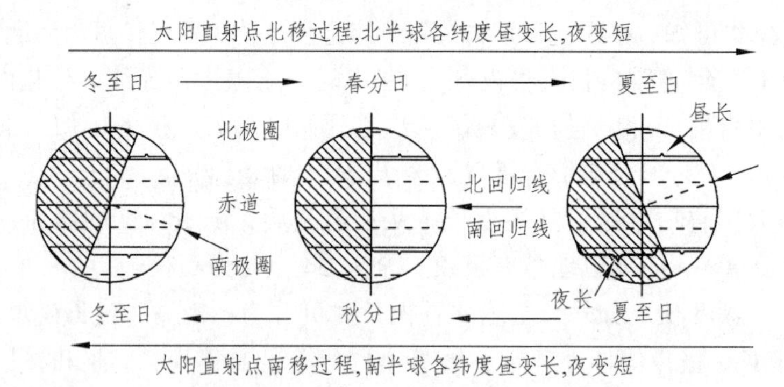

图 4-43　昼夜长短的季节变化规律

春分日太阳直射赤道，晨昏圈与经圈重合，所有纬线的昼弧和夜弧相等，各地昼夜平分。春分之后，太阳直射点逐渐向北移动，晨昏圈偏离极点与经圈斜交逐渐增大。在北半球，各纬线的昼弧也随着增长，纬度越高越明显。因此，白昼逐渐增长，黑夜逐渐缩短，在 $\varphi \geqslant 90°-\delta$ 的地区出现极昼，极昼的范围也从北极逐渐向南扩大。与此同时，南半球情况相反，白昼逐渐缩短，黑夜逐渐增长，在 $\varphi \geqslant 90°-\delta$ 的地区出现极夜，极夜的范围也从南极逐渐向北扩大。到夏至日，这些情况达到极端，太阳赤纬值最大，为 23°26′，太阳直射点北移到北回归线。在北半球，有昼夜交替的任何纬度，昼最长，夜最短；极昼范围最大，即北极圈及其以北地区均为极昼。南半球情况相反，昼最短，夜最长；极夜范围最大，即南极圈及其以南地区均为极夜。

夏至之后，太阳赤纬逐渐减小，太阳直射点从北回归线南移。在北半球，有昼夜交替的任何纬度，昼由最长逐渐缩短，夜由最短逐渐增长，但昼仍长于夜，极昼范围由最大逐渐缩小；南半球情况相反，夜由最长逐渐缩短，昼由最短逐渐增长，但夜仍长于昼，极夜范围由最大逐渐缩小。到秋分日，太阳直射点又回到赤道上，极昼情况与春分日完全一样，各地昼夜等长。

秋分之后，太阳直射点继续向南移动，晨昏圈又开始偏离极点，并与经圈斜交逐渐增大。在北半球，各纬线的昼弧也随之缩短，纬度越高越明显。因此，白昼逐渐缩短，黑夜逐渐增长，在$\varphi \geqslant 90°-\delta$的地区出现极夜，极夜的范围也从北极逐渐向南扩大。与此同时，南半球情况相反，白昼逐渐增长，黑夜逐渐缩短，在$\varphi \geqslant 90°-\delta$的地区出现极昼，极昼的范围也从南极逐渐向北扩大。到冬至日，这些情况达到极端，太阳赤纬值最小，为$-23°26'$，太阳直射点到达南回归线。在北半球，有昼夜交替的任何纬度，夜最长，昼最短；极夜范围最大，即北极圈及其以北地区均为极夜。南半球情况相反，夜最短，昼最长；极昼范围最大，即南极圈及其以南地区均为极昼。

冬至之后，太阳赤纬逐渐增大，太阳直射点从南回归线北移。在北半球，有昼夜交替的任何纬度，昼由最短逐渐增长，夜由最长逐渐缩短，但夜仍长于昼，极夜范围由最大逐渐缩小；南半球情况相反，夜由最短逐渐增长，昼由最长逐渐缩短，但昼仍长于夜，极昼范围由最大逐渐缩小。到春分日，太阳直射点又回到赤道，全球各地又出现昼夜平分的情况，如图 4-35 所示。

如此循环往复，昼夜长短以回归年为周期随着季节有规律地变化。

5. 影响昼夜长短的其他因素

上述关于昼夜长短的纬度分布和季节变化，只是联系到太阳赤纬和地理纬度这两个主要因素，因而具有简单明了的规律性，实际上影响昼夜长短还有两个次要因素等。

（1）太阳视半径：太阳在天球上不是一个点，而是视半径约 16′的圆面，因而，日出和日没是视太阳的上缘的出没为标准的，其中心在地平以下 16′，因而使昼长要长一些。

（2）大气的折射作用：由于大气的折射作用，使视太阳中心位于地平线上时，真太阳中心位于地平以下 34′。那么当视太阳上缘同地平线相切的时候，真太阳中心位于地平以下 $16'+34'=50'$，因而，同时考虑这两个因素时，昼长要长约 7 分钟。

此外，眼高差也在一定程度影响白昼的长度。

由于太阳视半径和大气的折射作用的影响，使昼夜长短有如下变化：① 实际上地球的晨昏圈不是一个大圆；② 使昼半球向四周扩大了 50′，也使夜半球从四周缩小了 50′；③ 极昼、极夜的范围有 $50'\times 2=1°40'$的差值。④ 在二至日，极昼范围是南北纬 $66°34'-50'=65°44'$，而极夜范围是南北纬 $66°34'+50'=67°24'$。⑤ 使任何时间和地点昼长被延长，夜长被缩短，因而不同于前述的半昼弧公式的计算值，订正后为

$$\cos t=-\tan\varphi\tan\delta-0.014\,9\sec\varphi\sec\delta$$

因此，赤道上昼夜等长从未有过，约有 7 分钟的差值，在其他纬度昼夜等长的情况也并不出现在春秋分日，而是出现在春分日之前或秋分后日三四天，在南北极地，极昼期间被延长，极夜期间被缩短。

6. 晨昏蒙影和白夜

上述的昼和夜，是以日出和日没为分界的。实际上，在日出以前，天空已逐渐明亮，在日没以后，天空并未黑暗下来，日出以前和日没以后天空呈现在半光明状态，分别叫作晨光和昏影，合称晨昏蒙影。它们是昼夜之间的过渡阶段。

晨昏蒙影的成因是大气分子及其中的尘埃对阳光的散射和反射作用。在日出以前和日没以后，阳光虽然没有直接照射到地面，却照射到了地面以上的高层大气，正是高层大气所散射和反射的阳光，使得地面被照亮。

按照不同的需要，晨昏蒙影分为三级，即民用晨昏蒙影、航海晨昏蒙影和天文晨昏蒙影，它们分别在太阳中心位于地平以下 6°、12°和 18°的时候起算或结束，如图 4-44 所示。

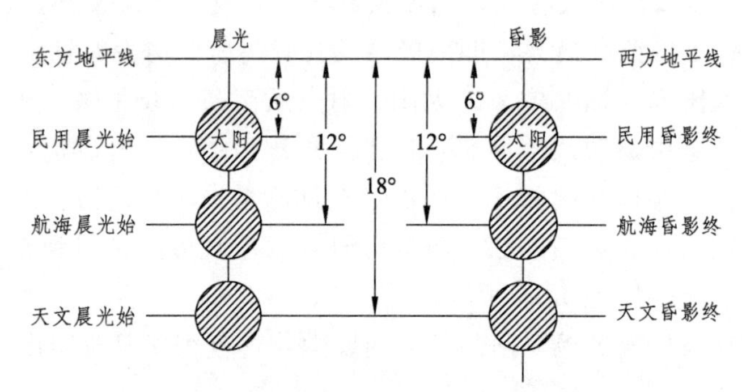

图 4-44　各种晨昏蒙影的太阳“低度”标准

天气晴朗时，日轮中心自地平落入地平下 6°的一段时间，曙暮光的强度，对正常的户外活动足够明亮，室内无须照明。这段时间称为民用晨昏蒙影。

当太阳位于地平下 6° ~ 12°的期间，户外活动已嫌太暗，室内工作需要照明；天空中的亮星已经显现，但远方的地平线仍清晰可辨。这段时间是航海测星（测定天体的地平高度）最适宜的时机，故称航海晨昏蒙影。

真正的黑夜来临（或白昼结束），是太阳落入地平下 18°时开始的。这时，肉眼可见的最暗淡的星开始显现，天空完全黑暗，天文晨昏蒙影告终。

晨昏蒙影持续的时间，取决于太阳处于地平以下 18°所需的时间。这段时间的长度，可根据太阳周日圈与地平圈的交角大小（$90°-\varphi$）来推算。太阳如垂直落入地平，这段路线最短，曙暮光持续时间也最短；太阳周日圈愈倾斜，曙暮光持续时间便愈长。

由此可知，晨昏蒙影的时间，随纬度增高而增长。在高纬度地区，如夏至前后的一段时期，可出现民用昏影同民用晨光相衔接，整夜的天空均为半光明状态的现象，叫作**白夜**。事实上，在北半球夏至那天，纬度高于 48.5°N 的地方（66.5°—18°），便没有真正的黑夜，在南半球同样存在这种现象。南北两极地区冬季漫长的极夜，大部分时间是白夜。那里的真正黑夜，每年只有两个月左右。

同理，各地的太阳周日圈的大小因季节而不同，导致晨昏蒙影的时间略因季节而变化，二分较短，二至较长。

（五）地球上的四季

1. 四季性质

在一年中，随着昼夜长短和正午太阳高度的变化，地表各地获得太阳热量也随之变化，具体体现在气候的变化，分成春夏秋冬四季。但是，从气候来说，只有中纬度地带才是四季分明。四季变化具有如下两方面的性质：

（1）季节变化是半球性现象

南北两半球没有同时来临的同一季节，而总是彼此相反：当北半球夏季时，南半球为冬季；北半球春季时，南半球是秋季。这是因为，影响季节变化的两个主要因素——昼夜长短和正午太阳高度是半球性的。任何时候，太阳只能直射在一个半球，两半球的太阳赤纬值相等，正负相反。那么，南北半球所得太阳热量就有多与少之分，太阳直射的半球，昼长夜短，正午太阳高度较大，获得太阳热量相对多，所以太阳直射的半球是夏半年；非太阳直射的半球是冬半年。

除了半球性因素外，季节变化还受到日地距离变化的影响。地球距离太阳较近的半年，太阳赋予地球的热量较多，是全球共同的夏半年；反之，地球距离太阳较远的半年，是全球共同的冬半年。因此，日地距离变化属于全球性因素，但与半球性因素比较，它的影响是十分微小的。

（2）季节变化首先是天文现象，然后是气候现象

地球各地所得太阳热量表现为气温高低等气候特征，而热量的多少取决于太阳回归运动产生的昼夜长短和正午太阳高度。因此，昼夜长短和正午太阳高度是季节变化的首要因素。在太阳直射半球，昼长夜短，太阳高度偏高，热量偏多，气温偏高。于是，直射半球是夏半年，非直射半球是冬半年。

2. 太阳直射点移动和四季的递变

太阳在天球上的回归运动，在地球上表现为太阳直射点的南北移动。它的移动方向，决定南北两半球的正午太阳高度和昼夜长短的消长。以二分二至为界，分析太阳直射点移动与四季的递变的关系。

（1）太阳直射点在北半球移动与季节递变

从春分经夏至到秋分，太阳直射点由赤道向北移动到北回归线，之后向南移动回到赤道。在这期间，北半球昼长夜短，北极地区有极昼，北回归线以北的正午太阳高度大于全年平均值，是北半球的夏半年；南半球昼短夜长，南极地区有极夜，南回归线以南的正午太阳高度小于全年平均值，是冬半年。

（2）太阳直射点在南半球之间移动与季节递变

从秋分经冬至到次年春分，太阳直射点由赤道向南移动到南回归线，之后转向北移动回到赤道。在此期间，南北半球的昼夜长短，极昼极夜和正午太阳高度，都与太阳直射点在北半球移动出现情形相反。因此，北半球为冬半年，南半球为夏半年。

（3）太阳直射点向北移动与季节递变

从冬至经春分到夏至，太阳直射点由南回归线向北移动到北回归线。在此期间，北半球白昼由短变长，北极圈内由极夜转变为极昼，北回归线以北正午太阳高度持续增大，季节为冬季→春季→夏季；南半球白昼由长变短，南极圈内由极昼转变为极夜，南回归线以南正午太阳高度持续减低，季节是夏季→秋季→冬季。

（4）太阳直射点向南移动与季节递变

从夏至经秋分到冬至，太阳直射点向南移动。在此期间，南北两半球的昼夜长短、极昼极夜和正午太阳高度的变化，同太阳直射点向北移动与季节递变的情形相反。

（5）太阳直射点向赤道移动

从夏至到秋分，或从冬至到春分，太阳直射点都向赤道移动，即向低纬度方向移动。在此期间，全球各地的昼长和正午太阳高度都趋向均值（全年平均值）：昼长趋近12小时，正午太阳高度趋近 $90°-\varphi$；极昼和极夜地区都在缩小。

（6）太阳直射点向回归线移动

从春分到夏至，或从秋分到冬至，太阳直射点由赤道向回归线移动。在此期间，不论南北半球，昼夜长短和正午太阳高度都趋向极值（极大或极小），极昼和极夜地区都在扩大，直致最大范围。

3．四季划分

（1）中国四季

中国四季的划分，强调季节的天文特征，即夏季是一年中白昼最长，正午太阳最高的季节；冬季是一年中白昼最短，正午太阳最低的季节；春秋两季，昼夜均匀，正午太阳高度适中，是冬夏季的过渡季节。具体地说，它以二十四气中的“四立”为四季的起止，而以二分二至为中点（图 4-45）。具体为：

春季：立春为起点，春分为中点，立夏为终点；

夏季：立夏为起点，夏至为中点，立秋为终点；

秋季：立秋为起点，秋分为中点，立冬为终点；

冬季：立冬为起点，冬至为中点，立春为终点。

这样划分的四季，具有明显的天文意义，但与实际气候晚一个半月。例如，立春是春季的起点，而在气候上仍是隆冬；立秋是秋季的开始，而在气候上仍是盛夏；夏至是夏季的中点，可是在气候上，并未到达一年中最热的时候；冬至是冬季的中点，可是在气候上，也没有到达一年中最冷的时候。

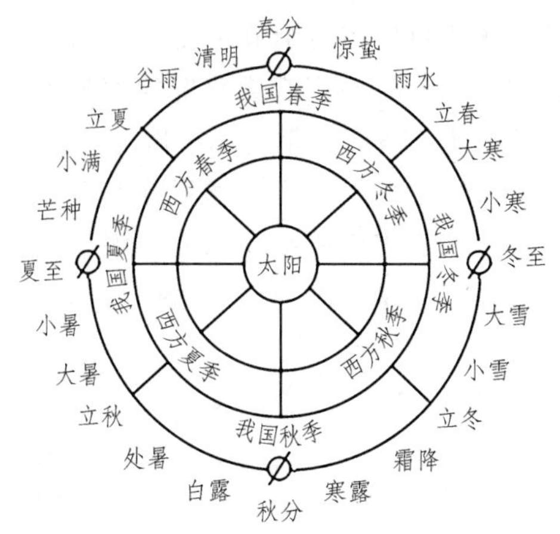

图 4-45　二十四气与四季划分（北半球）

（2）西方四季

西方的四季划分，较多地侧重于气候方面，相当于二分二至看作四季的起点，这样的四季比我国的天文四季各推迟一个半月。例如，春分是我国春季的中点，但它是西方春季的起点，相差一个半月。

（3）均分四季

在气候统计资料的处理上，往往把 3、4、5 月，6、7、8 月，9、10、11 月，12、1、2 月分别划作春、夏、秋、冬季。

（4）气候四季

要使春夏秋冬四季反映地面上的气候条件，必须采用气候本身的标准来划分四季。气候学上通常以候平均温度（每 5 日的平均气温）作为季节的划分标准：候平均气温稳定在 22 °C 以上为夏季开始，候平均气温稳定在 10 °C 以下时为冬季开始，候平均气温在 10 ~ 22 °C 之间为春秋季。从 10 °C 升到 22 °C 是春季，从 22 °C 降到 10 °C 是秋季。这样，各地的春夏秋冬四季，都有共同的温度标准。但是，同一地点，四季必然长短不一；不同地点，同一季节并非同时始终。在全球范围内，并非处处都有四季。

（六）五带的划分及特征

1. 五带性质

地球上的热带、南北温带和南北寒带，总称五带，如图 4-46 所示。五带的性质如下：

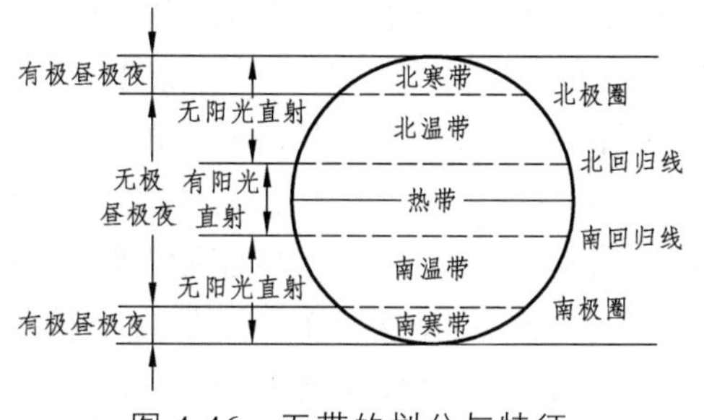

图 4-46　五带的划分与特征

（1）五带是天文地带。太阳直射点在南北回归线往返运动，形成地球上的五带。因此，五带是天文地带。作为划分标准：有无直射的太阳光和有无极昼（夏季）和极夜（冬季）现象。这样，天文地带强调太阳的光照情况。

（2）五带是纬度地带。以特定的纬线为界线划分五带，每一个地带有一定的纬度范围，因而有一定的昼夜长短和正午太阳高度的分布和变化范围。因此，按照昼夜长短和正午太阳高度划分的五带，就是纬度地带。这种划分，不考虑下垫面影响，强调在不同纬度，昼夜长短和正午太阳高度不同。

（3）五带是季节地带。昼夜长短和正午太阳高度以及气温高低等气候的因素，都因具体的季节而异，而且半球性特征明显。对于一个地带说来，具有共同的天文特征和气候特征，而不同地带差异明显。尤其是否是直射半球的差异更为突出。总之，季节地带强调天文因素和气候因素的季节变化。

2. 五带的划分

（1）五带划分依据。一是正午太阳高度的季节变化，体现在纬度差异是有无直射阳光。划分有无直射阳光的纬度界线，就是南、北回归线。在南、北回归线之间的地带，每年有二次太阳直射；在回归线上，每年有一次直射。回归线以外的地带，没有太阳直射。二是昼夜长短的季节变化，其最突出的纬度差异是有无极昼和极夜。划分有无极昼（夜）的纬度界线，就是南、北极圈。从赤道到南北极圈地带，没有极昼（夜）现象；在南北极圈上，每年各有一天极昼或极夜。从南、北极圈分别到南极和北极，夏季有极昼，冬季有极夜。

（2）五带划分界线。依据南、北回归线和南、北极圈这四条纬线，将全球分成五个纬度带。在南、北回归线之间的地带有直射阳光，划分为热带；由极圈到极点的地带有极昼（夜）现象划分为寒带，在北半球称为北寒带，在南半球称为南寒带；由回归线到极圈的地带既无直射阳光又无极昼（夜）现象划分为温带，在北半球称为北温带，在南半球称为南温带。

3. 五带特点

根据五带的性质和划分依据，各带又有自己的具体的特点：

（1）热带。它的宽度为23°26′×2=46°52′的低纬地带，面积在全球总面积中占39.8%。该带正午太阳高度最大，每年有两次极大和极小值：两次极大值都是90°；两次极小值都不小于 43°8′。两次极大值和两次极小值——极大值均为 90°，极小值介于 43°08′与66°34′之间，平均年变幅小（赤道最小为 23°26′）。昼夜长短年变幅小，不大于 2 小时50 分。因此，热带得到最多的太阳辐射，而且时间分配均匀，气候季节变化不显著，为长夏无冬。

（2）温带。南、北温带各跨纬度 43°08′，是五带中两个宽度最大和面积最广的中纬度带，面积占全球总面积的 51.9%。在这两个纬度带内，既无直射阳光又无极昼（夜）现象，最高和最低的正午太阳高度，最长和最短的白昼时数，都是一年一度的。正午太阳高度的变化幅度，都是 23°26′×2=46°52′。但是，由于正午太阳高度的极大值，都随纬度的增加而降低；昼夜长短变化的幅度，随纬度的增加而显著地扩大。在南北回归线上，最长和最短的昼长，相差只是 2 小时 50 分；到南北极圈，就出现极昼和极夜了。因此，温带得到太阳辐射四季分配不均匀，气候四季分明。

（3）寒带。南北寒带处于高纬度的两个球冠地带，半径为 23°26′，面积仅占地球总面积的 8.3%。寒带突出的天文特征，一是有极昼极夜现象，极昼和极夜的日数随纬度增高而增加。二是太阳高度很低，夏半年的极昼期间，终日太阳不落入地平，但太阳高度始终很低；冬半年的极夜期间，太阳终日处在地平之下，太阳高度为负值。因此，寒带是全球获热最少，气温极低，季节变化不显著，表现为长冬无夏。

第三节　变化的地球运动

一、自转速率的变化

地球自转虽有一定的规律，但自转速率有多种变化，表现为长期变化，季节变化和不规则变化。

地球自转的长期变化主要表现在自转变慢，现代观测表明恒星日每百年增长 0.001 ~ 0.002 s。根据古生物学家对珊瑚化石的年轮的研究表明，3.7 亿年以前的泥盆纪中期，一年约有 400 d。在年长稳定的情况下，每年日数的减少，只能是日长增长的结果。由此推知，从那时到现在平均每百年日长增加 0.002 4 s。地球自转长期变慢，主要原因是月球等天体在地球上产生的潮汐引力影响造成。

地球自转的季节变化，主要由气团的季节性移动引起的。季节性的日长变化约为 0.000 6 s，表现为春慢秋快；年变幅为 0.020 ~ 0.025 s。

地球自转的不规则变化表现为：自转角速度时而变快，时而变慢，没有一定的周期性规律，主要是由于地球内部物质运动等原因造成。

总之，地球自转速率是变化的，可分长期变化、季节变化和不规则变化。长期变化的主要原因是日月对地球的潮汐摩擦作用，起到类似“刹车”的作用，使地球自转不断缓缓减慢，使一年日数逐渐减少。季节变化又分为主要是季风变化引起的周年变化（振幅为 20 ~ 25 ms）和大气潮汐引起的半周年变化（振幅为 9 ms）。不规则变化是由于地球内部和外部的物质移动和能量交换引起的。

二、极　移

地轴通过地心，与赤道平面垂直相交，同地面相交于南北两极。地轴的无限延伸叫天轴。天轴同天球相交于南北天极，是天球周日运动的旋转轴。

地球自转轴存在相对于地球体自身内部结构的相对位置变化，从而导致极点在地球表面上的位置随时间而变化，这种现象称为极移。它是一种包含多种周期性因素的复杂运动，其轨迹是一条弯曲而不闭合的复杂曲线，极移范围很小，不会超过 0″.5，相当地表面积 15×15 m^2 左右，如图 4-47 所示。

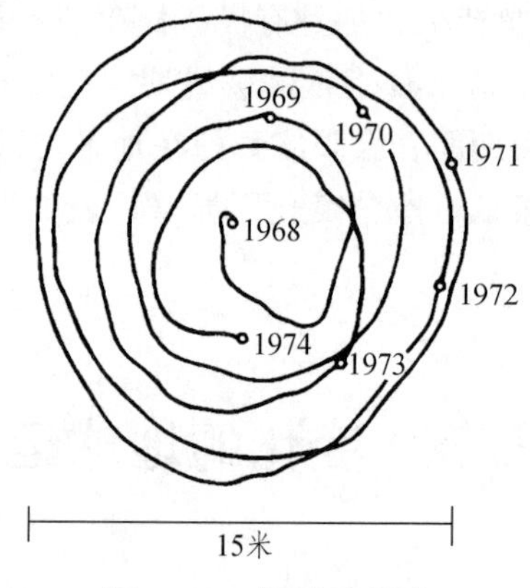

图 4-47 极移动轨迹

1765 年，德国的欧拉最先从力学上预言极移的存在，1888 年，德国的屈斯特纳从纬度变化的观测中发现了极移。1891 年，美国天文学家张德勒分析了 1872 ~ 1891 年世界上 17 个天文台站的 3 万多次纬度实测值，结果表明：极移轨迹是一条弯曲而不闭合的复杂曲线，它要由两种周期组成，一种周期为一年的，变幅约为 0″.1；另一种周期为 432 天（近于 14 个月）左右的，变幅约为 0″.2，还有一些短周期的变化。其中，周期近于 14 个月的地极摆动现象，称为张德勒摆动，相应的周期称为张德勒周期。这些变化与地球的内部构造、物理性质、地球表面的物质运动有密切关系。

某段时间内地极的平均位置称为平均极，某一观测瞬间地球极所在的位置称为瞬时极，瞬时极的变化现象即为极移。极移的结果，使地表各地的地理坐标发生变化，在通过观测天极高度来确定地理纬度的实践中，发现天极的高度发生了变化。当然，由于地极在地表移动的范围很小，地理坐标的变化很微小。

三、地轴进动

1. 地轴进动的成因

南北天极在天球上的移动，反映了地轴在宇宙空间的运动，属于地轴进动。因为“进动”是物理学术语，是指转动物体的转动轴环绕另一根轴的圆锥形运动。地轴进动是指地轴绕黄轴的圆锥形运动。地轴进动造成春分点西移，这样便产生了岁差。

地轴的进动同地球的自转、地球的形状、黄赤交角的存在以及月球和太阳对地球赤道略鼓部分施加引力，有着密切的联系。

地轴的进动类似于陀螺的旋转轴环绕铅垂线的摆动，如图 4-48 所示。地球的自转，就好像是一个不停地旋转着的庞大“陀螺”，地球具有椭球体的形状，即两极稍扁，赤道略鼓。由于存在5°9′的黄白交角和23°26′黄赤交角，月球中心或太阳中心与地球中心的连线，不是经常通过地球赤道略鼓部分。所以，月球或太阳对较近部分 C_1 的吸引力 P_1 比对较远部分 C_2 的吸引力 P_2 要大些，力图使地轴和黄轴重合，达到平衡状态。但是，地球自转的惯性作用，使其维持倾斜状态。于是，地球就在月球和太阳的不平衡的吸引力共同作用下产生了摆动，这种摆动表现为地轴以黄轴为轴做周期性的圆锥运动，圆锥的半径为23°26′，如图4-49所示。与陀螺的进动方向与自转方向一致不同，地轴进动的方向是自东向西，按物理学术语，转动物体受到垂直于其自转轴的外力矩作用时，其自转轴便向外力矩的正方向靠拢。按右手螺旋法则，这个方向垂直于纸面向外。

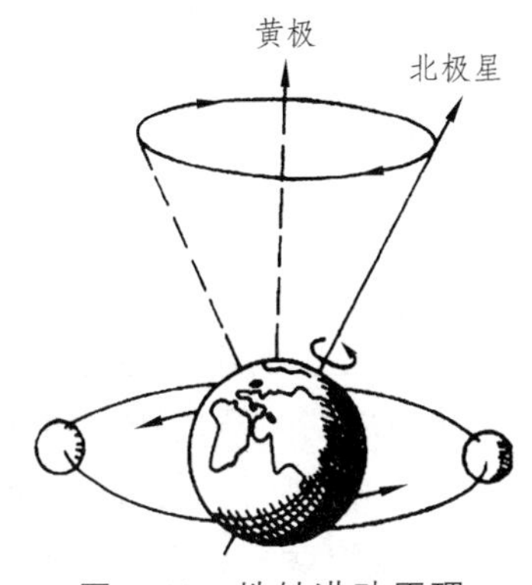

图4-48　地轴进动原理

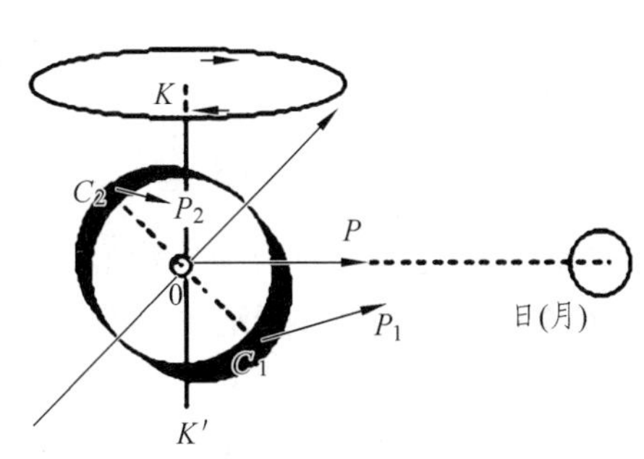

图4-49　地轴进动的原因与方向

2. 地轴进动的周期

地轴的延长线指向天极，由于地轴的进动，天极和天赤道在恒星间的位置不停地发生改变,天赤道与黄道的交点——春分点和秋分点将不停地按顺时针方向沿着黄道向西移动。当然，地轴进动的速度非常缓慢，测定数据表明，春分点和秋分点每年沿黄道西移50″.29，大约71年多一点向西移动一度，或者需要经过约25 800年在黄道上移动一周，这个周期就是地轴进动的周期。由于春分点西移 50″.29，因此，年的长度，以春分点为参考点测定的周期要比以恒定不动的恒星为参考点测定的周期略短，这就是产生岁差的原因。

事实上，月球在白道上运行，黄白交角平均为 5°9′，月球经常位于黄道的上面或者下面，这就使得岁差现象变得复杂。由于这个原因，天北极在绕着黄北极转动时，还要不断在其平均位置的上下做周期性的微小摆动，振幅约9″，这种微小摆动叫章动，周期为18.6年。

3. 地轴进动的影响

（1）地轴进动首先造成天极的周期性圆运动。在北半球看，北天极以黄北极为圆心，以23°26′为半径，自东向西做圆周运动，每年移动50″.29，完成一周约25 800年。

因此，地轴进动就造成了北极星的变迁，如图4-50所示。北极星在公元前3 000

年曾经是天龙座α，目前是小熊座α，到公元 14 000 年，织女星将成为北极星。今天，天南极附近没有明亮的恒星，但是到公元 16 000 年时，船底座 α（老人星）则将成为明亮的南极星。

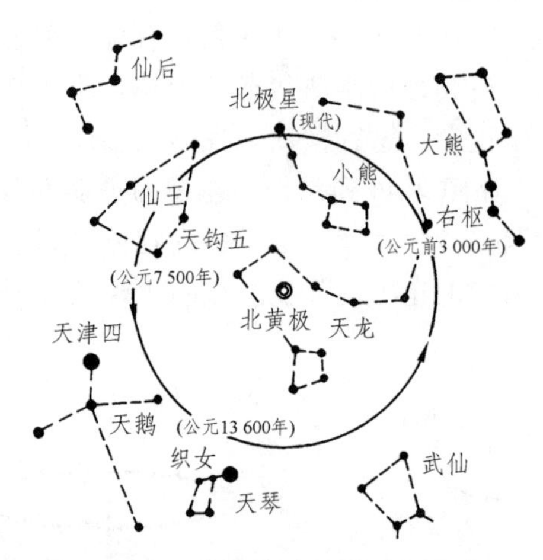

图 4-50 天北极移动导致北极星变迁

（2）地轴的进动还造成地球赤道平面和天赤道的空间位置的系统性变化。这是因为地球赤道平面永远垂直于地轴，随着地轴进动而进动，周期同样是 25 800 年。

（3）地轴进动使得地球上的季节变化周期（即回归年），稍短于太阳沿黄道运行一周的时间（即恒星年）。这是因为回归年的度量是以春分点为参考点的，而春分点因地轴进动而持续西移。由于地轴进动产生的这种现象，我国天文学界将其称为岁差。

（4）地轴进动使赤道坐标系和黄道坐标系的坐标值微小改变，由于春分点向西移动，在赤道坐标系中恒星的赤经和赤纬，都经常在改变着；对于黄道坐标系，只有恒星的黄经每年增加 50″.29，而黄纬则不变。

练习题

一、名词解释

1.晨昏圈　2.太阳高度　3.恒星日　4.太阳日　5.恒显星　6.光行差　7.恒星年　8.回归年　9.岁差　10.太阳回归运动　11.周日圈　12.极移　13.地轴进动

二、填空题

1. 从地球的北极上空观察地球，逆时针方向叫作向______，从地球的南极上空观察地球，逆时针方向叫作向______。

2. 由于地球自转，地球上的自由落体的落点偏____，竖直抛物的方向偏______。

3. 由于地球自转，傅科摆的摆动平面在北半球沿_________方向偏转，在南半球沿_______方向偏转。在地球上做水平运动的物体的方向，在北半球偏______，在南半球偏______，在赤道上_________。

4. 地球自转的方向是________,作为它的反映的天球周日运动的方向是________。

5. 地球自转的速度除两极点为________外，角速度全球__________，线速度随纬度的增加而________，随高度的增加而________。

6. 真太阳日的长度，由于____________的存在和____________的变化而不同。前者使真太阳日的长度发生______秒的变化，后者使真太阳日的长度发生________秒的变化。

7. 在地球上纬度为φ的地方，其恒显星区和恒隐星区的半径都等于______，而出没星区的赤纬跨度为_____________。

8. 地球绕日公转的证据有______________、____________和星光的多普勒位移。

9. 地球在绕日公转的轨道上，____________时过近日点，__________过远日点。

10. 地球绕日公转的_______速度不变的，而_____速度和_____速度却随_______而变化。

11. 地轴绕黄极的圆锥形运动，叫作_________，地球本体相对于地轴的运动而造成的地极位置的移动，叫作________。

12. 太阳回归运动在地球上表现为阳光直射点相对于______的往返运动,其南北界线为________线，其运动周期是____________。

13. 从6月22日至12月22日，太阳光在地球上的直射点从_______经过_______移到_______。

14. 影响昼夜长短和正午太阳高度的主要因素是____________和_____________，次要因素是____________和_________。五带的划分，以________和__________两种天文现象为标志，以__________和__________为纬度界线。

15. 就昼夜长短的纬度分布而言,全球一般地(除春、秋分外)可分为四个纬度带，即____________地带、__________地带、____________地带和____________地带。

16. 由于__________和____________的作用，昼半球向四围扩大了________，并使各地的昼长______，夜长______。

17. 晨昏蒙影是______________________________作用形成的，按照不同的需要分为_____晨昏蒙影、______晨昏蒙影和_______晨昏蒙影三种，标准是太阳中心分别在地平以下_______度、______度和_____度。

18. 当太阳直射点趋近赤道时，全球各地的昼长和正午太阳高度趋近__________，当太阳直射点远离赤道时，全球各地的昼长趋近__________。

19. 各地纬度和经度的微小变化是_________的结果；岁差是__________的结果。

20. 恒星日是以__________作为参考点，时间长度是______________。

三、选择题

1. 星空的季节变化是由（　）造成的。

A. 地球自转　　B. 地球公转　　C. 地轴进动　　D. 极移

2. 在地球上纬度愈高的地方，(　)。

A. 出没星区愈大　　B. 恒显星区愈大　　C. 恒隐星区愈小

3. 在南半球向西做水平运动的物体的偏转方向是（　）。

A. 向北　　B. 向南　　C. 向东　　D. 不偏转

4. 恒星年长于回归年的原因是（　）。

A. 地球公转速度不均匀　　B. 地球公转的轨道是椭圆

C. 黄赤交角的存在　　D. 由于地轴进动，造成春分点沿黄道西移

5. 太阳赤纬的绝对值在下述何点附近增加最快（　）。

A. 春分点或秋分点　　B. 夏至点　　C. 冬至点

6. 极移的方向从北极上空观察是（　）。

A. 顺时针　　B. 逆时针

7. 地轴进动的方向同地球自转的方向（　）。

A. 相同　　B. 相反

8. 从地球的南极上空看，地球自转的方向是（　）。

A. 顺时针　　B. 逆时针

9. 黄白交点沿黄道的移动的方向是（　）。

A. 自西向东　　B. 自东向西

10. 傅科摆实验是（　）的证明。

A. 极移　　B. 地轴进动　　C. 地球公转　　D. 地球自转

11. 8 月 25 日，南极圈昼夜长短的情况（　）。

A. 昼长夜短　　B. 昼短夜长　　C. 极昼　　D. 极夜

12. 地球上物体的影子在正午时，永远朝南的地方是（　）地区。

A. 赤道以北　　B. 北回归线以北

C. 南回归线以南　　D. 南极圈以北

13. 地球不停地公转产生了（　）。

A. 昼夜长短的变化　　B. 昼夜交替　　C. 物体做水平运动的偏向

14. 下列各地一年内有两次太阳直射，且水平运动物体的方向发生右偏的是（　）。

A. 23°26′N　　B. 23°N　　C. 20°S　　D. 40°S

15. 当太阳在黄道上过南至点时，下列叙述正确的是（　）。

A. 南温带处于冬季　　B. 南温带处于夏季

C. 南极圈出现极夜　　D. 20°S 处日影偏南

16. 地球公转到远日点时，下列四地白昼最长的是（　）。

A. 45°45′N　　B. 34°N　　C. 23°S　　D. 62°13′S

17. 天赤道同黄道的交角目前等于（　）。

A. 23.5°　　B. 23°27′　　C. 23°26′　　D. 66°34′

18. 各赤纬圈同某地纬度为 φ 的地平圈的交角等于（　）。

A. φ　　B. $90°-\varphi$

19. 某恒星离北天极 35°，在北京（39°57′N）观测，它属于（　）。

A. 恒显星　　B. 恒隐星　　C. 出没星

四、判断题

1. 天球周日运动的方向是自东向西，周期是太阳日。(　　)

2. 地轴进动的方向同地球自转的方向都是自西向东。(　　)

3. 在地球绕日公转过程中，在近日点公转的角速度较快，在远日点公转的线速度较慢。(　　)

4. 傅科摆实验是地球自转的证明。(　　)

5. 太阳中心位于地球椭圆轨道的一个焦点上，也位于其他行星椭圆轨道的焦点上。(　　)

6. 太阳周年视运动的方向同地球公转的方向一致。(　　)

7. 极移的结果是引起地心天球的天极的微小移动。(　　)

8. 在南半球向北运动的物体的方向先向西偏，过赤道后改为向东北偏。(　　)

9. 地球公转速度的变化是造成地球上四季不等长的根本原因。(　　)

10. 水平运动的物体的偏转随纬度的增高，偏转现象越明显。(　　)

11. 地球公转速度变化使春分点西移，致使回归年比恒星年短 20 m 24 s，该数值称为岁差。(　　)

12. 地球绕日公转的轨道，称为黄道。(　　)

13. 地转偏向力是地球自转而产生的一种视力。(　　)

14. 一年中任何一天，贵阳（26°35′N）的正午太阳高度都比北京（39°57′N）大。(　　)

15. 夏至日，北半球从赤道到北极的任何地方，正午太阳高度均达到最大值。(　　)

16. 昼夜交替和季节变化是地球自转产生的现象。(　　)

17. 赤道以北的地区，当白昼最长时，正午太阳高度也最大。(　　)

18. 贵阳（26°35′N）的最大正午太阳高度可达 90°。(　　)

19. 从 3 月 21 日至 6 月 22 日，极昼的范围从北极点向北极圈方向逐渐扩大。(　　)

20. 北回归线以北的地区，当正午太阳高度最大时，白昼也最长。(　　)

21. 当南极圈上正午太阳高度为 0°时，正是北半球的夏至日。(　　)

22. 地球不停地公转产生了昼夜长短的变化。(　　)

23. 从冬至到春分，北半球各地昼渐长，但短于夜。(　　)

24. 从春分到夏至，北极附近的极昼地区逐渐扩大。(　　)

五、计算题

1. 如果地球近点年的周期 E=365.259 6 日，水星的恒星年周期 T=87.97 日，金星的恒星年周期 T=224.701 日，试求出它们的会合周期 S。

2. 如果地球的公转周期 E=365.256 4 日，火星的公转周期 T=686.98 日，试求火星与太阳的会合周期 S。

3. 5 月 1 日（δ=14°51′）在什么纬度处，正午时直立杆的影长等于杆高的 1 倍？

4. 计算贵阳（26°35′N）在夏至日（冬至日、春秋分日）的正午太阳高度。

5. 计算漠河（53°30′N）在夏至日（冬至日、春秋分日）的昼长。

6. 计算海口（20°02′N）在夏至日（冬至日、春秋分日）的昼长。

六、问答题

1. 傅科摆怎样证明地球的自转？

2. 比较天球周日运动与太阳周年运动。

3. 为什么地球的自转周期是一个恒星日而不是一个太阳日？

4. 为什么真太阳日有周年的变化？

5. 论述地球自转的后果及地球公转的地理意义。

6. 如何区别恒星的周年视差和周年光行差？

7. 何谓太阳周年视运动？它怎样反映出地球的公转运动？

8. 从春分到秋分的半年与从秋分到春分的半年，天数是否相等？为什么？

9. 为什么说恒星的周日运动是地球自转的真实反映？

10. 地内行星与地外行星的会合运动有何不同？

11. 行星的会合运动怎样反映地球公转？行星为什么会发生逆行？

12. 简述月球与太阳的会合运动。

13. 太阳怎样进行回归运动？

14. 为什么赤道上终年昼夜等长的现象从未发生过？为什么其他纬度地区昼夜等长出现的日期不是在春秋二分日？

15. 昼夜长短的纬度分布和季节变化是怎样的？

16. 分析贵阳（26°35′N）的恒显星区、恒隐星区和出没星区的范围。

17. 分析赤道、北回归线及北极点的恒显星区、恒隐星区和出没星区的范围。（例题 1）

18. 太阳直射 18°S，试划分全球昼夜长短的纬度分布情况。

19. 试用太阳直射点移动方向说明地球上四季的递变。

20. 简述四季和五带的性质，四季划分依据及优缺点是什么？

21. 简述影响地球自转速度变化的几种因素。

22. 极移和地轴进动有何区别和联系？

七、综合题

（一）看图 4-51，完成下列要求：

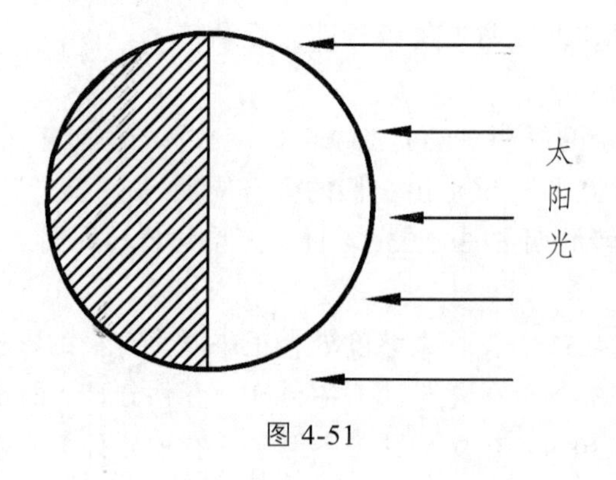

图 4-51

1. 完成冬至日太阳光照射地球示意图，即画出地轴、赤道、南北回归线和南北极圈，并注出它们的名称。

2. 冬至日，在南半球低、中纬地区，纬度越高，白昼越________；正午太阳高度角最大处是在_________线上。

3. 就天文四季而言，此时悉尼属_______季。

（二）读“五带划分示意图”（图 4-52）回答：

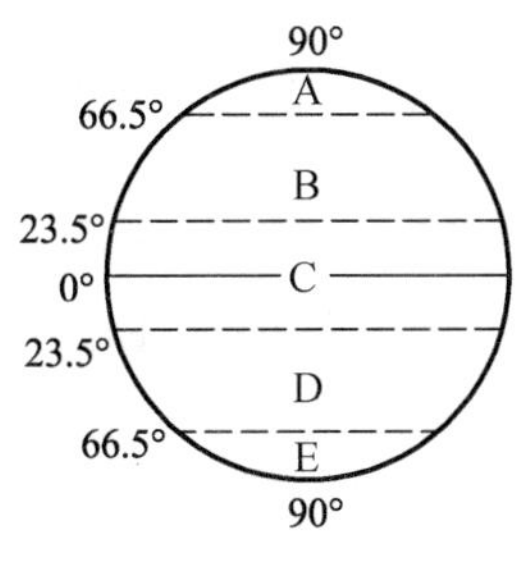

图 4-52

1. 划分五带的根据是_____________和____________。

2. 图中字母所代表的五带名称分别是：A_______，B_______，C_______，D________，E_______。

3. 用图中字母填空：有阳光直射的是_____，有极昼极夜现象的是_______，既无阳光直射又无极昼极夜现象的是________。

4. 我国地跨五带中的________和_________。

5. 由于地球的公转，在温带形成了明显的_______变化。

第五章　时间和历法

运动是物质存在的基本形式，宇宙万物都在漫长的过程中产生、发展和变化，这说明一切物质运动都是在一定的时间中进行的，因此，时间是物质存在的基本形式之一。一般地，物质运动都具有一定的周期性规律，地球、月球的自转和公转都是一种周期性的运动，人类在生产和生活过程中，利用这些运动的周期，创立了计时制度和历法制度。

利用年、月、日进行较长时间间隔的计量，利用时、分、秒进行较短时间间隔的计量。通常所说的时间是指日以下的时、分、秒的计量，而历法是指日以上的年、月、日的安排。历法中的年、月、日，在理论上应当近似等于天体运行周期——回归年、朔望月、真太阳日，称为历年、历月、历日。

本章首先介绍时间的含义和单位以及计量系统，重点对地方时、标准时及其换算加以阐述；其次分析历法编制的依据和基本原则，进而比较阴历、阳历、阴阳历等三种历法各自的基本特点；最后介绍二十四节气、干支制度和十二生肖。

第一节　时　间

一、时间的含义和计量单位

1. 时间含义

时间是一种客观存在。一切物质运动都是在一定的时间中进行的，因此，时间是物质存在的基本形式之一。时间既没有起点，也没有终点，它不受制约地无限延伸着。但是，人们通常使用的时间则是有限的，对时间的度量也是人为的。

通常所说的时间有两种含义，一是指“时刻”，一是指“时段”。

时刻是运动状态的瞬时，它是无限时间中的某一具体瞬时点，指的是时间的迟早或先后。时刻可以表示事件发生的早与晚。例如，8:20 上课，9:05 下课。这里的两个时间都是指时刻，表示上课在先，下课在后，下课发生的时刻比上课发生的时刻晚。

任何时刻都有两方面的含义，即物理时刻和钟表时刻。物理时刻即时刻本身，是钟表时刻所表示的迟早程度；钟表时刻则是物理时刻的表达形式。同一物理时刻可以有不同的钟表时刻。1976 年 1 月 9 日早晨，中央人民广播电台播发了国务院总理周恩来逝世的讣告，注意一下各国政府首脑和国家元首发来唁电的日期，便会发现，美国前总统尼克松签署声明的日期，竟是 1 月 8 日。尼克松没有弄错日期，而是讣告发布的时刻（物理时刻），北京时间是 1 月 9 日早晨 6:30，而同一物理时刻的华盛顿时间，则为前一日的 17:30。这里，我们所考虑的主要是钟表时刻问题，即同一物理时刻的不同表达形式的问题；而且，所指的钟表时刻不包含钟表本身的误差（钟差）。

时段是运动状态的不同瞬时点之间的间隔，它有始有终，是无限时间中的某一段长度。所以，时段表示时间的久暂或长短，而不一定显示运动过程发生的早晚。例如，“会议要开多久？”这是指时段。

2. 时间单位

最基本的时间计量单位是日，它是地球自转运动的周期。地球自转具有比较稳定的周期性。由于地球自转而产生的天体周日视运动，使人们可以直接体会到这种运动周期。

年（源于回归年）也是一个重要的时间计量单位，它是根据地球公转运动的周期确定的。地球绕太阳公转的运动，具有比较稳定的周期性。因地球公转而产生的太阳在天球上周年视运动，也可以使人们直接体会到这种运动周期。

月球和太阳在天球上的会合运动，也具有比较稳定的周期性。月相的周期性变化，直观地反映了日、月会合运动周期。**月**（源于朔望月）就是根据这种运动周期确定的时间计量单位。月和年这两个时间计量单位，一般都用完整的日数来表示。

随着社会的发展，人们需要更精密的时间计量，于是产生了更小的时间计量单位——时、分、秒。它们都是对日这一时间计量单位进一步等分而得出的。

现代计量中的基本时间单位是秒。秒长原是从自然单位日长派生出来的。1 日等分为 24 小时，每小时等分为 60 分，每分又等分为 60 秒。日长的 86 400 分之一为 1 秒。然而，由于黄赤交角和地球椭圆轨道的影响，真太阳日长度有微小的周年变化，秒也就没有固定的长度。

1820 年，法国科学院正式提出了秒长的定义：全年中所有真太阳日的平均长度的 86 400 分之一为 1 s，即**平太阳秒**。但是，这个定义只有理论上的意义，在实际测定和应用中颇不方便。为解决这个问题，美国天文学家纽康（1835—1909）于 19 世纪末提出，用一个假想的太阳（平太阳）代替视太阳，作为测定日长的参考点。这个平太阳沿天赤道作匀速周年运动。这样，天文学家可以根据恒星周日视动与平太阳之间的关系，实地测定平太阳日，从而获得科学的平太阳秒长。

平太阳秒长曾经被认为是稳定的。20 世纪 30 年代，石英钟问世导致地球自转速度变化的发现。现在查明的有，地球自转速度有长期减慢、周期变化和不规则变化。这一发现从根本上动摇了平太阳秒的客观不变的时间标准。

经过长期天文观测发现，地球公转的速度虽因日地距离的不同而变化，但是，地球公转的周期却是相当稳定的。人们于是想到，如果把地球公转周期的若干分之一定为 1 s，这样的秒长也许会相当均匀的。1958 年，国际天文学联合会决议，把秒长定义为 1900 年 1 月 0 日 12 时正回归年长度的 1/31 556 925.974 7。不管以后回归年的秒数怎样变化，天文历书所采用的永远是这样的秒，被称为**历书秒**；并且规定，自 1960 年起，由历书秒取代平太阳秒，作为基本的时间计量标准。

从理论上说，历书秒是一种均匀不变的秒长单位。但实际上要得到这样的秒长是十分困难的，经过数年观测，所得到的精度比平太阳秒提高不到 10 倍，仍不能满足现代科学技术对于时间精度的要求。

当宏观时间标准（天体运动）不能适应科学发展需要的时候，人类的认识便向着微观世界深入。人们发现，原子内部电子跃迁振荡频率（每秒能达几十亿次）是十分精确和稳定的。利用原子振荡频率控制的时钟叫原子钟。天文学家与物理学家通力合作，联合测定，在 1 历书秒中，铯原子跃迁振荡平均为 9 192 631 770 次。1967 年 10 月，第十三届国际计量大会正式把铯原子跃迁振荡 9 192 631 770 周所经历的时间定义为一个**原子秒长**。它就是现代国际单位制中时间的基本单位长度。至此，长期来一直占统治地位的宏观的天文时间标准，退出了历史舞台。

二、时间计量系统

对于一定的观测点来说，每个天体在某一瞬时的时角都是固定值。但是，随着地球的自转，天体不断地做自东向西的周日视运动，天体的时角也就不断地发生相应的变化。由于天体时角的变化，是同地球的自转运动紧密联系在一起的，因此，可以用它来表示不断变化着的时间。天文上以及人们日常所使用的时刻，就是测定天体的时角得来的。

天文上，在众多天体中，被用作“量时”天体的只有两个：一个是春分点（它起着恒星总代表的作用），另一个便是太阳。

1. 恒星时

把遥远的恒星看作是相对不动的，并把它作为参考点，地球自转一周，即自转 360° 所需的时间为 1 个恒星日。在恒星日里，再以恒星的时角来推算时刻，这样的时间称恒星时。

因为在众多天体中，在天文上被用作“量时”天体的只有两个：其中一个是春分点，它起着恒星总代表的作用，则春分点时角表示恒星时，即 $S=t_{\gamma}$。

春分点之所以被用作量时天体，不但因为它的时角的均匀变化，而且因为它在任何时候都等于上点（午圈）的赤经，即上中天恒星的赤经。如前所述，恒星时（S）可以用同一恒星的赤经与它当时的时角之和来表示，即

$$S=\alpha_{\star}+t_{\star}$$

如该恒星正值上中天，$t_{\bigstar}=0$，那么便有

$$S=\alpha_{\bigstar}\text{（恒星上中天）}$$

任何瞬间的恒星时，在数值上等于该瞬间上中天的恒星的赤经。事实上天文台就是根据这个原理用中星仪来测定恒星时，因为在天子午圈上，天体的大气蒙差只有赤纬误差，而在赤经方向是不存在大气蒙差的，所以对提高量时精度有利。

2. 太阳时

（1）太阳时概述

在众多天体中，在天文上被用作“量时”天体的只有两个，那么另一个是太阳。根据太阳时角推算的是太阳时。

太阳时的时刻与太阳的时角有 12^h（或 180°）之差。这是因为，时角度量以午圈为始圈，太阳时角以太阳上中天为 0^h；而太阳时的时刻却以太阳下中天（午夜）为 0^h。于是便有

$$\text{太阳时}=\text{太阳时角}+12^h$$

（2）恒星时和太阳时比较

太阳时角用来度量太阳时。因为：① 太阳周日运动是昼夜交替的直接原因。② 恒星时同春分点时角一致（时角即时刻）。结果是

$$\text{恒星时}=\text{春分点时角}$$

太阳时与太阳时角有 12 时的差值，即

$$\text{太阳时}=\text{太阳时角}+12\text{ 时}$$

这两个量时天体还存在另一方面的差异：春分点是天球上的定点，其赤经恒为 0^h；太阳在天球上有周年运动，方向向东，因而其赤经逐日递增（每日约 1°）。两者之间的赤经差，也即两种时刻差，任何时候总是等于太阳的赤经。

如图 5-1 所示，根据上述两个方面，同一地点的任何时刻，恒星时与太阳时之间，有如下的换算关系：

$$\text{恒星时}=\text{太阳时}+\text{太阳赤经}-12\text{ 时}$$

$$\text{太阳时}=\text{恒星时}-\text{太阳赤经}+12\text{ 时}$$

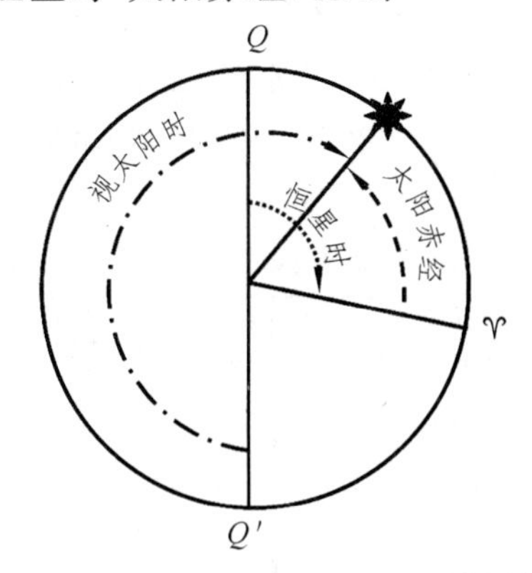

图 5-1　恒星时与视太阳时的换算

（3）真太阳时、平太阳时及时差

天文上有两个太阳：一个是真实存在的太阳，即**真太阳**（或称视太阳）；另一个是假想的太阳，即**平太阳**。两个太阳都以回归年为周期，在天球上做周年运行。真太阳沿黄道运行，其速度是非均匀的；它的周日运动周期，是长短不等的视太阳日。假设，平太阳沿天赤道运行，其速度是均匀的；它的周日运动周期，是均匀的平太阳日。

有两个不同的太阳，就有两种不同的太阳时：以真太阳时角推算的时刻，叫**真太阳时**或**视太阳时**，简称**视时**；以平太阳时角推算的时刻，叫**平太阳时**，简称**平时**。视时与平时，各有优缺点：视时流逝不匀，但可以直接测定，用日晷测定的时刻便是视时；平时流逝均匀，但只能根据恒星时或视时进行推算，日常应用的钟表时刻是平时。在测定地方经度等工作中，视太阳和视时是不能用平太阳和平时代替的。

两个太阳既有快慢（在周年运动中）的不同，它们之间便存在赤经差或时角差，也就是两种太阳时之间的时刻差，被叫作**时差**，如图 5-2 所示。在决定时差值时，平太阳和平太阳时被当作比较标准。于是得

时差=视时−平时

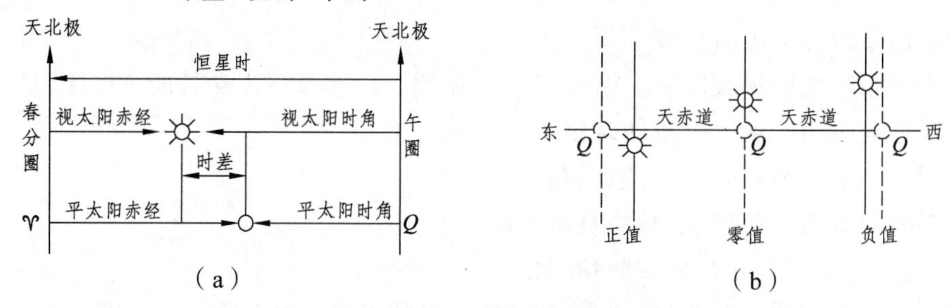

图 5-2　时差的定义（a）和时差的正负值（b）

时差因两个太阳相对位置的变化而变化，有正有负，可大可小。天文学上假定，在 12 月 24 日，两个太阳有相同的赤经，时差为零。从这以后，两个太阳沿不同路线和不同速率运行，视太阳对于平太阳的位置便发生参差先后的变化。当视太阳落在平太阳之西，视时>平时，时差为正；反之，当视太阳超越平太阳之东，视时<平时，时差为负。因为，时角的度量是以 Q（上点）为起点，向西度量。差值时而变大，时而变小。这样，时差的正负和大小就发生连续变化。但是，真（平）太阳都以回归年为周期，到次年 12 月 24 日，又都回到一年前的位置，时差复归于零。时差与观测者地理位置无关，只与观测日期有关。一年内，时差出现 4 次零值和 4 次极值（二极大和二极小），如表 5-1 所示。

表 5-1　时差的 4 次零值和 4 次极值

日期	时差	日期	时差
12 月 24 日	0^{m}	6 月 14 日	0^{m}
2 月 12 日	-14.4^{m}	7 月 27 日	-6.3^{m}
4 月 16 日	0^{m}	9 月 1 日	0^{m}
5 月 15 日	$+3.8^{m}$	11 月 4 日	$+16.4^{m}$

按时差的定义，同地的任一时刻，视时与平时有如图 5-3 的关系，同地任一时刻的恒星时与平时，有如图 5-4 的关系。

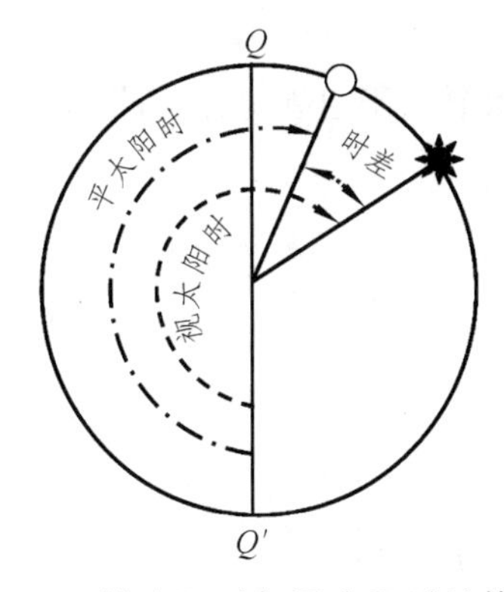

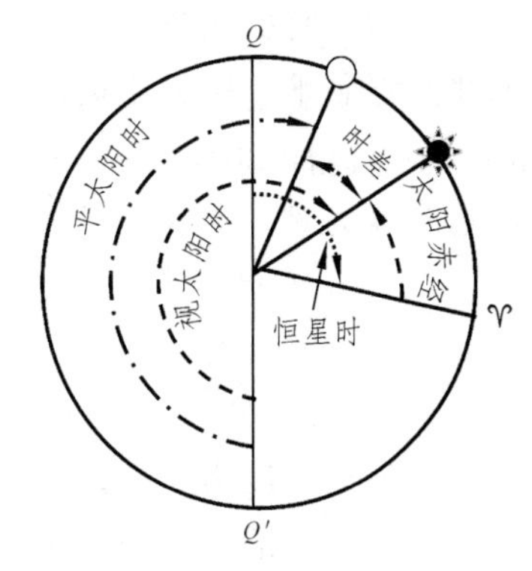

图 5-3　视太阳时与平太阳时的换算　　　　图 5-4　恒星时与平太阳时的换算

例 5-1　某年 6 月 21 日北京时间 16 时 54 分夏至，已知这天的时差为−1 分 30 秒，这时阳光直射点的地理坐标是多少？（提示：北京时间是指 120°E 经线的地方平时）

解：夏至时，太阳直射北回归线，即阳光直射的纬度是 23°26′N。

夏至时，北京时间为 16^h54^m，即 120°E 的地方平时为 16^h54^m。已知这天的时差为 -1^m30^s，那么 120°E 的地方视时为

$$16^h54^m-1^m30^s=16^h52^m30^s$$

阳光直射点经线的视时为 12^h。

120°E 经线与阳光直射点的经线的地方时之差为

$$16^h52^m30^s-12^h=4^h52^m30^s$$

120°E 经线与阳光直射点经线的经度差为

$$4\times15°+52\times15'+30\times15''=73°7'30''$$

由北京时间 16 时 54 分可知，阳光直射点位于 120°E 经线的西边，则阳光直射点的经度为

$$120°-73°7'30''=46°52'30''（E）$$

答：阳光直射点的地理坐标为（23°26′N，46°52′30″E）。

例 5-2　某年 9 月 23 日北京时间 16 时 10 分秋分时，在北半球某地测得正午太阳高度为 20°，已知当日的时差为+7 分 35 秒，试求该地的地理坐标。（提示：北京时间是指 120°E 经线的地方平时）

解：已知 9 月 23 日北京时间 16^h10^m 秋分，则 120°E 的地方平时为 16^h10^m。

已知这天的时差为 $+7^m35^s$，则 120°E 的地方视时为

$$16^h10^m+7^m35^s=16^h17^m35^s$$

阳光直射点经线的视时为 12^h。

120°E 经线与阳光直射点经线的地方时之差为

$$16^h17^m35^s-12^h=4^h17^m35^s$$

120°E 经线与阳光直射点经线的经度差为

$$4\times15°+17\times15'+35\times15''=64°23'45''$$

由于阳光直射点位于 120°E 经线的西边，阳光直射点的经度为

$$120°-64°23'45''=55°36'15''\ (\mathrm{E})$$

依据北半球某地正午太阳高度为 20°，和秋分太阳直射赤道，得

$$H=20°,\ \delta=0°$$

设该地纬度为φ，代入正午高度公式，那么

$$H=90°-\varphi+\delta$$

$$20°=90°-\varphi+0°$$

得

$$\varphi=70°\ (\text{N 或 S})$$

依题意，该地纬度为 70°N。

答：北半球某地的地理坐标为（70°N，55°36′15″E）。

3. 历书时

人们原想平太阳时的日、时、分、秒都应该是稳定的。但是，随着科学的发展，特别是石英钟的问世，人们不仅知道地球自转不是匀速的，连公转周期也是不稳定，即回归年的长度也有变化。1952 年，国际天文协会联合会做出决议，把 1900 年 1 月 1 日 12 时的回归年长度作为标准，把这一年长度的 1/365.242 2×60×60（1/31 556 925.9747），即这一年的平太阳秒作为 1 s 的固定长度，称为历书秒（用于制订天文历书的标准秒），也就是说，即使以后地球自转和公转的周期（日与年）有变化，秒的长度则不变了。以平太阳时为基础，以历书秒作为计时的基本单位所确定的时间，称为**历书时**。从 1960 年开始实行的。但是历书时很难取得的，现在几乎不使用。

4. 原子时

由原子内部能级跃迁所发射或吸收的极为稳定的电磁波频率所建立的时间标准，称为原子时。由于地球自转的不均匀性和历书时测定精度低且需时长，1967 年 10 月，第十三届国际计量大会正式把铯原子振荡 9 192 631 770 次的时间定义为 1 原子秒。以原子秒为基本计时单位所制定的时间称为**原子时**，它是一种物理学的微观时间标准。原子时是从 1967 年起实行的，直到现在。20 世纪 50 年代英国就已制成铯原子钟了。由于世界时的秒长比原子时的秒长约长 300×10^{-10} s，1 年约差 1 s 左右，因此，根据具体情况，要设置**闰秒或跳秒**。当回归年的长度增加时，要在年末（12 月 31 日最后 1 分钟后）或年中（6 月 30 日最后 1 分钟后）加 1 s，即正闰秒；当回归年的长度变短时，就要根据规定设置负闰秒。

5. 协调世界时

原子时的优点在于秒、分、时的长度是固定，除了闰秒的年和日之外，其他的年和日的长度也是固定的。原子时已广泛用于天文、空间技术和物理计量等领域，但在大地测量等学科则仍以世界时作为时刻标准。因原子时与人们日常的生活习惯联系不大，天文界又规定一种介于原子时和世界时之间的时间尺度称为**协调世界时**，即在时

刻上和世界时保持一致，秒长以原子时的秒长为准的时间系统。

三、地方时及其换算

时刻不仅因量时天体而不同，对同一量时天体，时刻还因地方经度而不同。因为时刻是以天体的时角度量的，而时角的度量是以午圈为始圈的，那么，地球上不同经度的地方，都有自己的午圈，它们的时刻便各不相同。这一点对恒星时、视太阳时和平太阳时都是一样的。

1. 地方时

（1）地方时概念

根据不同经线测得的不同时间，即不同经线具有不同的时间，这种时间称为**地方时**。包括地方平太阳时、地方视太阳时和地方恒星时。通常所说的地方时，是指地方平太阳时。

地球上位于不同经度的观测者，在同一瞬间对同一参考点测得的时角是不同的。因此，地方时是每个观测者都有自己的与他人不同的时间，它是观测者所在的子午线的时间。

（2）地方时与经度的关系

同一条经线上的观测点，地方时相同，不同经线上的观测点，地方时不同。两地的地方时之差等于这两地的经度之差，即

$$T_{甲}-T_{乙}=\lambda_{甲}-\lambda_{乙}$$

上式中的 $\lambda_{甲}$、$\lambda_{乙}$ 表示两地点的经度值（东经取正值，西经取负值），$T_{甲}$、$T_{乙}$ 表示该两地点在某一相同时刻的地方时。

地方时因经度而不同，较东的地方，有较快（时数较大）的地方时。两地之间地方时之差，就是它们的经度差（倒过来说，这就是经度测量的基础）。

经度差 15°，地方时相差 1^{h}，经度差 360°，地方时相差 24^{h}，经度差 15′，地方时相差 1^{m}，经度差 15″，地方时相差 1^{s}；或 $1°=4^{m}$，$1'=4^{s}$。

（3）地方时换算原则

地方时换算的原则是**东加西减**，如甲地，其经度用 $\lambda_{甲}$ 表示，地方时用 $T_{甲}$ 表示，乙地，经度用 $\lambda_{乙}$ 表示，地方时用 $T_{乙}$ 表示，甲乙两地的地方时之差用 ΔT 表示，则有

$$\Delta T=(\lambda_{甲}-\lambda_{乙})\times 4^{(m,s)}$$

式中，经度 λ，东经取正值，西经取负值；（m，s）在计算时，经度 1°折合 4 分钟，经度 1′折合 4 秒钟。

由于地球是自西向东自转的，所以东边的时间早，即绝对数值大；西边的时间晚，即绝对数值小。设甲地位于乙地的东边，则有

$$T_{甲}=T_{乙}+\Delta T \quad 或 \quad T_{乙}=T_{甲}-\Delta T$$

例 5-3 已知经线 120°E 的地方时为 8^h，求北京（116°19′E）的地方时为多少？

解：已知经线 120°E 和北京（116°19′E）的经度，两地的经度差为

$$\Delta\lambda=120°-116°19'=3°41'$$

两地的地方时之差为

$$\Delta T=3°\times4^m+41'\times4^s=14^m44^s$$

北京位于经线 120°E 的西边，其地方时为

$$8^h-14^m44^s=7^h45^m16^s$$

答：北京（116°19′E）的地方时为 7 时 45 分 16 秒。

例 5-4 已知 109°E 的地方时为 6 月 6 日 8 时，那么 106°W 的地方时为多少？

解：已知两地的经度分别为 109°E 和 106°W，两地的经度差为

$$\Delta\lambda=109°-(-106°)=215°$$

两地的地方时之差为

$$\Delta T=215°\times4^m=860^m=14^h20^m$$

106°W 位于 109°E 的西边，其地方时为

$$6月6日\ 8^h-14^h20^m=6月5日\ 32^h-14^h20^m=6月5日\ 17^h40^m$$

答：106°W 的地方时为 6 月 5 日 17 时 40 分。

（4）地方时与日出日落时刻和方位、昼夜长短的关系

昼夜长短的大小与两个因素有关，即纬度位置、太阳赤纬（季节变化）。因此，不同纬度的昼夜长短的大小和同一地点在不同季节的昼夜长短的大小，取决于当天的日出日落的时刻，而这个时刻就是地方时。一地的白昼由日出时刻开始，经中午 12 时（地方时）到日落时刻结束，以中午 12 时为中点，上下午时间相等；黑夜以午夜 0 时（或 24 时）为界，上下半夜时间相等。

① 根据日出日落时间求昼夜长短

已知某地某一天日出日落时间可计算当天的昼长、夜长，其方法为

昼长=日落时间-日出时间=（12^h-日出时间）×2=（日落时间-12^h）×2

夜长=（24^h-日落时间）×2=（日出时间-0^h）×2

例如：某地某天 3 点日出，则日落时间为 __21^h__，昼长为 __18__ 小时。

② 根据昼夜长短求日出日落时间

已知某地某一天的昼长，可求出当天的日出、日落时间，其方法为

日出时间=12^h-昼长/2

日落时间=12^h+昼长/2

例如：某地某天昼长为 14 小时，则意味着以正午 __12^h__ 为界，上下午各 __7__ 小时，即该地该天是 __5^h__ 日出，__19^h__ 日落。

③ 根据太阳直射位置判断日出日落的早晚和方位

晨昏圈经过的各地，正经历着一天中的清晨或黄昏。晨线与纬线的交点所在经线的地方时为日出时间，昏线与纬线的交点所在经线的地方时为日落时间。太阳光线与晨昏圈垂直，直射点所在经线的地方时 12 时，相对应经线的地方时 0 时。

晨昏圈随太阳直射点的回归运动在南、北极两侧摆动。因此，某地的日出日落的时间和方位随季节变化而不同，由此得出以下规律：

a. 春分—夏至—秋分：太阳直射北半球，北半球日出早于 6 时，日落晚于 18 时，纬度越高，日出越早、日落越晚，北极点附近出现极昼现象；南半球日出晚于 6 时，日落早于 18 时，纬度越高，日出越晚、日落越早，南极点附近出现极夜现象；全球除极昼地区，太阳从东北方向升起，西北方向落下。

b. 春分、秋分：太阳直射赤道，全球各地 6 时日出，18 时日落；太阳都是从正东方向升起，正西方向落下。

c. 秋分—冬至—春分：太阳直射南半球，北半球日出晚于 6 时，日落早于 18 时，纬度越高，日出越晚、日落越早，北极点附近出现极夜现象；南半球日出早于 6 时，日落晚于 18 时，纬度越高，日出越早、日落越晚，南极点附近出现极昼现象；全球除极昼地区，太阳从东南方向升起，西南方向落下。

d. 极昼地区：若是北半球出现极昼，太阳于 0 时在正北方升起，24 时又降落在正北方；若是南半球出现极昼，太阳于 0 时在正南方升起，24 时又降落在正南方。

例 5-5 读图 5-5，按要求完成下列各小题：

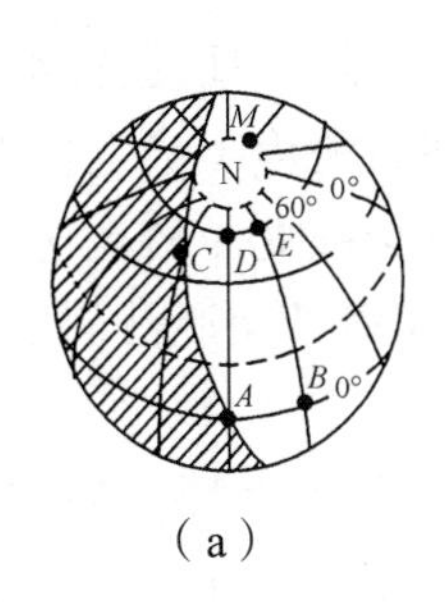

（a）

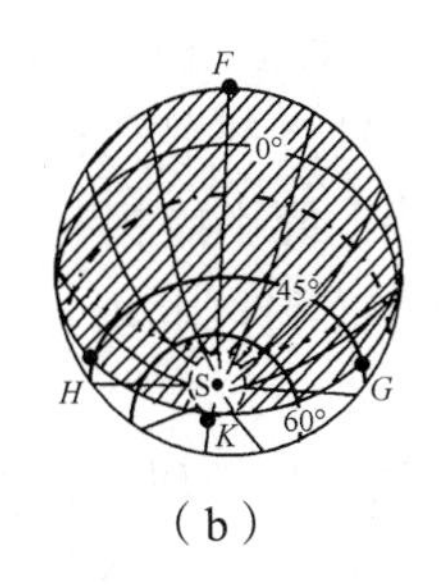

（b）

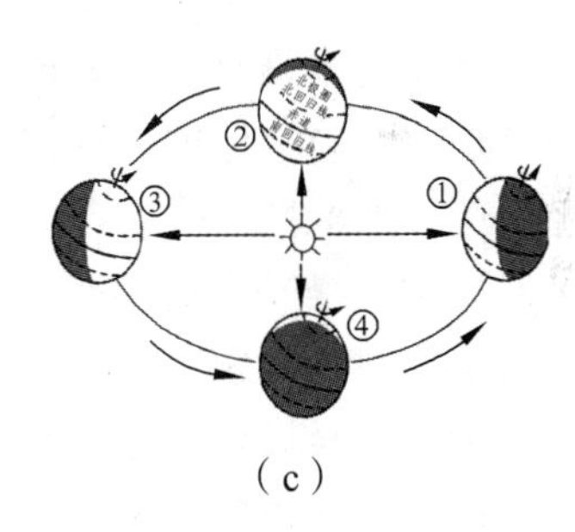

（c）

图 5-5　例 5-5 图

（1）这一天是___月___日前后，北半球为________节气，那么地球在公转轨道处于右图的____位置；此刻太阳直射点的地理坐标是____________，*SF* 线是______经线。

（2）位于晨线的地点有_________________，位于昏线的地点有______。

（3）*A* 地日出时刻是_____点钟，昼长______小时。

（4）这一天，*M* 地的昼长____小时，正午太阳高度______；*K* 地的昼长____小时，正午太阳高度______；*S* 地的昼长______小时，正午太阳高度________；

（5）*AB* 两地线段距离_______km，*DE* 两地线段距离______km。

答案：（1）6，22，夏至，③，（23°26′N，0°），180°；（2）*A*、*C*、*G*，*H*；（3）6，12；（4）24，46°52′，0，0°，0，−23°26′；（5）3 330，1 665。

2. 世界时

地方时的意义是显而易见的。它的时刻同当地的天象相联系，也符合当地人们的起居和生活习惯。人类曾经长期使用地方时。早期使用的是地方视时，后来，地方平时取代了地方视时。随着近代交通事业发展和地区间联系的日益频繁，地方时各自为政的缺陷就显得日益突出。广大地区间需要有时间上的“共同语言”，科学研究工作，特别是天体运行的观测和推算工作，需要有一种全球通用的时间。这就是世界时，即格林尼治时间。从1767年开始，它作为一种国际通用的时间，在最早的天文历书中出现。它首先是为航海定位服务的。

因此，在众多地方时中，其中本初子午线（0°经线）的地方平太阳时，称为**世界时**，也称为**格林尼治时间**。世界时本来是格林尼治视时，1834年改为格林尼治平时。

四、区时（标准时）及其换算

有了世界时，地方时的缺陷并未完全消除。地方时各自为政，固然缺乏其统一性；但世界时全球划一，又缺乏其地方性，不符合广大地区人民的生活习惯。为此，人们需要在全球范围内建立一个既有相对统一性，又保持一定地方性的完善的时间系统。1884年在华盛顿举行的国际经度会议，在平太阳时范畴内，建立了世界标准时制度，以解决各个地区内部在时间上各自为政的问题。

标准时制度包括两方面的内容：划分标准时区和设立日界线。因为一个标准的时刻，不但要有标准钟点（几时几分），而且还要有标准日期（某月某日）。标准时区的划分，是为了确定标准钟点，以避免钟点的混乱；设立日界线，是为了确定标准日期，避免引起日期混乱。这二者相辅相成，既不能相互代替，也不会彼此矛盾。比较起来，标准时区和标准钟点的问题，涉及任何时间和地点；而日界线和日期混乱问题，只是标准时推算中的问题。

国际经度会议所划分的标准时区，只做理论性的规定。这样的时区，叫作理论时区。目前世界各国实际采用的标准时区，在具体做法上往往不同于理论时区，称为法定时区。按理论时区确定的标准时，叫作区时；按法定时区确定的标准时，叫作法定时。前者是后者的基础，后者则是对前者的变通。

（一）理论时区与区时

在“地方时”的教学中，已经知道不同经线具有不同的地方时。而地球上有无数条经线，即有无数个时间，给人类的交往带来不便。如前所述，1884年国际经度会议采用“区时”。

1. 理论时区划分

如图5-6所示，根据一日分为24小时的历史传统，理论上将全球划分为24个时区，每个时区跨经度 15°，并编有时区的号码，这样的时区称为**理论时区**。规定 0°经线（本初子午线）所在的时区为 0 时区（也称为中时区）。从 0 时区中央经线开始，分别向东、向西每隔 15°划分一个时区，依次为东 1 区、东 2 区、……、东 12 区以及西 1 区、西 2 区、……、西 12 区。其中，东 12 区和西 12 区是两个半时区，合为 12 区。

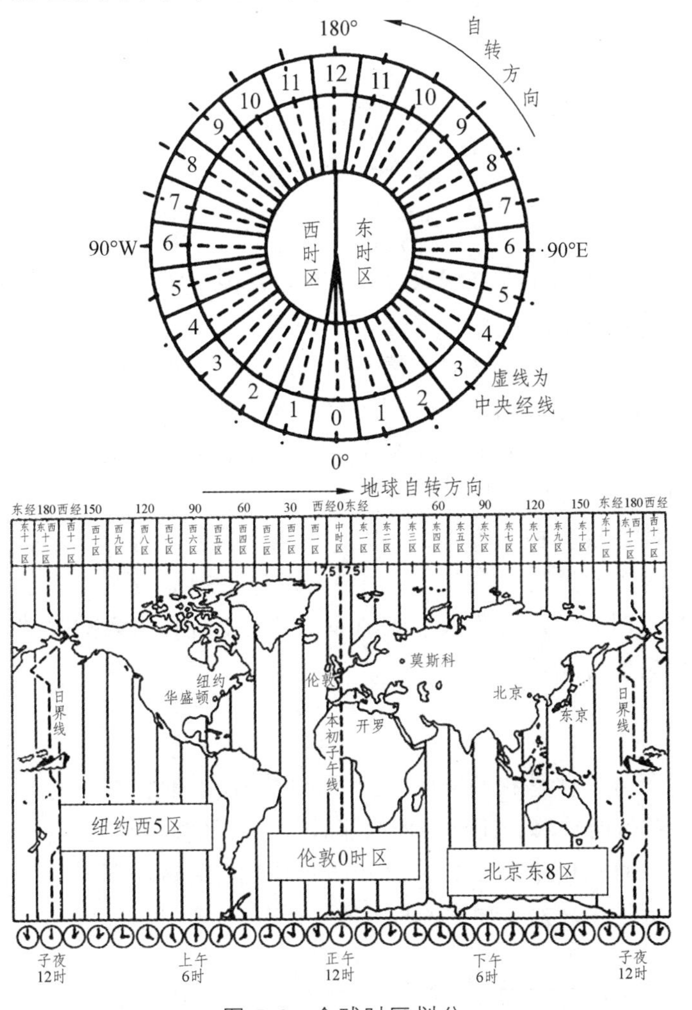

图 5-6　全球时区划分

每个时区跨经度 15°，位于每个时区中央的那条经线，叫作**中央经线**，它是所在时区的标准经线，如图 5-7 所示。

东时区的中央经线分别为东经 15°、30°、…、180°；西时区的中央经线分别是西经 15°、30°、……、180°。由此得出，每个时区中央经线的经度是 15°的整倍数。如 0 时区为 15°×0=0°，东 8 区为 15°×8=120°E，西 5 区为 15°×5=75°W，东 12 区为 15°×12=180°，西 12 区为 15°×12=180°，等。所以，东 12 区和西 12 区的中央经线是共用 180°经线，即东、西 12 区各为半个时区。

由上述时区得出，每一时区的东西界线距各自中央经线都为 7.5°，如图 5-7 所示。如 0 时区（中时区）的中央经线是 0°经线，该时区的东西界线跨东西经各 7.5°。

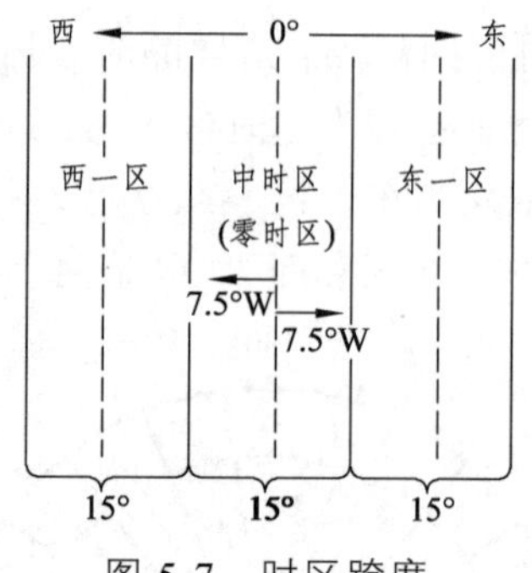

图 5-7　时区跨度

2. 区　时

在同一时区内，都采用本区中央经线（标准经线）的地方平时作为该区的统一时间，称为**区时**，又称**标准时**。

在时刻同经度的关系上，区时显然不同于地方时。地方时直接决定于经度：任何两地的经度差，都等于它们的地方时刻之差。区时则不然，两地的区时之差，决定于它们的时区之差，而不直接决定于两地的经度。如 115°E 和 120°E 都在东 8 区的范围内，两地地方时不同，而区时相同。

按这种标准时制度，在每个时区之内，各地点的地方时与其标准时之间，最多只相差半小时（因为东西界线与中央经线的经度差为 7.5°）。这样，在每一时区内的各地都使用本区的标准时间，误差不大，既消除了时间上各自为政的弊端，也不至于在人类交往中，频繁更换时间。

3. 区时差

各地的区时差异，就是它们所属时区的标准经线的地方平时的差异，是地方时问题的一个特例。按区时计算，任意两个相邻时区中央经线的经度相差 15°，因此，任意相邻两时区之间，时刻相差为完整的 1 小时；任意两时区的区时之差，等于它们之间相隔的时区数（区号）之差，如图 5-8 所示。即有

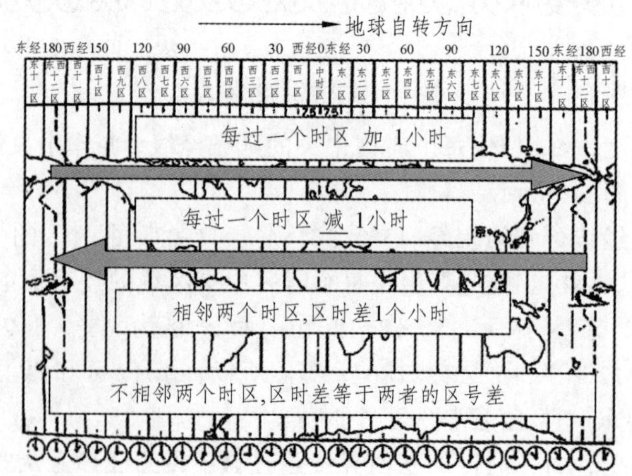

图 5-8　区时换算

区时差=偏东时区的区号-偏西时区的区号（东时区取正值，西时区取负值）

因为，任意两个时区中央经线的经度相差是15°的整数倍，因此，任意时区之间都只有“时”的差别，而“分、秒”都是相同的。

根据时刻的早晚可得，较东的时区比较西的时区早。根据这样的关系，只要知道世界时或某一时区的区时，便能推知其它任何时区的区时。如东 8 区与东 7 区的区时差为 1^h，东 8 区与西 5 区的区时差为 $8-(-5)=13^h$。

4. 区时换算原则

区时换算原则是**东加西减**。即位置偏东时区的区时等于位置偏西时区的区时加上这两个时区的区号差，反之相减，如图 5-8 所示。在区时换算中会遇到以下几种情况：

首先，计算东时区与西时区的区时差的时候，最好不要经过 180°经线，因为东、西 12 区就是一个时区，容易出错，即容易把东、西 12 区认为是两个时区，实际东、西 12 区分别只是半个时区。

其次，计算结果可能出现负值，则借 1 日（24^h）来参与计算，表示所求地的时间是昨天。

例 5-6 已知东 8 区为 10 月 1 日 10^h，求西 8 区的时间？

解： 东 8 区与西 8 区的区时差为

$$8-(-8)=16^h$$

已知东 8 区为 10 月 1 日 10^h，因西 8 区位于东 8 区的西边，则西 8 区的时间为

$$10^h-16^h=-6^h$$

则需借 1 日（24^h）来参与计算：

$$24^h-6^h=18^h \text{（即 9 月 30 日 } 18^h\text{）}$$

答： 西 8 区的时间为 9 月 30 日 18 时。

再次，计算结果也可能出现超过 24^h 的情况，则用计算结果减去 24^h，表示所求地的时间已是明天。

例 5-7 已知中时区为 12 月 3 日 22^h，求东 4 区的时间？

解： 东 4 区与中时区的区时差为

$$4-0=4^h$$

已知中时区为 12 月 3 日 22^h，因东 4 区位于中时区的东边，则东 4 区的时间为

$$22^h+4^h=26^h$$

则用计算结果减去 24^h：

$$26^h-24^h=2^h \text{（12 月 4 日 } 2^h\text{）}$$

答： 东 4 区的时间为 12 月 4 日 2 时。

5. 求时区数

已知某地的经度 λ，求其所在的时区 N，则为

$$N=\lambda/15° = \text{商}\cdots\cdots\text{余数}$$

余数>7.5°，商加 1，余数<7.5°，直接引用商值，整数的商（或商加 1）就得 N 值。如：82°E 为东 5 区，83°E 为东 6 区。

6. 东、西 12 时区的区时相同

东、西 12 区共用 180°经线为中央经线，因而东、西 12 区的区时相同。因为两者各为半个时区，共同组成一个时区。如：东 12 区的区时为 3^h，则西 12 区的区时也为 3^h。

各时区的标准时，就是该时区标准经度的地方时。而各时区标准经线的经度，是很容易求得的，它们都是 15°的整数倍，在数值上等于本时区的区号与 15°的乘积。这样，根据区时、经度、地方时之间的关系，就可以进行不同地点之间有关区时、经度、地方时方面的数值计算。例如，已知某时区的区时，可以求得当时任一经度的地方时（平太阳时）。又如，已知某时区的区时，又已知当时另一地点的地方时，可以求得该地点的地理经度。

标准时制度的确立，是时间计量上的一大飞跃。它给现代社会生产、科学研究和国际大范围频繁交往，带来了很大的方便。不过，上述区时制只是一种理论上的标准时制度。这种理论区时制的时区，既不考虑海陆分布状况，也不考虑国家政区界线，完全是根据经线划分的。实际上，时区的划分并不完全遵照理论区时制度的规定，各国所使用的标准时制度，同理论上的标准时制度是有区别的。

例 5-8 已知西 4 区为星期二 10 时，计算中时区、东 12 区和西 12 区的时间。

解：（1）已知西 4 区的时间为星期二 10^h，西 4 区与中时区的区时差为

$$0-(-4)=4^h$$

因中时区位于西 4 区的东边，则中时区的区时为

$$10^h+4^h=14^h \text{（星期二 } 14^h\text{）}$$

（2）已知西 4 区的时间为星期二 10^h，东 12 区与西 4 区的区时差为

$$12-(-4)=16^h$$

因东 12 区位于西 4 区的东边，则东 12 区的区时为

$$10^h+16^h=26^h=24^h+2^h=2^h \text{（星期三 } 2^h\text{）}$$

（3）已知西 4 区的时间为星期二 10^h，西 12 区与西 4 区的区时差为

$$12-4=8^h$$

因西 12 区位于西 4 区的西边，则西 12 区的区时为

$$10^h-8^h=2^h \text{（星期二 } 2^h\text{）}$$

或在（2）中已算出东 12 区的时间为星期三 2^h，根据日期进退原则（见之后的“日界线与日期进退”的换算原则），即东退西进，得西 12 区的时间星期二 2^h。

答：当西 4 区为星期二 10 时，中时区为星期二 14 时，东 12 区为星期三 2 时，西

12 区为星期二 2 时。

例 5-9 有人乘飞机从东京（139°46′E）去开罗（31°15′E），先飞行 2 小时 40 分钟后，于 11 月 15 日 9 时到达北京，在这里停留 3 天 6 小时，又飞行 11 小时到达开罗。试问：

（1）从东京起飞时当地和北京各是什么时间？

（2）到达开罗时当地是何时间？

（3）从东京到开罗途中共经历了多少时间？

解：（1）已知北京所在的时区是东 8 区，东京所在时区为

$$\frac{139°46'}{15°}=9\cdots\cdots4°46'\text{，即东 9 区}$$

得东 9 区与东 8 区的区时差为：$9-8=1^h$。

已知飞机飞行 2^h40^m，到达北京的时间是 11 月 15 日 9^h，则飞机起飞时北京时间为

$$11\text{ 月 }15\text{ 日 }9^h-2^h40^m=11\text{ 月 }15\text{ 日 }6^h20^m$$

因东 9 区位于东 8 区的东边，那么飞机从东京起飞时当地时间为

$$11\text{ 月 }15\text{ 日 }6^h20^m+1^h=11\text{ 月 }15\text{ 日 }7^h20^m$$

（2）开罗所在的时区为：$\frac{31°15'}{15°}=2\cdots\cdots1°15'$，即东 2 区。

得东 8 区与东 2 区的区时差为：$8-2=6^h$。

已知到达北京是 11 月 15 日 9^h，停留 3^d6^h 后的北京时间为

$$11\text{ 月 }15\text{ 日 }9^h+3^d6^h=11\text{ 月 }18\text{ 日 }15^h$$（飞往开罗的北京起始时间）

因东 2 区位于东 8 区的西边，那么此时开罗（东 2 区）的时间为

$$11\text{ 月 }18\text{ 日 }15^h-6^h=11\text{ 月 }18\text{ 日 }9^h$$（飞机在北京起飞时刻的开罗时间）

已知飞行 11^h 到达开罗，则达到时开罗（东 2 区）的时间为

$$11\text{ 月 }18\text{ 日 }9^h+11^h=11\text{ 月 }18\text{ 日 }20^h$$

（3）东京到开罗途中经历的时间为

$$2^h40^m+3\text{ 日 }6^h+11^h=3\text{ 日 }19^h40^m$$

答：（1）从东京起飞时当地和北京各是 11 月 15 日 7 时 20 分和 11 月 15 日 6 时 20 分；（2）到达开罗时当地时间是 11 月 18 日 20 时；（3）从东京到开罗途中共经历的时间是 3 天 19 小时 40 分钟。

例 5-10 图 5-9 中外围大圆表示赤道，虚线 *ACB* 表示晨昏线，*OP* 经线平面垂直晨昏圈平面，阴影部分表示 12 月 10 日，非阴影部分与阴影部分的日期不同。读图，完成下列各题：

（1）图中 *OP* 所在经线的地方时为________，以 *ACB* 为界，图的____（左、右）半部为昼半球，极点 *O* 附近为________（极昼、极夜）。

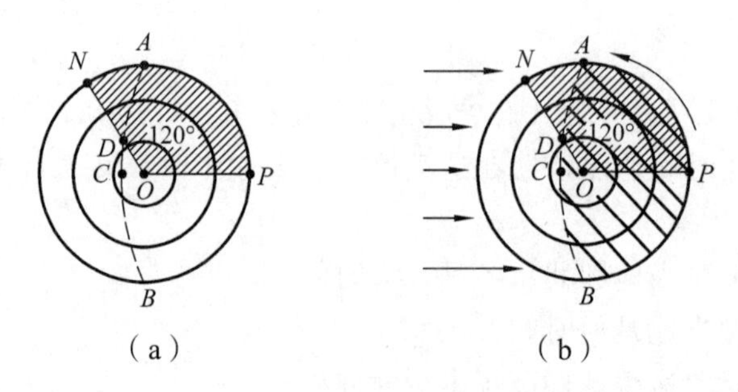

图 5-9　例 5-10 图

（2）图示为____（南、北）半球，太阳直射___（南、北）半球，并在图上画出地球自转方向。

（3）地点 *A*、*B*、*D*，位于晨线的是___________，位于昏线的是___________。

（4）*OP* 所在经线的经度为_________，太阳直射经线的经度为________。

（5）*N* 点的地方时为______，*D* 点的地方时为______，*A* 点的地方时为______，*B* 点的地方时为______；此时，北京时间为 12 月____日____时。

（6）图中 *D* 点日出时刻为______，昼长时间为_____小时，*O* 点的昼长为______小时，*C* 点的正午太阳高度______。

（7）*AN* 两地的经度差为______，其线段距离______海里。

（8）*D* 点位于 *P* 点_____方。

解题思路：

（1）*OP* 经线与晨昏线平面垂直，得：*OP* 经线地方时为 0^h 或 12^h。

（2）阴影部分表示 12 月 10 日，非阴影部分日期不同。得：*OP* 经线地方时为 0^h（不可能为 12^h）；也得晨昏线 *ACB* 右侧为夜半球（即右图阴影粗线部分）。

（3）晨昏线 *ACB* 右侧为夜半球，得极点 *O* 附近为极夜。

（4）月份为 12 月，表示太阳直射南半球，南极点附近为极昼，而极点 *O* 附近为极夜，得图示为北半球，地球自转方向为右图的箭头曲线。

（5）阴影部分为 12 月 10 日，根据两条日界线（0^h 线和 180°线），得：*ON* 经线 180°。

（6）划分夜与昼的 *ADC* 弧线为晨线，得 *A*、*D* 两点位于晨线。

（7）外大圆是赤道，赤道与晨线的交点为 6^h 日出；*A* 点位于晨线，得 *A* 点地方时为 6^h；*B* 点位于昏线也位于赤道上，得 *B* 点地方时 18^h。

（8）*ON* 为 180°经线、*ON*、*OP* 两条经线的夹角为 120°，得 *OP* 经线为 60°E（0^h 经线），那么相对应的经线是 120°W，即太阳直射经线为 120°W。

（9）*P* 点 0^h，夹角 120°，即相差 8 小时，根据“东早西晚”，得 *N* 点为 8^h，D 点也为 8^h（同条经线）。

（10）北京时间是 120°E 的地方平时，已知 *P* 点 60°E 为 0^h，相差 60°，即 4 小时，根据“东加西减”，得北京时间为 12 月 10 日 4^h。

（11）*D* 点为 8^h，又位于晨线上，得：日出时刻为 8^h，根据（12^h-8^h）$\times 2=8^h$，即得 *D* 点昼长为 8 小时。

（12）O 点处于极夜，得 O 点的昼长为 0 小时。

（13）C 位于晨昏线上，得以 C 点的正午太阳高度 0°。

（14）因 A 点为 6^h，N 点为 8^h，即相差 2 小时，得经度差 30°，其线段距离为 30°×60=1800 海里。

答案：（1）0^h，左，极夜；（2）北，南；（3）A、D，B；（4）60°E，120°W；（5）6^h，18^h，8^h，8^h，10 日 4^h；（6）8^h，8，0，0°；（7）30°，1800；（8）东北。

（二）现实时区与法定时

现实时区的界线通常是国界线或在本国范围内人为划分，其界线通常被自然或行政疆界所代替。许多国家为了自身的便利，在制定标准时时，要根据具体情况，对理论上的标准时进行各种调整。它们被称为**法定时**，因为这种时间及其适用范围，通常是由国家的立法机关或政府当局以法令形式制定和颁行的。法定时所采用的标准经度，大多也是区时的标准经度。例如，美国的东部时区，就其东西界线来说，完全不同于理论时区；但它的标准经度与西 5 区相同（75°W）。然而，不少国家的法定时的标准经度，与区时的标准经度迥然不同。这方面的情形是五花八门的（参见《世界时区图》）。主要有以下情况：

（1）许多西方国家的法定时，比它们所在时区的区时快 1 小时，如爱尔兰、法国、比利时、荷兰和西班牙等国家，都采用东 1 区的标准时。

（2）亚洲某些国家，根据本国所跨的经度范围，采用半时区。它的标准经度同理论时区相差 7.5°。如伊朗采用东 3.5 区，阿富汗采用东 4.5 区，印度和斯里兰卡采用东 5.5 区，缅甸采用东 6.5 区。此外，如北美加拿大的纽芬兰也采用半时区。

（3）澳大利亚的情形较为特殊。其东部和西部分别采用东 10 区和东 8 区的标准时，并把这两个时区的范围略向中部扩展。中部是干旱的沙漠，人烟稀少，用东 9.5 区标准时。

（4）世界上还有少数地方，既不按照本时区的标准时，也不采用半时区的标准时，而是“任意”确定它的标准时。尼泊尔的法定时与格林尼治时间相差 5 时 45 分。

（5）我国实行单一的法定时，即北京时间。虽然，我国跨越东五区到东九区，但实行单一的法定时，即全国各地共同采用北京所在的东 8 区的区时，叫**北京时间**。或者是指 120°E 经线的地方平时，北京时间不是北京（116°19′E）的地方平时，如图 5-10 所示。

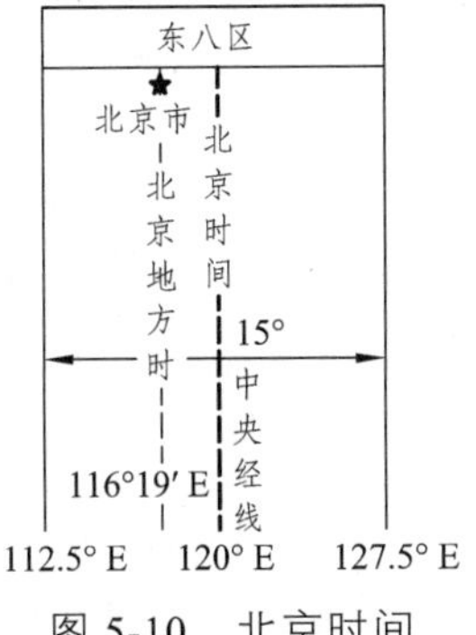

图 5-10　北京时间

如，“某飞机于10^h从贵阳或海口或乌鲁木齐机场飞往某地……”，这里的10^h是指北京时间。因为，全国各地共同采用北京时间，而不是各地的地方时。

此外，有些中高纬度的许多国家，为了充分利用夏季的太阳光照，节约照明用电，而又不变动作息时间，实行所谓夏令时，即在夏季到来前，通令把时针拨快 1 小时，即采用比区时（或法定时）提早 1 小时的时间；到下半年秋季来临时，再把时针拨回 1 小时，恢复原状。实行夏令时的日期，一般是 4 ~ 9 月（北半球）或 10 ~ 3 月（南半球）。我国曾于 1986 年开始实行夏令时。在夏令期间，北京时间改称北京夏令时。1992 年中止实行。

（三）日界线与日期进退

1. 日期混乱的发现

（1）当年麦哲伦率领他的船队，自西班牙启程向西航行。三年后，当幸存者的船只回到始发港时，发现航行日志上记载的日期，比岸上的日期“少”掉 1 日。这在当时曾引起一场轩然大波。造成这一混乱的原因是，船舶在向西行进中，视午的物理时刻逐日推迟，即每天都在推迟中午的到来。按这种被延长了的昼夜来计算日子，在绕行地球一周后，便减少了 1 日。那么，若船舶向东航行，视午的物理时刻逐日提早，昼夜缩短，环球一周后，日期便会多出 1 日。如果没有适当的措施，每绕行地球一周，日期便差 1 日，这就造成日期的混乱。

（2）在区时的推算中，跨越 180°经线（日界线），出现日期混乱。如：

已知东 8 区为星期一 20 时，求西 8 区为星期几？几点钟？

向东推算的结果：东 8 区与西 8 区相差 8 个时区，即两地相差8^h，且西 8 区位于东 8 区的东边，则西 8 区的时间为：$20^h+8^h=28^h$（即星期二4^h）。

向西推算的结果：东 8 区与西 8 区的区时差为 $8-(-8)=16^h$，且西 8 区位于东 8 区的西边，则西 8 区时间为$20^h-16^h=4^h$（即星期一4^h）。

由此得出，推算的结果相差 1 日，这就造成日期的混乱。

2. 理论日界线

为了避免在环球航行中发生日期混乱，必须在向东航行一周中，把日期退回 1 日；在向西航行一周中，把日期推进一日。日期进退一日的经线称为**日界线**，全称**国际日期变更线**。它被安排在人烟稀少的 180°经线上，即理论日界线，如图 5-11 所示。

3. 现实日界线

180°经线纵贯太平洋中部，为了避免它通过岛屿，给当地居民带来日期变更的麻烦。所以，现实日界线有三处偏离 180°经线（见图 5-11）：① 俄罗斯西伯利亚东端向东偏离。② 美国阿留申群岛以西向西偏离。③ 在 5°S ~ 51°30′S 之间向东偏离。

4. 日界线两侧的日期进退

在日界线以西为东十二区，日界线以东为西十二区。由于在任何时刻，东十二区总比西十二区早 24 小时，所以，日期换算的原则是**东退西进**。即向东跨过日界线退一日，或向西跨过日界线进一日（见图 5-11）。具体是：自东十二区向东进入西十二区，日期要减去一天，自西十二区向西进入东十二区，日期要增加一天；或者，由日界线西侧进入东侧，日期要减去一天，由日界线东侧进入西侧，日期要增加一天。

根据日期进退的原则，那么，在日界线两侧的东、西 12 区，两时区钟点时刻相同，日期相差一日。如东 12 区为星期二 10^h，则西 12 区为星期一 10^h。

上述区时推算中，出现的日期混乱也就迎刃而解了。向东推算结果为星期二 4^h，因为向东推算跨过日界线，需退一日应为星期一 4^h。而向西推算结果不要改变，因为在推算过程中没有经过日界线。

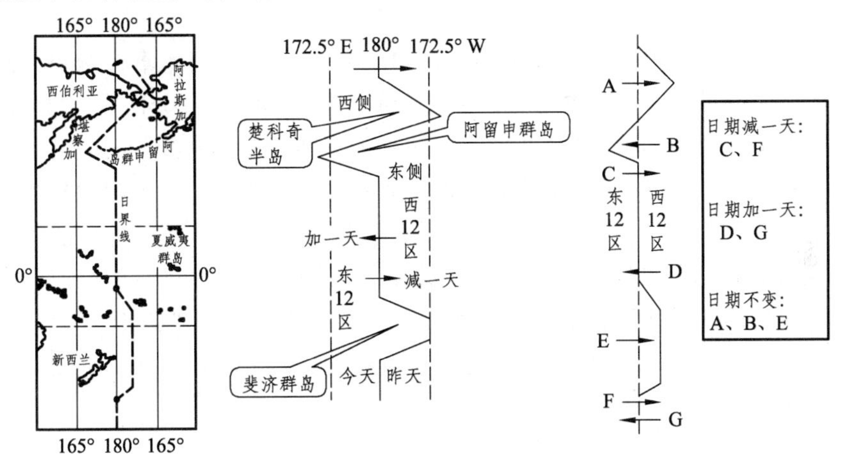

图 5-11　日界线及日界线两侧的日期进退

5．区时与日期的换算区别

我们知道，区时的换算方法是东加西减。也就是，向东每过一个时区加 1 小时，向西每过一个时区减 1 小时；相邻两个时区，区时差 1 个小时，不相邻两个时区，区时差等于两者的区号差。而日期的换算是以 180°经线为基础确定日界线，其换算原则是东退西进，即由日界线西侧向东进入东侧，日期要减去 1 日，由日界线东侧向西进入西侧，日期要增加 1 日，如图 5-12 所示。

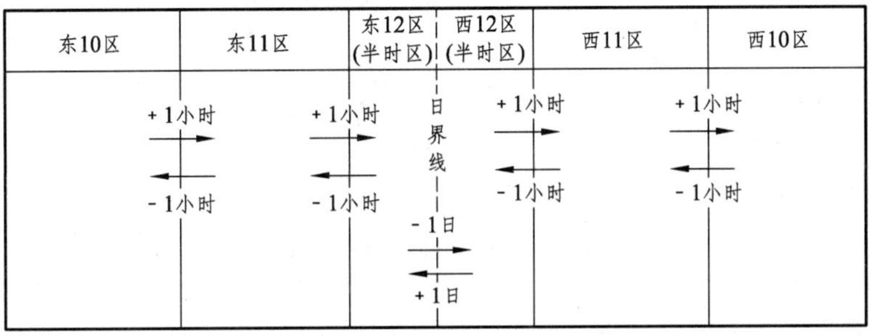

东10区	东11区	东12区(半时区)	西12区(半时区)	西11区	西10区
	+1小时 → / ← -1小时	+1小时 → / ← -1小时	日界线 -1日 → / ← +1日	+1小时 → / ← -1小时	+1小时 → / ← -1小时

图 5-12　区时与日期的换算比较

例 5-11　一艘航行于太平洋的船，从 12 月 30 日 12 时（区时）起，经过 5 分钟，越过 180 度经线，这时其所在地的区时可能是（AD）。

A. 12 月 29 日 12 时 5 分　　　B. 12 月 30 日 11 时 55 分

C. 12月30日12时5分　　D. 12月31日12时5分

提示：① 如向东航行，即由东12区越过180°经线到西12区，退一日。从12月30日12时（东12区区时）起，经过5分钟，越过180°经线，这时其所在地的区时可能是12月29日12时5分（西12区区时），所以选A。

② 如向西航行，即由西12区越过180°经线到东12区，进一日。从12月30日12时（西12区区时）起，经过5分钟，越过180°经线，这时其所在地的区时可能是12月31日12时5分（东12区区时），所以选D。

6. 两条日界线

地球上的日期，由两条日界线来确定，如图5-13所示。当太阳直射0°经线的瞬时全球同属于一天除外，世界通常同时存在两个不同的日期：一部分已进入“新的一天”，另一部分仍滞留在“旧的一天”。划分“旧的一天”和“新的一天”的是另一条日期分界线——夜半线，即正在经历24时（或0时）的那条经线。夜半线随地球的自转而向西漂移，它所到之处，即由“旧的一天”的午夜进入“新的一天”的凌晨。如果说，日界线是人为的日期分界线，那么，夜半线便是日期的自然增进线。以夜半线为界，世界分为不同日期的东西两部分：夜半线以东，日界线以西是“新的一天”；夜半线以西，日界线以东是“旧的一天”。任何时刻，前者总比后者超前1日。即地球上存在两条日界线如下：

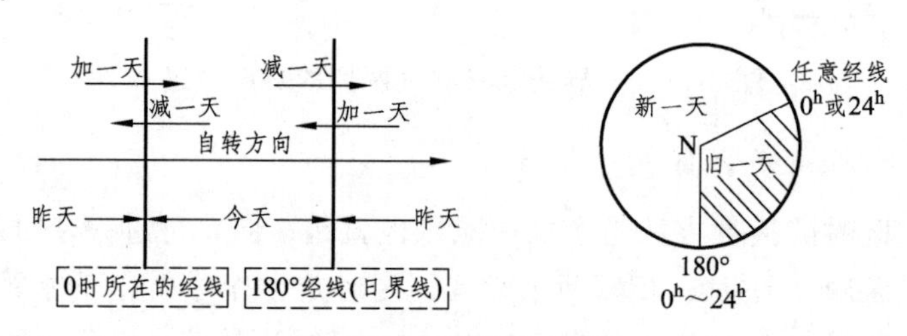

图5-13　两条日界线

（1）人为界线——180°经线：其特征是定线不定时。即180°经线划分“新的一天”或称今天和“旧的一天”或称昨天，它是人为日界线。随着地球的自转，180°经线的时刻不断变化。

（2）自然界线——0时经线（中央经线）：其特征是定时不定线。即该经线的时刻为0^h，而0时经线是“旧的一天”或称昨天和“新的一天”或称今天的界线，所以它也就是日界线。随着地球的自转，0时经线不断变更。如表5-2所示。

表5-2　两条日界线的比较

	人为界线	自然界线
界线	180°经线，固定不变	不固定，可以是任一条经线
钟点	钟点不固定，0时～24时	钟点固定，0时或24时
日期	线东侧为旧一天 线西侧为新一天	线东侧为新一天 线西侧为旧一天

例 5-12 如图 5-14（a）所示，中心点为北极，经线 *NA*、*NB* 为日界线，全球分为 3 月 1 号和 3 月 2 号两天，求北京时间。

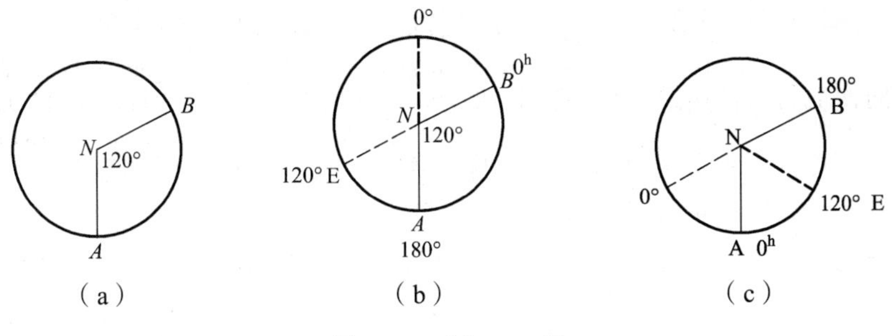

图 5-14 例 5-12 图

解：（1）设经线 *NA* 为 180°，*NB* 为 0^h 线，并作经线 0°和 120°E 线，如图 5-14（b）所示。

由图可得：*NA* 向东到 *NB* 的范围是 3 月 1 号，*NB* 向东到 *NA* 的范围是 3 月 2 号，由此可知经线 120°E（东 8 区）为 3 月 2 号。

作 180°经线 *NA* 的对应线得 0°经线，因 *NA*、*NB* 的夹角为 120°，得

NB 经线为 60°W，为西 4 区，区时为 0^h。

经线为 120°E，为东 8 区，即所求的时间：东 8 区与西 4 区的区时差为：$8-(-4)=12^h$。

东 8 区位于西 4 区的东边，则北京时间为

$$0^h+12^h=12^h\text{（3 月 2 号）}$$

（2）设经线 *NB* 为 180°，*NA* 为 0^h 线，并作经线 0°和 120°E 线，如图 5-14（c）所示。

由此可知：*NB* 向东到 *NA* 的范围是 3 月 1 号，则 *NA* 向东到 *NB* 的范围是 3 月 2 号，经线 120°E（东 8 区）为 3 月 2 号。

由图可知，*NA* 经线为 60°E，是东 4 区，区时为 0^h，东 8 区与东 4 区的区时差为

$$8-4=4^h$$

东 8 区位于东 4 区的东边，则北京时间为

$$0^h+4^h=4^h\text{（3 月 2 号）}$$

答：根据题意及原图求得北京时间是 3 月 2 号 12 时或 3 月 2 号 4 时。

例 5-13 不考虑太阳高度抬高 50′的影响，当全球 9 月 1 日和 9 月 2 日的范围各占一半时，北京时间大约是多少？

解：当全球 9 月 1 日和 9 月 2 日的范围各占一半时，则 0 时区（或中时区）的区时$=0^h$

已知北京时间为东 8 区的区时，则东 8 区与 0 时区的区时差为

$$8-0=8^h$$

东 8 区位于 0 时区的东边，东 8 区的时间为

$0^h+8^h=8^h$

由“0时经线向东到180°经线为新一天”可知，北京时间为9月2日8^h。

答：当全球9月1日和9月2日的范围各占一半时，北京时间大约为9月2日8时。

例5-14 当晨线或昏线与120°E经线重合时，大约是北京时间何日何时？（不考虑太阳高度抬高50′的影响）

解：依题意得，春分或秋分日，晨昏线通过南北极，可与经圈重合。在该日晨线或昏线会与120°E经线重合。

一般情况下，春分日为3月21日，秋分日为9月23日。120°E的地方平时即北京时间。

晨线经过的地点为6^h，当晨线与120°E经线重合时，北京时间为春分日（3月21日）6^h，或秋分日（9月23日）6^h。

昏线经过的地点为18^h，当昏线与120°E经线重合时，北京时间为春分日（3月21日）18^h，或秋分日（9月23日）18^h。

答：当晨线与120°E经线重合时，北京时间大约是春分日（3月21日）6时或秋分日（9月23日）6时，当昏线与120°E经线重合时，北京时间大约是春分日（3月21日）18时或秋分日（9月23日）18时。

（四）从世界时到协调世界时

1. 世界时（UT）

世界时是全球通用的时间。从1925年以后，各国《天文年历》都以格林尼治子午线为准，其地方平时在天文测量中具有特殊的作用。所谓世界时就是格林尼治时间，即0°经线的地方平时。由于地球自转速度不均匀，使所测得的世界时不精确。

世界时是以地球自转为基准的。自从石英钟问世后，地球自转的不均匀性逐渐表现出来。这种不均匀性给许多需要高精密时间的部门带来了麻烦。例如，《天文年历》中计算天体位置用的是均匀的时间，因为在力学定律中，作为自变量的时间是均匀的。但是实际观测中用的却是非均匀的平太阳时。这样一来，理论计算同观测结果就不能完全符合。为了解决这个问题，国际上在1956年就对原来的世界时进行了一系列改革。改革后的世界时分为三种：直接根据地球自转的世界时称为UTO，UTO经过极移订正后成为UT1，再经过地球自转的季节变化订正便成为UT2。这些改革都是有成效的，但没有解除世界时同地球自转的联系。

2. 历书时（ET）

为了摆脱地球自转不均匀性对时间的影响，1958年，国际天文学联合会决定，自1960年开始，用历书时取代世界时，作为基本的时间计量系统。历书时以地球公转为基准，以历书秒为单位。它的优点在于采用不变的历书秒长，天文推算和天文观测结果相一致。但是，用天文方法测定历书时，其精度不高。它仅通用7年，到1967年又被原子时所取代。

3. 原子时（AT）

原子时是由原子钟导出的时间，它以物质内部的原子运动为基准，是空前精密的时间系统。国际天文学界于 1967 年定义了原子秒，并在此基础上建立国际原子时（LAT）。原子时以原子秒长度为基础建立起来的计时系统所得到的时间。其秒长具有均匀、精确、稳定的特点。

4. 协调世界时（UTC）

协调世界时（UTC）就是一种介于原子时和世界时之间的时间尺度，其秒长采用原子时的秒长，它的时刻采用世界时的时刻。

原子时的秒长有极高稳定性，但它的时刻却没有实际的物理意义。与此相反，世界时的秒长虽不固定，但它的时刻对应于太阳在天空中的特定位置，反映瞬时地球在空间的角位置。这不仅同日常生活相关，而且对于大地测量、天文导航，以及对人造卫星和宇宙飞船的跟踪观测等工作，具有重要的实际应用价值。这些部门需要世界时的时刻；而精密校频等物理学测量，则要求有稳定的时间间隔，即原子秒长。最终用一种介乎原子时和世界时之间的时间。它以原子时为基础，但在时刻上尽量接近世界时。这种时间标准，实际上是原子时的秒长与世界时的时刻相互协调的产物，故称为协调世界时（UTC）。

由于协调世界时采用原子时的秒长，使世界时与原子之间就有一个差值，并规定这个差值保持在±0.9 s之内。如果超过这个限度时，便仿照历法上的置闰，在协调世界时中插入一个跳秒，即它对原子时的差值跳过 1 秒。跳秒也叫闰秒，或增加 1 秒（正闰秒），或减少 1 秒（负闰秒），以适应地球自转速度的变化。闰秒一般被安排在当年 12 月 31 日或 6 月 30 日的最后一分钟的末尾。由于地球自转总趋势是不断变慢，平太阳秒变长，所以，通常情形下的闰秒是正闰秒。

通过闰秒的安排，协调世界时的时刻始终接近世界时；而它同原子时的差值，则跳跃式地增大。用这样的办法，既保持“秒长均匀”，又达到“时刻接近”。具体调整工作由国际时间局根据观测资料确定，并提前发出通知。从 1979 年起，国际上决定用协调世界时取代格林尼治时间，作为国际无线电通讯业务中的标准时间。

第二节　历　法

地球运动具体周期性，人们利用这种周期建立起了计时制度和历法制度，以服务于人们的日常生活和生产活动。历法的制定是依据地象和天象进行的。古人从观测地面物象来判定季节的“地象授时”到观察天空现象来判断农事季节的“天象授时”，已积累了大量的“观象授时”的经验。历法的演变过程，体现了人类认识自然规律的深化过程。

一、历法概述

1. 定　义

历法是指根据天体运行的规律，安排年、月、日的方法。历法是推算日、月、年的时间长度和它们之间的关系，是制定时间顺序的法则。历法中的日是**平太阳日**，它是平太阳在天球上周日运行的时间长度。历法中的年和月，其长度有的是按日月运行周期制定的，有的是人为规定的。不论中外，最早制定的历法，多重视月相的圆缺变化，规定月初晦朔，月半圆满；后来，由于农业生产和人类生活的需要，四季和节气受到重视，制定历法必须规定寒暑有常，节所有序。这些规定，就使得历书上的月、日次序和太阳、月亮在天球上的视位置基本一致。

2. 编制历法依据

历法是在人类生产和生活过程中逐渐形成的，年、月、日都直接与天体运行的周期相关。这里的年指**回归年**（365.242 2 日），是季节变化的周期；月指**朔望月**（29.530 6 日），是月相盈亏的周期；日指太阳日（严格地说是**平太阳日**），是昼夜交替的周期。三者之中，日是历法的基本单位，必须保持完整，不被分割。因为，回归年、朔望月都不是日的整数倍，回归年也不是朔望月的整数倍，如果直接按回归年、朔望月作为历法中的年和月，那么年和月开始时刻在一日中将是不固定的，这对人们的生产和生活都很不方便。因此，人为规定历法中的年和月都是整日数，这种整日数的年和月，称为**历年**和**历月**。

3. 编制历法的基本原则

既然历年不等于回归年，历月不等于朔望月，它们之间就必然存在着一定的差值。如果对它们的差值置之不理，多年以后，将会造成历法的混乱，导致寒暑颠倒，月相失常的现象，便失去了对人类生活和生产活动的指导意义。所以，在编制历法时，必须对差值做适当处理，历法上叫作置闰，其目的在于使历法的起算点总是接近所规定的日期。所以，在编制历法时，必须遵循以下基本原则。

（1）历年、历月的天数必须是整日数。

（2）多个历年的平均天数可以不是整日数，但要保证历年的平均长度尽可能地接近于非整日数的回归年。

（3）多个历月平均天数可以不是整日数，但要保证历月的平均长度尽可能地接近于非整日数的朔望月。

就是说，历法要尽可能准确地反映地球和月球运动的周期，使其符合四季变化和月相变化的规律。历法在指导生活、安排生产等方面具有实用价值。

二、历法分类

古代历法总是要同时考虑朔望月和回归年这两个天文周期。所以，它有历月和历年两个侧重点：根据朔望月安排历月，又根据回归年安排历年。历法问题的复杂性，全在于回归年和朔望月这两个周期都不是整数日，且彼此不能通约。

因此，历日制度在朔望月和回归年之间，即在历月和历年之间，总是顾此失彼，必然有所侧重。由于这个原因，历法一般分为三类：即太阴历（阴历）、太阳历（阳历）和阴阳历，如表 5-3 所示。侧重协调朔望月和历月关系的叫太阴历，简称阴历；侧重协调回归年和历年关系的叫太阳历，简称阳历；兼顾朔望月和回归年、历月和历年的叫阴阳历。

比较起来，原始的历法是阴历，历史上曾一度占优势的是阴阳历，当前世界通行的是阳历。

表 5-3　历法的分类

分类	编历依据
阴历	月相变化周期——朔望月（29.530 6 日）
阴阳历	月相变化周期——朔望月（29.530 6 日） 地球公转周期——回归年（365.242 2 日）
阳历	地球公转周期——回归年（365.242 2 日）

无论哪一类历法，都有一个协调历日周期和天文周期的关系问题。在原则上，历月应力求等于朔望月，历年应力求等于回归年。但由于朔望月和回归年都不是完整的日数，能够等于朔望月的只能是平均历月，而不是每个历月；等于回归年的是平均历年，而不是每个历年。因此，历月须有大月和小月之分；历年须有平年和闰年之别。通过大月和小月、平年和闰年的适当搭配和安排，使其平均历月等于朔望月，平均历年等于回归年。这就是历法主要内容。

（一）阴历——以伊斯兰历为例

太阴历，简称**阴历**。它是以月亮圆缺变化的周期（朔望月）为基础而编制的历法，由于月相变化是人们最容易看见的天象，因而，这是人类历史上使用最早的一种历法。现在信仰伊斯兰教等宗教的国家和地区所使用的伊斯兰历，就是阴历的一种。

1. 编历依据

阴历是侧重协调朔望月和历月的关系，因此，阴历的首要成分是历月。阴历的历日要反映出月相的特征，阴历的每一天，大体上都有其月相意义，这就是编制阴历的初衷。所以，月亮盈亏变化的周期（月相变化周期）——朔望月（29.530 6 日）即为编制阴历的依据。

2. 历日安排

阴历按朔望月的长度来定历月的天数，依据朔望月（29.530 6 日）来安排每个历月的历日数，因 29.530 6 日介于 29 日与 30 日之间，故小月的日数取 29 日，大月的日数取 30 日。通过大、小月的适当安排，使其平均历月接近朔望月。因此，阴历历日的轮转，体现月相的变化，晦朔弦望都在一定的日期出现。例如，每月初一就是新月的日期，月中大体上就是月圆的日期。

3. 历月安排

伊斯兰历全年 12 个历月中，逢单为大月，30 日；逢双为小月，29 日（闰年 12 月为 30 日）。每月初一的规定，伊斯兰历与我国农历不同。伊斯兰历以月光初见来定每月初一，我国农历以日月合朔为每月初一。所谓月光初见，就是合朔后第一次黄昏时见到的蛾眉月。一般地说，伊斯兰历的每月初一，相当于我国旧历的初二或初三。

4. 历年安排

阴历参照回归年的长度来定它的历年，12 个历月的累积为它的历年。所以，阴历年是从历月派生出来的，并非独立的计时单位。阴历年安排月数的天文依据是回归年与朔望月的比值，即 365.242 2/29.530 6=12.368 2，取整后一个太阴年定为 12 个朔望月。那么，太阴年的精确日数=12×29.530 6=354.367 2 日。于是，阴历平年为 354 日，闰年为 355 日。

每个历年比回归年约少 11 天左右，3 年就要短约 1 个月，约 17 年就会出现月序与季节倒置的现象，原来 1 月份在冬天，17 年后，1 月份就在夏天了。随着人类生活和生产活动的发展，需要历法的月份和四季、农业与气候密切配合，然而，阴历却满足不了这些需要。因此，阴历的月序没有季节意义。

5. 置闰依据

因为伊斯兰历全年 12 个历月中，逢单为大月，30 日，逢双为小月，29 日，则历月的平均值为 29.5 日，比朔望月少 0.030 6 日，则一年就少 0.030 6×12=0.367 2 日，30 年就少 0.367 2×30=11.016 日。也就是说，在 30 个阴历年的 360 个月就比 360 个朔望月少 11 天多，要使 360 个阴历月的天数和 360 个朔望月的天数大致相等，这就需要对这个差值进行处理，采用 360 个朔望月（即 30 个太阴年）为协调周期。即：

360 个朔望月的日数为

$$29.530\ 6\times 360=10\ 631.016 \text{ 日}$$

360 个阴历月的日数为

$$191\times 30+169\times 29=10\ 631 \text{ 日}$$

在 30 个太阴年中，安排 191 个大月，169 个小月，其总日数与 360 个朔望月的总日数十分接近。

阴历为了解决历月的平均值比朔望月少 0.030 6 日，制定了闰日制度。根据 30 年少 0.367 2×30=11.016 日，在每 30 年中安排 11 个闰年。

6. 置闰法则

（1）每 30 年 11 闰，闰年的 12 月为大月。在 30 个太阴年中闰年数为 11 个，平年数为 19 个。

（2）规定第 2、5、7、10、13、16、18、21、24、26、29 个阴历年为闰年。于是平年为 354 日，闰年为 355 日。这样平年为 6 个小月 6 个大月；闰年为 5 个小月 7 个大月。

经过闰日制度，在 30 年内仍有 0.013 天的尾数没有处理，不过这要经过 2 400 余年方能积累 1 日，届时只要增加一个闰日就可以解决。

7. 优缺点

优点是历月的平均大致等于朔望月，阴历的每一天大体上与一定的月相对应。缺点是与四季寒暑变化不符。历年比回归年短约 11 天，约 17 年后出现一次寒暑倒置，冬夏易位，无法以此安排农事活动。

（二）阳历——以格里历为例

太阳历，简称阳历，又叫格里历，现行公历即为格里历。它是以季节变化周期——回归年为基准而制定的一种历法。由于阳历中年、月、日的安排，能适应生产、生活的需要，又经过多次改革，因而，阳历演化而成目前世界各国都普遍采用的公历。

1. 编历依据

阳历侧重协调回归年和历年的关系，所以，阳历的首要成分是历年。阳历历月、历日的轮转，体现太阳的周年视运动和季节的轮回。因此，其每一历日，都有大致不变的太阳黄经和相当确切的季节含义。这是阳历的最大优点。阳历的历月，同一定的太阳黄经相对应，而同月相盈亏毫不相干。因此，编制阳历是依据季节变化的天文周期，即回归年（365.242 2 日）。

2. 历日安排

历月的平均日数=365.242 2/12=30.438 6 日，于是大月定为 31 日，小月为 30 日。几经修改后，现在世界通行的公历，其历日安排一、三、五、七、八、十、十二月安排 31 日，为大月；四、六、九、十一月安排 30 日，为小月；特殊月二月 28（29）日，12 个月为一年。平年 365 日，闰年 366 日。

	一、	二、	三、	四、	五、	六、	七、	八、	九、	十、	十一、	十二
平年 365 日	31	28	31	30	31	30	31	31	30	31	30	31
闰年 366 日		29										

3. 历月安排

阳历年安排的月数=365.242 2/29.530 6=12.368 2，取整后一个阳历年定为 12 个月。

也就是说，阳历的历月是从历年派生出来的，不是独立的计时单位。

大小月的安排，理论上应依据历月的平均日数 30.438 6 日，其 30 日后余数 0.438 6×12=5.263 2 日，得平年为 5 个大月，7 个小月，即有 31×5+30×7=365 日；闰年为 6 个大月，6 个小月，即有 31×6+30×6=366 日。而事实上却是 7 个大月（月号为一、三、五、七、八、十、十二均为大月），5 个小月（月号为四、六、九、十一均为小月），特殊月二月平年只有 28 日，闰年为 29 日。

4. 历年安排

阳历是按回归年长度设计的，即平年 365 日，被舍去的尾数 0.242 2 日，积 4 年后约 1 日，置上一个 366 日的闰年，使其平均历年接近或等于回归年。阳历为了解决尾数 0.242 2 日，制定了闰日制度。通过闰日制度，阳历历年的平均日数（365.242 5 日）与回归年的精确日数（365.242 2 日）只差万分之三日，甚为精确。

现行公历的突出特征表现在历年，其历年是以回归年的长度为基础而建立起来。因此，阳历的平均历年长度与回归年的长度非常接近，能够反映太阳周年视运动的位置，同一定的太阳黄经相对应，也反映春、夏、秋、冬四季变化的季节特征。

5. 置闰依据

因为阳历历年比回归年少 365.242 2−365=0.242 2 日，则 0.242 2×400=96.88（约 97 日），即 400 个阳历历年比 400 个回归年约少了约 97 日，要使阳历的平均长度接近回归年的长度，就要在 400 个阳历历年中安排 97 个闰年，即（365×400+97）÷400=365.242 5。因为 303×365+97×366=146 097 日，而 146 097÷400=365.242 5 日，这个数据十分接近回归年的长度，因此阳历的**协调周期**为 400 个回归年，其中应安排的闰年数为 97 个，平年数为 303 个（400−97）。从而得到，历年的平均日数=（97×366 日+303×365 日）/400=365.242 5 日。

那么，97 个闰年如何安排呢？则依据 0.242 2×4=0.968 8（约 1 日），即每 4 年安排一个闰年，则 400 年有 100 个闰年，与上述 97 个闰年多 3 个，因此要在适当的年份不置闰。

6. 置闰法则

（1）每 400 年 97 闰；（2）凡是公元年号能被 4 整除的是闰年；（3）凡是世纪年号能被 400 整除的是闰年；（4）闰年之闰日安排在 2 月的最后一天，使 2 月有 29 日。

此外，365.242 5−365.242 2=0.000 3 日，即每个阳历年比回归年多 26 秒，3 300 年约多 1 日，即每 3 300 个阳历年减去 1 个闰年。

7. 优缺点

历年的平均值大致等于回归年的长度，阳历的月份有确切的季节意义，对安排农事活动有利；但阳历岁首无天文意义，月份的日序与月相无关，大小月的安排欠合理，特殊月与大月有 2～3 天之差，上下半年的日数相差过大。

8. 阳历历史

现行公历是格里历，它的前身是奥古斯都历，奥古斯都历的前身是儒略历。

（1）儒略历

儒略历是儒略·凯撒（罗马帝国统治者）于公元前 46 年仿照古埃及历法制定的。它定 365 日为一年（平年），每 4 年 1 闰，闰年为 366 日；平均历年为 365.25 日。

按阳历的一般原则，平年时应有 5 个大月（31 日）和 7 个小月（30 日），全年为 365 日。儒略历为匀称方便起见，改为 6 个大月和 6 个小月。大小月相间：逢单为大，逢双为小。超出的 1 日从二月扣去，使它成为一个 29 日的特殊小月，闰年时才改为 30 日。

儒略·凯撒于次年（公元前 45 年）遇刺身死，他的臣僚们为纪念他制定新历法的功绩，决定把凯撒出生的月份（七月）改称儒略月（July）。

（2）奥古斯都历

儒略历修改后称为奥古斯都历。特点是：① 依然保持儒略历的编制依据（平均年长 365.25 日）和历法制度（平年 365 日，闰年 366 日，每 4 年 1 闰。）。② 大小月相间分布被打乱，具体是上半年不变，下半年双月变成大月，并保留七月为大月，使得下半年大月为 4 个，小月只有 2 个。③ 特殊小月 2 月又少 1 日，使上下半年的日数相差过大。

为什么奥古斯都要改变儒略历？原因是：① 奥古斯都生于 8 月，要把小月 8 月改为大月，并把自己出生的八月也冠上自己的名字，称奥古斯特月（August）。而 2 月是处决犯人的月份，不吉利，希望该月短些，于是从 2 月抽 1 日到 8 月，并改变 8 月以后的大小月的月份。② 儒略历实施后，把“每隔 3 年 1 闰”误为“每 3 年 1 闰”，造成公元前 45 年到公元 9 年的 36 年中，造成了 3 日的误差。为了纠正这一误差，恺撒的继承者奥古斯特下令：自公元前 9 年到公元 3 年，不安排任何闰年；自公元 4 年起，实行 4 年 1 闰的制度。

（3）格里历

格里历开始于 1582 年，于 20 世纪 20 年代成为全世界通用的历法，我国于 1912 年开始使用。

改历的原因是：（1）儒略历（或奥古斯都历）的平均历年为 365.25 日，比回归年 365.242 2 日多 0.007 8 日，造成公元 325 年到公元 1582 年的 1257 年多 0.007 8×1 257=9.804 6 日（约 10 日），使春分日从 3 月 21 日提早到 3 月 11 日。（2）回归年的长度的精确数值是 365.242 2 日。

改历的内容是：① 为了纠正多出约 10 日的误差，罗马教皇格里果里十三世在 1582 年下令，把当年的 10 月 5 日改为 10 月 15 日，即删去 10 日（见图 5-15），使春分日大多固定在 3 月 21 日。这样，历史上就留下了 10 天空白。② 编制历法的依据是新测定的回归年数值（365.242 2 日）。③ 历法置闰制度是每 400 年 97 闰，并具体规定置闰法则（如前）。

1582年			10月			
日	一	二	三	四	五	六
	1	2	3	4	15	16
17	18	19	20	21	22	23
24	25	26	27	28	29	30
31						

图 5-15　改历内容：删去 10 日

例 5-15　按照格里历的置闰法则，每 400 年多闰几小时？

解：格里历的置闰法则是每 400 年 97 闰，每个历年的平均长度为

365+（97÷400）

=365+0.242 5

=365.242 5（日）

每个历年的平均长度比回归年长度多：365.242 5−365.242 2=0.000 3（日）

那么 400 年多闰的天数为：0.000 3×400=0.12（日）

则 400 年多闰的小时数为：0.12×24=2.88（小时）

答：按照格里历的置闰法则，每 400 年多闰 2.88 小时。

例 5-16　当北京（116°19′E）的区时为 2000 年 3 月 1 日 $8^h30^m29^s$ 时，华盛顿（77°02′W）的区时是多少？

解：北京所在的时区是 $\frac{116°19'}{15°}=7\cdots11°19'$，余数>7.5°，商加 1，得北京所在的时区是东 8 区。

华盛顿所在的时区是 $\frac{77°02'}{15°}=5\cdots2°02'$，得华盛顿所在的时区是西 5 区。

东 8 区与西 5 区的区时差为 8−（−5）=13^h

因为，不相邻两个时区的区时差等于这两个时区的区号差，分秒相同。

当东 8 区是 8^h 时，则西 5 区为 $8^h-13^h=-5^h=24^h-5^h=19^h$（上一日）

因 2000 年是世纪年，能被 400 整除，即 2000 年为闰年，其 2 月有 29 日。

当北京的时间为 2000 年 3 月 1 日 $8^h30^m29^s$ 时，华盛顿的时间是

2000 年 2 月 29 日 $19^h30^m29^s$。

答：当北京（116°19′E）的区时为 2000 年 3 月 1 日 $8^h30^m29^s$ 时，华盛顿（77°02′W）的区时是 2000 年 2 月 29 日 $19^h30^m29^s$。

（三）阴阳历——以中国农历（或夏历）为例

阴阳历是阴历向阳历发展的一种过渡性历法，是三类历法中最复杂的一类。它试图同时协调朔望月和历月、回归年和历年两方面的关系：既要维持一月中的晦朔弦望，又要照顾一年中的春夏秋冬，同时兼顾阴阳两历，故名**阴阳历**。但是，要完全做到这一点是不可能的。两者之中，它所侧重的是阴历成分。所以，阴阳历可说是一种特殊的阴历；或者说，它是一种改进了的阴历。中国是最早使用阴阳历的国家之一，在我国又称为农历（或夏历）。

1. 编历依据

阴阳历力求把朔望月作为历月的长度，使历月的平均长度等于朔望月；又用设置闰月的办法，使历年的平均长度接近回归年的长度。因此，阴阳历编制依据兼顾了朔望月和回归年。

2. 历日安排

我国的农历（或夏历）以月相定日序，将每次日月合朔（日月黄经相同）之日定为初一，则日月相望（日月黄经相差 180°）之日大约在月中，即月圆之夜在月中的十五、十六日，所以，历月体现月相循环，历日也大致对应一定的月相。这个基本特点，与前述的阴历有一定的差别。

3. 历月安排

根据朔望月 29.530 6 日，来确定小月 29 日，大月 30 日。所以，阴阳历的阴历成分，表现在它的历月体现月相循环。因为我国的农历（或夏历）将日月合朔之日定为初一，那么大小月的确定，则取决于连续两次合朔所跨的完整日数，如果包含 30 日，当月就是大月，如果只含 29 日，便是小月。因此，月份的大小只能逐年逐月推算，也就是逐一推算每次日月合朔（日月黄经相同）的日期和时刻，将这些日期定为初一，从这一次初一到下一个初一的前一日所包含的完整日数来确定该农历月份的大小。如图 5-16 所示。

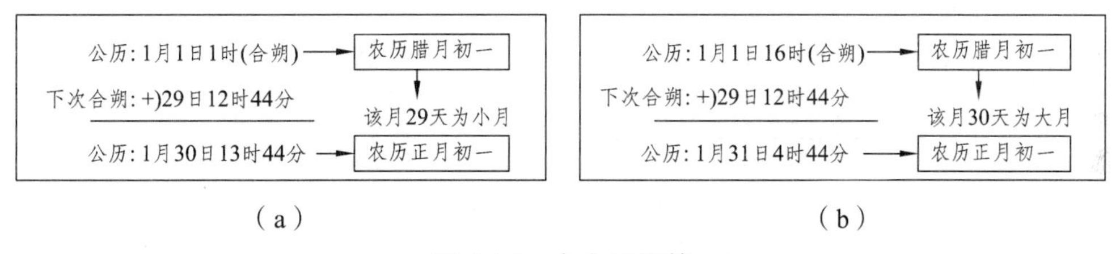

（a）　　（b）

图 5-16　大小月推算

我国的农历（或夏历）月序则与二十四气的中气相联系，即以中气序号定月序号。如“雨水”是第一个中气，它所在的农历月就定为正月，依此类推，见表 5-4。

表 5-4　中气与农历月序号对应关系

中气名称	农历月序号	中气名称	农历月序号	中气名称	农历月序号	中气名称	农历月序号
雨水	正月	小满	四月	处暑	七月	小雪	十月
春分	二月	夏至	五月	秋分	八月	冬至	十一月
谷雨	三月	大暑	六月	霜降	九月	大寒	十二月

4. 历年安排

阴阳历的历年安排的天文依据是回归年与朔望月的比值 12.368 2，因此闰年为 13 个月，共 384～385 日；平年为 12 个月，共 354～355 日。

我们知道，阴历的平均历年是 354.367 2 日，比回归年短 10.875 0 日。为了控制这个差值，不使它持续增大，待差值累积满一个历月时，阴阳历便在当年补上这额外的一月，叫**闰月**，有闰月的年份便叫**闰年**。若以 19 个回归年作为**协调周期**，则闰年数为 7 个（19×0.368 2=6.995 8）。于是很早就有了“十九年七闰法”。

5. 置闰依据

（1）19 个回归年的天数与 235 个朔望月的天数大致相等，即 19×365.242 2=6 939.601 8 日，而 235×29.530 6=6 939.691 0 日。那么 235 个月在 19 年中的分布应该是 12×12+13×7=235。由此得出，19 年中的 7 年，每年有 13 个月，即农历的置闰是闰月。（2）既然规定中气序号定月序号，却因朔望月（29.530 6 日）小于节月的平均值（30.436 8）（见之后的二十四节气），导致部分农历月无中气的现象，于是需要置闰。

6. 置闰法则

（1）19 年 7 闰。即 19 年有 12 年是平年，平年有 12 个月；7 年为闰年，闰年 13 个月。

（2）以中气定月序。在农历的历月内所含中气的序号就是该月的序号。如有“雨水”所在的月为正月，有“春分”所在的月为二月，依此类推。

（3）以无中气（无序号）月定为闰月，并规定为上一个月的闰月，其名称是在上一个月的月序前加上“闰”字。如“秋分”所在的农历月的下一个历月无中气，则这个无中气之月叫“闰八月”。如图 5-17 所示。

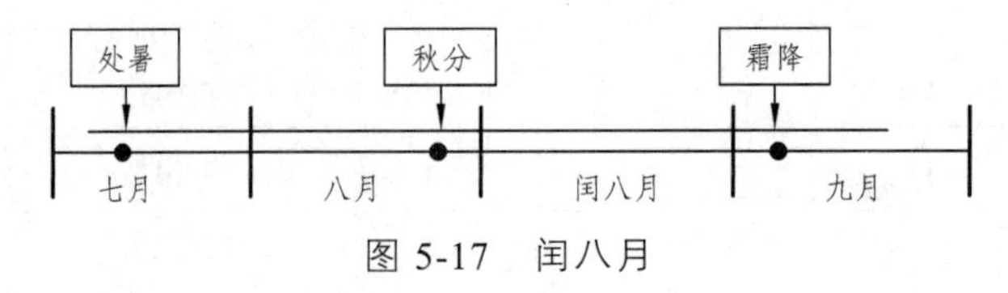

图 5-17　闰八月

7. 优缺点

农历历月的日序与月相变化对应；24 气有确切的季节意义，有利于安排农事活动；历年的月序与季节大致对应，不会出现寒暑倒置。但大小月的序号不固定，须逐年推算，历年长度不一，置闰复杂。

8. 农历（或夏历）置闰的特别说明

（1）置闰特例

农历闰月是人们根据置闰法则来确定的，但是并不是凡没有中气的月份都定为闰月。假定前一月或两个月里包含了两个中气，下一个月虽然没有中气，还不能把它作为闰月。例如，清同治九年十一月里有两个中气（冬至和大寒），十二月只有一个节气（小寒），虽然没有中气，不能称为闰十一月，仍然是十二月。再如，1985 年（乙丑年）正月没有中气，只有一个节气（惊蛰），但在上一年的十一月里却有冬至和大寒两个中气，应为正月的雨水出现在十二月里，那么这个没有中气的正月，还是不算作闰十二月，仍是正月。

（2）闰月机会

从春分到秋分的夏半年中有 186 日，而秋分到春分的冬半年中只有 179 日，这样就使节月（两个中气或两个节气之间）的日数不一样。在夏半年中，两个中气的间隔超过节月的平均日数（30.44），尤其是地球在远日点附近，它的运动速度最慢，使两个中气的间隔也就达到最大（31.45 日）。于是，在这期间的历月里不包含中气的机会就比较多些，这就是农历五月邻近的月份出现的闰月次数特别多的原因。相反，在冬半年中，两个中气的间隔的日数比较少，地球在近日点附近，它的运动速度最快，使两个中气的间隔也就达到最小（29.43 日）。于是，在这期间的历月里总要包含一个中气，有时还会包含两个中气。这就使得十一月、十二月和正月一般不会有闰月（见附录 9）。

9. 农历（或夏历）的来源

在历书中有把我国的传统阴阳历称为“夏历”，在民间称这为“农历”或“阴历”。我国的阴阳历之所以称“夏历”并不是夏代的历法，而是当时采用了夏代历法的“建正”。所谓建正，就是把“正月”安排在什么时节。夏制正月建在寅月，之后的几个朝代，正月都有变动，直至汉代才恢复夏制，再把寅月作为正月直至今日。因此，人们就把我国的传统阴阳历称为夏历。

我国的传统阴阳历称为“农历”，是该历法有二十四节气成分，能指导农事活动，因而被称为农历。实际上，二十四节气源于太阳的周年视运动，所以，二十四气是属于阳历成分。

我国的阴阳历被一些人称为“阴历”是不妥的，这是两种不同的历法。首先，阴阳历的历月尽管与阴历的历月很接近，阴阳历结合了二十四节气和闰月的安排，就不会像阴历那样有寒暑倒置的现象发生。其次，就以历月来说，两者也有区别。阴阳历历月的月首，规定在“朔”的日子，所以它的历日有明显的月相意义，而阴历的月首安排在新月始见的日子，相当于阴阳历的初二或初三。第三，阴历的大小月相间安排，是人为规定的。而阴阳历的历月大小，虽然与阴历相同，但哪个月是大月，哪个月是小月，并不是人为规定的，而是通过计算出两个朔之间的完整日数来确定历月的大小。因此，在阴阳历中，历月的日数并不是大小相同，而是常会出现两个小月，或连续出现两个、三个大月，甚至连续有四个大月。因此，绝不可把阴阳历和阴历混为一谈。

10. 农历（或夏历）的独特性

我国的农历（或夏历）内容丰富，包括推算朔望、二十四节气、安置闰月等内容，与一般的阴阳历比较，除有共同特点外，还有其独特性，表现为：① 强调逐年逐月推算，以月相定日序，即合朔为初一，以两朔间隔日数定大、小月；以中气定月序，即所含中气定月序，无中气为闰月。② 二十四气与阴阳历并行使用，阴阳历用于日常记事，二十四节气安排农事活动。③ 采用干支纪法，60 年循环。

阴历（伊斯兰历）、阳历（公历）和阴阳历（农历）三种历法比较见表 5-5。

表 5-5 三种历法比较

	阴历（伊斯兰历）	阳历（公历）	阴阳历（农历）
历月大小	单月大，30 日； 双月小，29 日	大月 31 日，小月 30 日， 2 月 28 或 29 日	大月 30 日， 小月 29 日
历年大小	平年 354 日， 闰年 355 日	平年 365 日， 闰年 366 日	平年 354—355 日， 闰年 384—385 日
编历依据	朔望月 （29.530 6 日）	回归年 （365.242 2 日）	朔望月（29.530 6 日）， 回归年（365.242 2 日）
协调周期	30 个太阴年	400 个回归年	19 个回归年
置闰法则	① 每 30 年 11 个闰年； ② 每 30 年的第 2、5、7、10、13、16、18、21、24、26、29 个阴历年为闰年； ③ 闰年 12 月为大月	① 每 400 年 97 闰； ② 凡是公元年号能被 4 整除的是闰年； ③ 凡是世纪年号能被 400 整除的是闰年； ④ 闰年 2 月 29 日	① 每 19 年 7 闰，平年有 12 个月，闰年 13 个月； ② 以中气定月序，农历月所含中气的序号即该月的序号； ③ 以无中气月定为闰月，并为上一个月的闰月
优　点	日序大致对应月相	月份反映季节变化	日序反映月相变化
缺　点	月份不能反映四季寒暑变化	大小月安排欠合理，上下半年天数相差大	月份大小需要推算，平年与闰年相差一个月，置闰需要借助中气
使用范围	信仰伊斯兰教的民族等	世界各国官方	中华民族

例 5-17 已知 2001 年 1 月 24 日、2 月 23 日、3 月 25 日、4 月 23 日、5 月 23 日、6 月 21 日、7 月 21 日、8 月 19 日、9 月 17 日、10 月 17 日、11 月 15 日、12 月 15 日、2002 年 1 月 13 日、2 月 12 日均为朔日；又已知中气的日期为：雨水 2 月 18 日，春分 3 月 20 日，谷雨 4 月 20 日，小满 5 月 21 日，夏至 6 月 21 日，大暑 7 月 23 日，处暑 8 月 23 日，秋分 9 月 23 日，霜降 10 月 23 日，小雪 11 月 22 日，冬至 12 月 22 日，大寒 2002 年 1 月 20 日；问公历 2001 年是农历什么年？农历大小月如何安排？是闰年还是平年？

提示：（1）将题目中的“朔日”按顺序填入表中的“初一的阳历日期”里，计算前一个朔日到下一个朔日的前一日的天数，即为该农历月的天数，如有 30 天即为大月，29 天为小月。如，阳历的 3 月 25 日到 4 月 22 日有 29 天，即是小月。

（2）根据题目中的“中气的日期”处在那两个朔日之间，就将该中气及日期填入表中这两个朔日的第一朔日对应的“有关中气及阳历日期”里，如果该农历年是闰年，其中一个月就会是“空的”，即“无中气”，该月为闰月。

如，小满 5 月 21 日处在 4 月 23 日和 5 月 23 日这两个朔日之间，则“小满 5 月 21 日”就填入“4 月 23 日”对应的“有关中气及阳历日期”里，也就是说，阳历 4 月 23 日到 5 月 22 日的这个农历月里含有“中气——小满”；

表 5-6　2001 年—农历辛巳蛇年

初一阳历日期	农历月天数	农历月大小	有关中气及阳历日期	农历月名称
2001 年 1 月 24 日	30	大月	雨水 2 月 18 日	一月（正月）
2 月 23 日	30	大月	春分 3 月 20 日	二月
3 月 25 日	29	小月	谷雨 4 月 20 日	三月
4 月 23 日	30	大月	小满 5 月 21 日	四月
5 月 23 日	29	小月	（无中气）	闰四月
6 月 21 日	30	大月	夏至 6 月 21 日	五月
7 月 21 日	29	小月	大暑 7 月 23 日	六月
8 月 19 日	29	小月	处暑 8 月 23 日	七月
9 月 17 日	30	大月	秋分 9 月 23 日	八月
10 月 17 日	29	小月	霜降 10 月 23 日	九月
11 月 15 日	30	大月	小雪 11 月 22 日	十月
12 月 15 日	29	小月	冬至 12 月 22 日	十一月（冬月）
2002 年 1 月 13 日	30	大月	大寒 2002 年 1 月 20 日	十二月（腊月）
2002 年 2 月 12 日	—			

再如，夏至 6 月 21 日处在 6 月 21 日到 7 月 20 日这个农历月的第一天里，即该农历月含有“中气——夏至”，“夏至 6 月 21 日”就填入“6 月 21 日”对应的“有关中气及阳历日期”里。

由此发现，5 月 23 日到 6 月 20 日的这个农历月里“无中气”，根据置闰法则，该农历月为“闰月”，其名称是上一个月名称前加“闰”字。

（3）根据中气定月序的原则，某个农历月里含有第几个中气，该农历月就为第几月。如，“小满”是第四个中气，那么“小满”所在的农历月就是“农历四月”。

另外，2001 年是农历辛巳蛇年，其根据是干支计时制度得来（见之后“农历纪年和十二生肖推算”）。

（四）改历方案

为了使历法更简明，使用更方便，许多人对现行公历提出了历法改革的呼吁。自 1910 年起国际上就开展关于改历问题的讨论，国际组织收到了 200 多个改历方案，其中引人注意的有“十二月世界历”和“十三月世界历”。

1. 十二月世界历

把每年分为 4 季，每季 3 个月，其中 1 个大月，31 天；2 个小月，30 天。这样，每季为 91 日，1 年为 364 日，还有 1—2 日就作为国际新年假日（平年在 12 月末加 1 日，不算入月份内，闰年在 6 月末再加 1 日，也不计入月份内）。由于每星期为 7 日，每季 91 天正好是星期的倍数，所以，元旦和每季的季首都可以安排为星期日，星期和日期的对应关系也可以按季循环。

2. 十三月世界历

把每年分 13 个月，每月 4 个星期，28 日，计全年 52 个星期，364 日，还有 1 ~ 2 日的新年假日。平年加 1 个假日，闰年加 2 个假日，都置于年末，不计入月份内，也不计入星期中。

这两个方案都是年年相同，永久不变，但存在着日期不计日序的缺陷，这样对记录社会活动和历史事件将带来很大麻烦。

现代国际交往频繁，任何国家都不可能再自成体系，闭关自守。所以，历法势必趋向统一。因此，改历已不是一个国家或几个国家的事情，而是全世界的事情，这样自然要国际组织来协调。尽管现行的历法有诸多的缺点，但它还是目前通用的世界历法。

三、其他历法

1. 二十四节气

二十四节气是我国古代历法的独创，它与我国的阴阳历并行，是我国古代历法的特色。它与农业生产实践密切相关，根据二十四节气可以判定农时节令，安排农事活动，所以一直为我国广泛应用。

二十四节气就是把黄道按太阳黄经等分为 24 段，每段 15°，称为 1 气，共计 24 气，民间俗称**二十四节气**。

把二十四节气分为两组，一组是太阳黄经 15°的单数倍的，称为节气，如立春、惊蛰、清明、……、小寒，共有 12 个节气；另一组是太阳黄经 15°的双数倍的，称为中气，如雨水、春分、谷雨、……、大寒，共有 12 个中气。由此可见，节气和中气是交替出现的，两个相邻的节气之间有一个中气，两个相邻的中气之间也有一个节气。关于二十四节气的名称、太阳黄经及阳历日期见表 5-7。

农历运用 12 个中气来确定 12 个农历月，即以中气定月序。在农历的历月内所含中气的序号就是该月的序号。如“雨水”所在的月为正月，“春分”所在的月为二月，依此类推。

因为我国天文四季中，春季以立春为起点，按此顺序编出的二十四节气歌为：“春雨惊清谷天，夏满芒夏暑相连，秋处露秋寒霜降，冬雪雪冬小大寒，上半年来六二一，下半年来八二三，如若日期有变动，顶多不差一两天。”前四句的开头是指四季的起点，如春季的立春，夏季的立夏，秋季的立秋，冬季的立冬。后四句的六二一和八二三，分别指的是每个节气或中气所在的公历日期，“六”和“八”是节气日期，即是 6 日和 8 日。“二一”和“二三”是中气日期，即是 21 月和 23 日。后两句的日期变动，是由于闰年而出现的差别。

我国农历，规定二十四节气中的任意两个相邻的节气（或中气）的时间间隔叫“**节**

月”，因太阳周年视运动角速度不均匀，1 月初（近日点附近）节月短，7 月初（远日点附近）节月长。节月的平均值=365.242 2 日/12=30.436 8 日。

节月的平均长度大于农历的长度（29 或 30 日），所以，节气和中气在农历历月内日期和时刻在逐日延迟，积累后将会在某个历月中，只有节气而没有中气的现象。

因为，节月的平均长度比朔望月（农历历月采用来源）的长度多 0.906 2 日（30.436 8 日−29.530 6 日），经过 33 个历月，相差达到 29.904 6 日，也就是相当 1 个月。所以，32 个节月的长度就相当于 33 个朔望月的长度。而 32 个节月只有 32 个中气，因此 33 个历月中必有一个没有中气月份，这就是“无中之月”。农历就把无中气的月份安置为闰月，规定该历月的月序号重复前一个月的序号，并在前面加一个“闰”字。

由上可见，二十四节气实质上是一种阳历，但是它与现行的公历也有不同之处。例如，公历的历月日数是整数，而节月的日数却不是整数，公历的多年平均长度才接近回归年的长度，而二十四节气的长度每一年都与回归年相等。因此，二十四节气在反映地球的公转及指导农业生产上意义更深刻。

表 5-7　二十四节气

节气名称	太阳黄经	阳历日期	中气名称	太阳黄经	阳历日期
立春	315°	2 月 4（5 日）	雨水	330°	2 月 19（20）日
惊蛰	345°	3 月 6（5）日	春分	0°	3 月 21（20）日
清明	15°	4 月 5（4）日	谷雨	30°	4 月 20（21）日
立夏	45°	5 月 5（6）日	小满	60°	5 月 21（22）日
芒种	75°	6 月 6（5）日	夏至	90°	6 月 21（22）日
小暑	105°	7 月 7（8）日	大暑	120°	7 月 23（24）日
立秋	135°	8 月 8（7）日	处暑	150°	8 月 23（24）日
白露	165°	9 月 8（7）日	秋分	180°	9 月 23（24）日
寒露	195°	10 月 8（9）日	霜降	210°	10 月 23（24）日
立冬	225°	11 月 7（8）日	小雪	240°	11 月 22（23）日
大雪	255°	12 月 7（8）日	冬至	270°	12 月 22（21）日
小寒	285°	1 月 6（5）日	大寒	300°	1 月 20（21）日

2. 干支计时制度

我国传统历法还采用一套独特的计时制度——干支。按字面解释，干支即主干和分支，二者是相互依存和配合的整体。我国古时以天为主，以地为从：天同干相关联，叫**天干**；地同支相联系，叫**地支**。两者合称天干地支，简称**干支**。

天干共十个：甲乙丙丁戊己庚辛壬癸；地支有十二个：子丑寅卯辰巳午未申酉戌亥。天干和地支循环搭配：甲子、乙丑、丙寅……癸亥（见表 5-8），以六十为一周，周而复始，用于纪年、纪月、纪日和纪辰。其中以用于纪年和纪日最为普遍，六十周年为一甲子（或称花甲）。近代史上某些重大历史事件，干脆就以干支命名，如甲午战争，戊戌变法，辛丑条约，辛亥革命……

表 5-8　干支表

1 甲子	2 乙丑	3 丙寅	4 丁卯	5 戊辰	6 己巳	7 庚午	8 辛未	9 壬申	10 癸酉
11 甲戌	12 乙亥	13 丙子	14 丁丑	15 戊寅	16 己卯	17 庚辰	18 辛巳	19 壬午	20 癸未
21 甲申	22 乙酉	23 丙戌	24 丁亥	25 戊子	26 己丑	27 庚寅	28 辛卯	29 壬辰	30 癸巳
31 甲午	32 乙未	33 丙申	34 丁酉	35 戊戌	36 己亥	37 庚子	38 辛丑	39 壬寅	40 癸卯
41 甲辰	42 乙巳	43 丙午	44 丁未	45 戊申	46 己酉	47 庚戌	48 辛亥	49 壬子	50 癸丑
51 甲寅	52 乙卯	53 丙辰	54 丁巳	55 戊午	56 己未	57 庚申	58 辛酉	59 壬戌	60 癸亥

推算农历纪年：

根据下列对应关系，某年的天干就是这个年份的个位数所对应的天干，地支就是这个年份除以 12 所得余数的对应地支。

天干：甲　乙　丙　丁　戊　己　庚　辛　壬　癸

　　　4　5　6　7　8　9　0　1　2　3

地支：子　丑　寅　卯　辰　巳　午　未　申　酉　戌　亥

　　　4　5　6　7　8　9　10　11　0　1　2　3

在例 5-17 中，公历 2001 年尾数是 1，天干序号=1，即天干为“辛”；地支序号=2001÷12 所得的余数=9，即地支为“巳”。故公历 2001 年即为农历辛巳年。

3. 十二生肖

我国采用十二生肖作为一种纪年的方法，把十二地支和十二生肖相搭配起来，即

十二地支：子　丑　寅　卯　辰　巳　午　未　申　酉　戌　亥

十二生肖：鼠　牛　虎　兔　龙　蛇　马　羊　猴　鸡　狗　猪

这就是说，凡是带有“子”便是鼠年，如甲子、丙子、戊子、庚子、壬子等，都是鼠年；凡是带有“丑”便是牛年，如乙丑、丁丑、己丑、辛丑、癸丑等，都是牛年；其余生肖，可依此类推。这些也就是我们平时所说的属相，十二生肖，每十二年为一个轮回，周而复始地循环。农历也常用生肖来纪年，如上述公历 2001 年属于农历辛巳年，也就是蛇年。

练习题

一、名词解释

1.时差　2.地方时　3.标准时　4.法定时　5.国际日期变更线　6.世界时　7.原子时　8.协调世界时　9.历法

二、填空题

1. 科学上的秒，曾经长期是指________秒，自 1967 年以来，国际上已普遍采用的

时间单位是______秒。

2. 恒星时是_______的时角，视太阳时是_________的时角加_______；平太阳时是_______的时角加_______。

3. 时差的极大值约为_________，出现在_______月_______日前后；极小值约为______，出现在____月____日前后。

4. 地方时依据天球上的参考点在______的时角，包括地方______时、地方______时和地方________时。

5. 两地的地方时（无论何种地方时）之差，等于其______之差，较____之地大于较____之地。在东经区域，经度数值越大，时刻越____；在西经区域，经度数值越大，时刻越____。

6. 理论时区是沿着__________划分的标准时的区域；每个时区跨经度______，其标准经度为______的整数倍。全球共分成______理论时区。

7. 区时是各理论时区_______的地方______时，作为该区统一采用的________时。两地相隔几个时区，区时相差____小时，分秒相同。较____之地大于较____之地。

8. 日界线在理论上是______经线。自东向西过日界线，日期______1 日，自东 12 区到西 12 区，日期____1 日。当东 12 区是 20 年 1 月 1 日 8 时，则西 12 区为____________。

9. 世界时就是__________的地方平时，或______时区的区时，它以地球的____转为基准。

10. 历书时以地球的____转为基准，以____秒作为时间单位；原子时以_____________________运动为基准，以______秒作为时间单位；协调世界时以______秒作为时间单位，在时刻上尽量接近_______时，我国从_______年元旦开始采用协调世界时。不因地球自转快慢而改变的时间系统是________和________。

11. 历法所依据的天文周期是________年、________月和________日。

12. 阴历的首要成分是_______，而_______是派生出来的。回历的太阴年，每年置____个月。逢单是____月，逢双是____月，在 30 年中，置闰____次，闰年的____月改为大月。

13. 阴阳历的阴历历月体现______变化，阳历的平均历年约等于__________。我国农历强调逐年逐月地推算，每月初一安排在______日，以____定月序，闰月安排在没有____的月份。其置闰法则是____年____闰，平年为____个月，闰年为____个月。

14. 在农历中，春分所在月份为____月，夏至所在月份为____月，下一个月若无中气，则没有中气的这个月称为____月。秋分所在月份为____月，冬至所在月份为____月。

15. 阳历的主要成分是______，______则是人为安排的。置闰法则是____年____闰，闰年多___天，加在___月份。凡是公元年数能被____整除的为闰年，凡是世纪年数能被____整除的为闰年。

16. 北京所在的东 8 区为 12 月 5 日 9 时，按自西向东的顺序，由______区至______区的各地仍为 12 月 4 日。

17. 当北京时间为 12 点钟时，北京（116°19′E）的地方时为_____，贵阳（106°42′E）

所在时区的区时是________，贵阳的地方时为___________。

18. 在日界线两侧，钟点时刻______，日期________，西侧比东侧______。

三、选择题

1. 农历的置闰法则是（　）。

A. 4 年 1 闰　　B. 30 年 11 闰

C. 400 年 97 闰　　D. 19 年 7 闰

2. 北京时间是以（　）作为我国各地的标准时。

A. 北京的地方平时　　B. 北京的地方视时

C. 东 8 区的区时　　D. 120°E 的地方恒星时

3. 某海轮越过日界线前后，连续过了两个元旦节，该海轮的航向是（　）。

A. 自东 12 区到西 12 区　　B. 自西 12 区到东 12 区

4. 按我国农历的规定，处暑所在的月份是（　）。

A. 五月　　B. 六月　　C. 七月　　D. 八月

5. 每 400 年 97 闰，则阳历的平均历年长度为（　）。

A. 365.25 日　　B. 365.242 2 日　　C. 365.242 5 日　　D. 365.252 4 日

6. 某一怀有龙凤胎的孕妇在自西向东航行的当日，在过日界线前生下儿子，过日界线后生下女儿，则女儿是（　）。

A. 姐姐　　B. 妹妹

7. 地球上新年元旦最先是从（　）开始。

A. 本初子午线通过的地方　　B. 日界线通过的地方

8. 2000 年 2 月 5 日和 3 月 6 日是朔日，分别是庚辰年的正月初一和二月初一，正月是（　）。

A. 大月　　B. 小月　　C. 28 日　　D. 31 日

四、判断题

1. 如果朔望月为 29.5306 日，回归年为 354.3672 日，则历法只有一种。（　）

2. 当前世界上普遍使用的时间系统叫世界时，其秒长为原子秒。（　）

3. 北京时间是北京的地方平太阳时。（　）

4. 某人在旅行中两天内连续过了两个元旦节，则行进方向为向东。（　）

5. 时差就是两个时区的区时之差。（　）

6. 标准时制度包括两方面的内容，即标准时区和日界线。（　）

五、问答题

1. 比较恒星时和太阳时。

2. 比较时差和区时差。如何理解时差的正负？

3. 如何理解协调世界时，为什么要使用协调世界时？

4. 日界线为什么要安排在 180°经线上？怎样在日界线上进行日期进退？

5. 为什么历法要分成三类？

6. 现行公历的基本特征是什么？

7. 比较格里历和儒略历。格里果里为什么要改历？

8. 阴历的编历原则是什么？我国农历有哪些特点？

9. 叙述阴阳历的基本内容。

10. 农历怎样推算大月和小月？平年和闰年？农历历月怎样的不同于伊斯兰历的历月？

11. 为什么农历闰四、闰五和闰六月，特别是闰五月较多？

12. 阳历怎样不同于阴阳历？为什么阳历是三类历法中最好的一类？

13. 为什么现行的阳历平闰年相差一天，而中国旧历的平闰年相差一个月？

14. 评价阴历、阳历、阴阳历的优缺点。

15. 何谓二十四气？他们是怎样划分的？为什么两气之间的长度并不相等？

六、计算题

1. 一位老奶奶在2020年度过她的第30次生日（出生那年不计），试问她生于何年何月何日？2020年她有多少岁？

2. 如果将格里历的置闰法则改成128年置闰31次，试问这种历法和格里历的平均年长分别是多少？它们与回归年相差分别是多少？哪一种历法的精度高些？

3. 某人于北京时间2016年2月23日13时从天津出发，经过15天半到达西经97°的某地，到达时当地的时间是多少？

4. 已知西4区为星期二10时，计算中时区、东12区和西12区的时间。（例题8）

5. 按照格里历的置闰法则，每400年多闰几小时？（例题15）

6. 当东京（140°E）的区时为2000年3月1日$8^h30^m29^s$时，华盛顿（77°W）的区时是多少？

7. 有人乘飞机从东京（139°46′E）去开罗（31°15′E），先飞行2小时40分钟后，于11月15日9时到达北京，在这里停留3天6小时，又飞行11小时到达开罗。试问：

（1）到达开罗时当地是何时间？

（2）从东京起飞时当地和北京各是什么时间？

（3）从东京到开罗途中共经历了多少时间？（例题9）

七、综合题

（一）如图5-18所示，经纬线间隔20°，并已知0°纬线和180°经线，试回答：

1. 写出*ABCD*四点的地理坐标。

A（　　　　）、*B*（　　　　）、*C*（　　　　）、*D*（　　　　）。

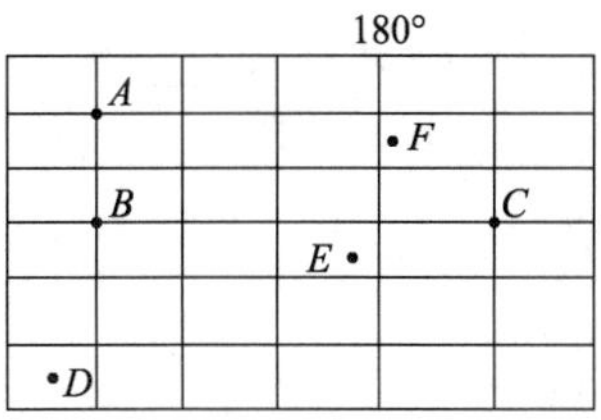

180°

A　*F*　*B*　*C*　0°　*E*　*D*

图 5-18

2. B 点所在的时区是______区，当北京时间是 10^{h} 时，A 点的时间是______。

3. 当 E 点的时间是星期五 8^{h} 时，F 点的时间是星期__________。

4. 如果太阳直射赤道,则 C 点的正午太阳高度是________,B 点的昼长是______h。

5. AB 的地表最短距离是____km，BC 的地表最短距离是____n mile。

（二）如图 5-19 所示，纬线间隔相等，经线间隔也相等，箭头表示地球自转方向，并已知 0°经线和 0°纬线，试回答：

1. 图中心 D 点是____极。

2. 写出 $ABCDE$ 四点的地理坐标。

A（　　　　　）、B（　　　　　）、C（　　　　　）、D（　　　　　）。

3. B 点所在的时区是____区，当北京时间是星期二 1^{h} 时，B 点的时间是星期____。

4. A 点位于 B 点的____方，C 的____方，D 点的____方，E 的____方。

5. 如果太阳直射 23°26′N，则 D 点的正午太阳高度是________，昼长是_____h。

6. AD 的地表最短距离是______n mile，BE 的地表最短距离是________km。

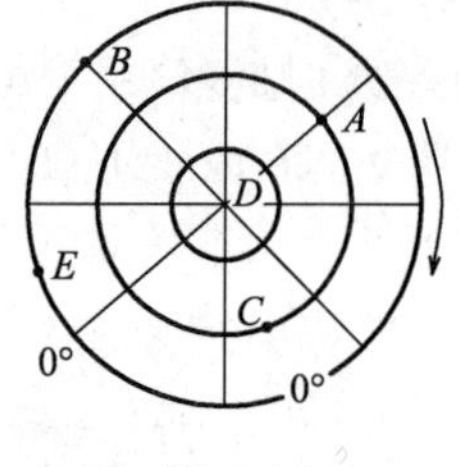

图 5-19

（三）如图 5-20 所示，实线圆为赤道，大虚线圆为回归线，小虚线圆为极圈，弧线为晨昏线。试回答：（不考虑太阳抬高 50′）

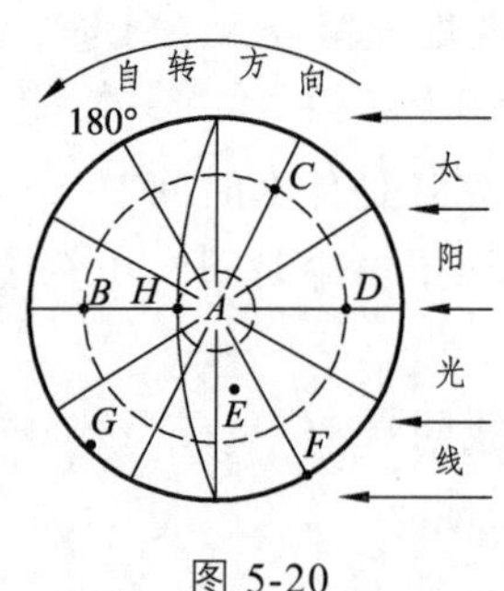

图 5-20

1. 根据地球自转方向，判断图中心 A 点是____极。

2. 根据太阳光线和晨昏线确定夜半球范围，并用阴影线表示。

3. 这一天在节气上是北半球的____日。太阳赤纬是____，太阳直射的地理纬度是______。

4. 这一天，D 点的正午太阳高度是______。H 点的昼长是_____h。

5. A 点的地理坐标为（　　　　　　）。

6. 极夜范围为____________________。

7. C 点所在的时区是____区，如果 C 点的区时是星期四 16^h，那么 G 所在时区的区时是星期________。

8. B 点位于 C 点的______方，位于 D 点的________方。

9. 根据地表两点间最短距离的有关公式，FG 的距离是_________n mile。

10. 如果有从 E 点向赤道做水平运动的物体，将向（F 或 G）______点偏转。

（四）如图 5-21，中心点为北极，经线 NA、NB 为日界线，全球分为 3 月 1 号和 3 月 2 号两天，求北京时间。（例题 12）

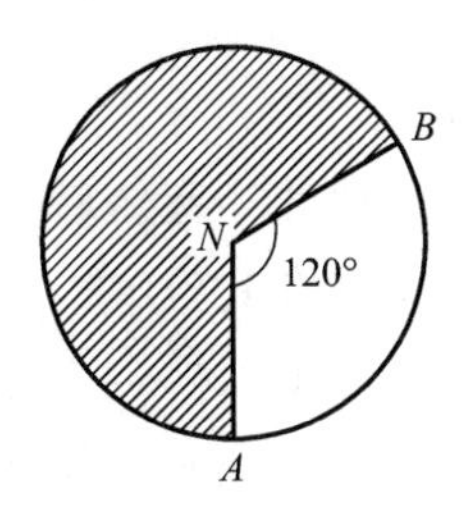

图 5-21

第六章　日月食和天文潮汐

月球围绕地球公转，同时又随同地球一起绕转太阳。在天球上，月球、太阳自西向东运动速度不同，前者每天向东移动约 13°10′，后者每天向东移动约 59′，由于二者东移视运动速度的差异，月球便在天球上自西向东不断赶超太阳。于是，月球、地球和太阳在空间的相对位置，便有规律的不断发生变化，在地球上观察就有日月会合运动。因此，在地球上观测到一些具有一定规律的天文现象，其中，最引人注目的是月相变化、日食和月食、海洋潮汐等。

月相变化在第三章的地月系中已有分析。本章主要就日食和月食的成因、条件、种类、过程以及发生概率进行探讨，最后介绍海洋的潮汐现象、潮汐类型、潮汐规律及引潮力因素等。

第一节　日月食

日食和月食是日月地三天球运行到某个位置并在某个时段所发生的一种天文现象。日食和月食统称为交食。当古人不了解日、月食的道理时，曾产生过各种迷信和传说，如“天狗食日”“蟾蜍食月”等，有的则把这天象看成是不祥之兆，甚至极大地扰乱过人们的社会生活。然而，时至今日，一些缺乏相关天文知识的人，对日、月食现象还是有恐慌和惧怕的心理。因此，有必要对日食和月食的有关情况和原理加以认识。下面，就日食和月食成因、条件、种类、过程以及发生概率进行讨论。

一、天体影锥

1. 月球和地球的影子

月球和地球都是自身不发光且不透光的天体，在太阳光照射下而产生影子。由于太阳、月球和地球都是球形天体。因此，月球和地球的影子呈圆锥形，称为**影锥**，如

图 6-1 所示。按其受光的强弱，影子的结构可分为三部分：①投影的主体，指顶端背向太阳的会聚圆锥，称为**本影**；②本影延伸，是一个与本影同轴而方向相反的发散圆锥，称为**伪本影**；③在本影和伪本影的周围是一个空心发散圆锥，称为**半影**。

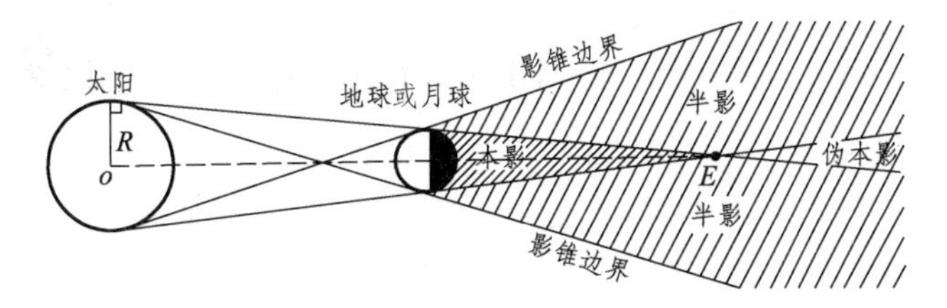

图 6-1 天体影锥：本影、半影、伪本影

（1）本影是太阳光线完全照射不到而圆锥最暗的区域，即影锥的主体部分，收敛状。影锥中完全黑暗。

（2）半影是太阳一侧光线照射不到，而另一侧光线可照射到，在本影周围较暗的区域。本影周围的发散影锥，影锥中有部分太阳射出的光芒照耀。

（3）伪本影是太阳中心光线照射不到，而周围光线可照射到的较暗的区域，是特殊的半影，呈收敛倒影锥，影锥中可见日轮边缘的光辉。

2. 本影的长度

天体投影的大小和长短是变化的，它取决于发光天体和投影天体的大小以及它们之间的距离。由于太阳系日、地、月三者的大小是基本固定的，所以，月、地投影的范围主要由日地距离以及月地距离所决定。一般来说，两者的距离越大，投影就越长，如图 6-2 所示。

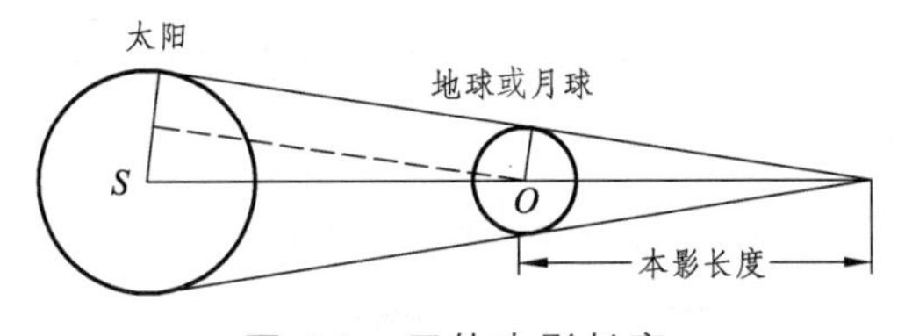

图 6-2 天体本影长度

地球比月球大得多，若地球处在日地平均距离上，其本影长达 1 377 000 km，而月地平均距离只有 384 400 km，月球要是始终在这个平均位置上，地球本影的截面比月球大圆的截面大得多。因此，月球完全有可能整个进入地球的本影和半影，发生月全食和月偏食。月影笼罩在地球上，发生日偏食或日全食或日环食。而实际上，日地有近日点和远日点，月地距离有近地点和远地点，所以月球不可能总是进入地本影；月影也不可能笼罩整个地球，只能在地球上的部分地区扫过。无论日、地、月之间的距离怎样变化，地球的本影总比月地距离长得多，所以月球不可能进入地球的伪本影。

当日月合朔时，月球本影的平均长度为 374 500 km，比月地平均距离略短。因此，在通常情况下，只有月球的伪本影或半影可能会扫过地球。当月球处在近地点和地球处在远日点（此时月球离日亦较远），又日月合朔时，月球的本影就可能落到地球上。

从另一个角度讲，太阳的平均视半径为15′59″.6，月球的平均视半径为15′32″.6，在通常情况下，月轮不可能全部遮住日轮，只有当月球离地近和离日远且又日月合朔时，月球的视半径才会略比太阳的视半径大，月轮便可全部遮掩日轮。即主要有：

（1）射影天体的半径：半径越大，本影越长。

（2）射影天体与太阳的距离：距离越大，影锥越长。

附地球、月球本影长度和月地距离，见表6-1。

表6-1　地球、月球本影长度和月地距离

	地球本影/km	月球本影/km	月地距离/km
最短	1 358 900	367 000	363 300
最长	1 404 800	379 700	405 508
平均	1 377 000	374 500	384 400

因此，地球本影与月球本影比较，地球本影远比月球本影长。地球本影长度远远大于月地距离，在月球轨道处其截面半径为月球半径的2.5～2.7倍；而月球本影长度却只介于月地距离的最大、最小值之间，当月球本影长度大于月地距离时，月球本影才会落到地球上，当月球本影长度小于月地距离时，则只有月球的伪本影或半影落到地球表面。月球的半影，在地球上的投影半径大致等于月球直径。

二、日月食的概念及种类

（一）日月食概念

当地球表面部分地区进入月影时或月球的影子落在地球部分区域时，那里的人就可以看到日食现象，如图6-3所示。

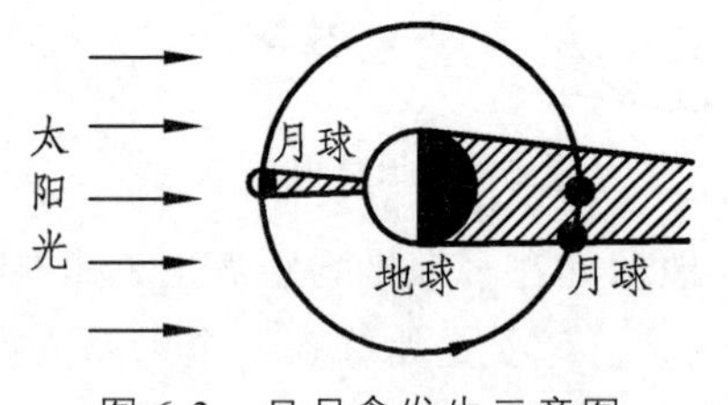

图6-3　日月食发生示意图

当月球进入地影时或地球的影子遮掩月球时，地球上向月半球的人就会看到月食现象，如图6-3所示。

所以，日食和月食是日月会合运动产生的，日、地、月三个天体相互遮掩的天文现象。

（二）日月食种类

根据上述影锥的讨论，不同种类的日月食与日月地三者绕转的位置以及它们之间的距离变化有关。日食种类有全食、偏食和环食；月食种类只有全食和偏食。

1. 日　食

朔日，月球运行到太阳和地球之间，且日、地、月三者恰好或几乎在一直线上时，月球挡住了太阳，在地球上处于月影区域的观察者，看不见或看不全太阳的现象，称为**日食**。日食分为**日全食**、**日偏食**和**日环食**三种类型，如图 6-4 所示，全食和环食又叫中心食。

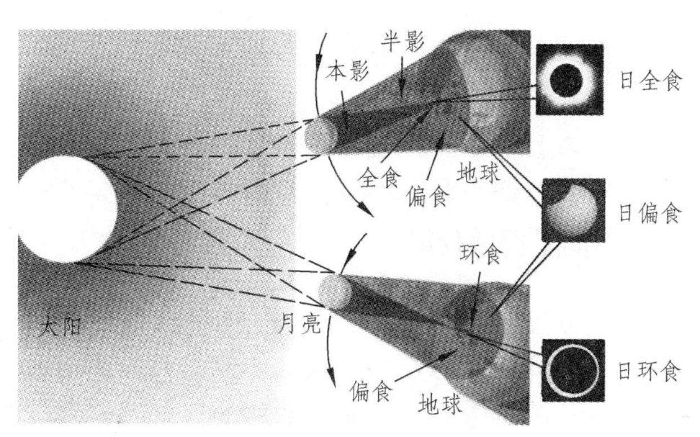

图 6-4　日食类型

（1）日全食

我们知道，月球的直径远小于地球。因此，月球本影在任何时候，只能笼罩地面的很小一部分。在这一小块地区看起来，太阳光盘全部被遮掩，这叫**日全食**。日全食时，月球的本影在地球上扫过的地带称全食带，宽度 10 ~ 200 km，最大不超过 268 km。当地球远日和月球近地时，全食带最宽。在全食带内，可见整个日轮被月轮所遮掩。一次日全食所经历的时间仅 2 ~ 7 min。这是因为月影在地球上扫过的速度很快。

当月轮与日轮大小相当且月、日重叠时，月轮边缘的缺口（实为月表的山谷和“月海”）露出的日光，会形成一圈断断续续的光点，像珍珠项链，奇妙绝伦，称为“贝利珠”，是因为纪念英国天文学家贝利首先科学解释这一现象而得名。

日全食具有重要的科学意义，它是研究太阳的极好时机。我们知道，色球和日冕的亮度都很微弱，平时完全被淹没在阳光里，只有当日全食时，大气散射光的来源被截断，天空暗淡，色球和日冕才显得特别清晰。在日全食时，可以很好地观测太阳的色球和日冕，并进一步了解太阳大气的结构、成分和活动情况及日地间的物理状态，也可以搜寻近日的彗星和其他天体。所以，每当发生日全食时，天文工作者总是携带观测仪器，赶往日全食地点进行各种学科的观测和研究。

（2）日环食

如果当时月球本影不够长，以致同地面接触的，不是月本影而是它的伪本影。那么，在伪本影里所见的太阳，中部被月轮遮蔽，边缘依然光芒四射，这就是日环食。地球上被月球的伪本影扫过的地带称环食带，当地球近日和月球远地位置时，环食带最宽。在环食带内，可见较小的月轮遮掩了日轮的中间部分，而日轮的边缘仍可见到。

对于地表具体地点来说，日环食的最长观测时间，超过日全食的最长观测时间。一次日环食的观测时间，最长可达 12 分 20 秒。在环食带之旁，也有偏食带，在那里可见日偏食。有时，月球的本影锥与伪本影锥的交点正好落在地球上，如果日、地、月三者之间的距离稍有变动，使地球上某一小块或一小带地方既可见到日环食又可见到日全食，这叫**日全环食**。有时候，由于月球影锥的偏离，地面上的日食带全部是偏食带。这样的一次日食，始终是日偏食。

（3）日偏食

不言而喻，当月球的本影或伪本影落到地面时，其半影必同时到达。于是，在全食或环食地区的四周有一个环形的半影区，在那里看来，太阳部分地被月轮遮蔽，光盘残缺，便是**日偏食**。地球上被月球的半影所扫过的地带称**偏食带**，偏食带一般比全食带宽。在日偏食时，各地所见的食分（指被食的程度）不一样。在偏食带内的人可以从不同的角度看到太阳的不同部位。

2. 月　食

望日，月球运行到与太阳相对的方向，且日、地、月三者恰好或几乎在一直线上时，月球进入地球的影子，在地球上处于夜半球的地区的观察者，看不见或看不全月球的现象，称为**月食**。月食分月全食和月偏食两类类型，如图 6-5 所示。

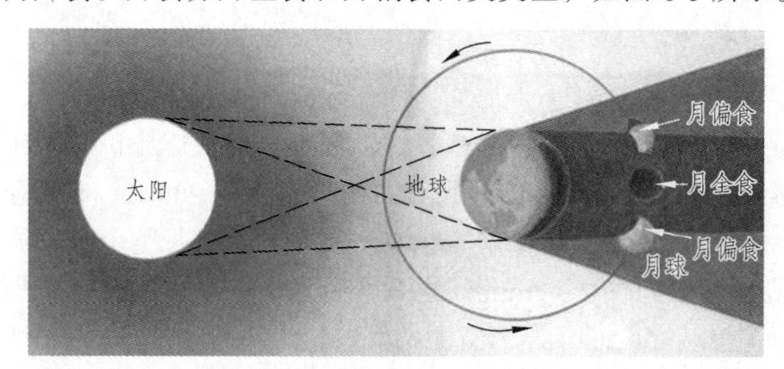

图 6-5　月食类型

（1）月全食

月食分**月全食**和**月偏食**两类，没有月环食。月全食和月偏食的不同，取决于月球是否全部或部分隐入地球本影，而不决定于地球上观测地点的不同。当月球全部隐入地球本影时，月轮整个变暗，这是月全食。在月全食时，由于地球大气对太阳光的散射和折射作用，月面尚能接收到一点光，呈古铜色。由于地影大，月球又是以其公转速度在地影中穿行，所以一次月全食所经历的时间较长，约 1 小时。

（2）月偏食

若月球只是部分地进入地球本影，月轮残缺，是**月偏食**。自然，在发生月全食前后，必同时伴有月偏食阶段。有时，由于月球偏离地球本影轴心较远，整个月食过程始终是月偏食。

无论是发生月全食还是月偏食，半个地球（夜半球）各地同时看到同类的月食。

与日食的情形不同，月食同地球的半影和伪本影无关。月球进入地球半影时，并不发生“食”，因为半影内能得到部分太阳光辉，它仍照亮整个月面，只是亮度变得稍暗，月轮保持不缺。这种现象叫作**半影食**，天文台通常不作预告。

（3）月食没有环食的原因

① 地球本影长度最短也有 135.89 万 km，远远大于月地距离 38.44 万 km。② 在月球轨道处，地球本影的截面比月轮大得多。

在上述各类食型中，最为罕见，也是最为壮观和令人迷醉的是日全食。当日全食来临时，天昏地暗，如同黑夜猝然到来，飞鸟归巢，鸡犬进窝，动物都表现出惊恐万状。历史上最著名的一次日全食（发生在公元前 585 年 5 月 28 日，小亚细亚半岛，即今土耳其），曾戏剧般地（由于惊吓）结束了两个民族部落之间一场持续五年之久的战争。

三、日月食的过程

日（月）全食的全过程，可以分为三个阶段：偏食-全食-偏食。划分这三个阶段的是四种食相：初亏、食既、食甚、生光和复圆。从食既到生光是全食阶段；初亏到食既和从生光到复圆，分别是全食前后的偏食阶段。

月球和太阳都在天球上向东运行。前者以恒星月为周期，速度为每日约 13°10′；后者以恒星年为周期，速度为每日约 59′。显然，月球运行比太阳要快得多，它以每日约 13°10′-59′=12°11′的速度，自西向东追赶太阳和地球本影。这就是说，日食的过程，就是月球在天球上向东赶超太阳、从而遮蔽太阳的过程。因此，日食过程总是在日轮西缘开始，于日轮东缘结束。

同理，月食的过程，就是月球在天球上向东赶超地球本影，从而遭遮蔽的过程。因此，月食总是在月轮东缘开始，于月轮西缘结束。

1. 日全食过程

在月球赶超太阳和地影截面的过程中，两个圆面要发生二次外切和内切，分别为上述四种食相，如图 6-6 所示。对于日全食来说，这四种食相的含义是：

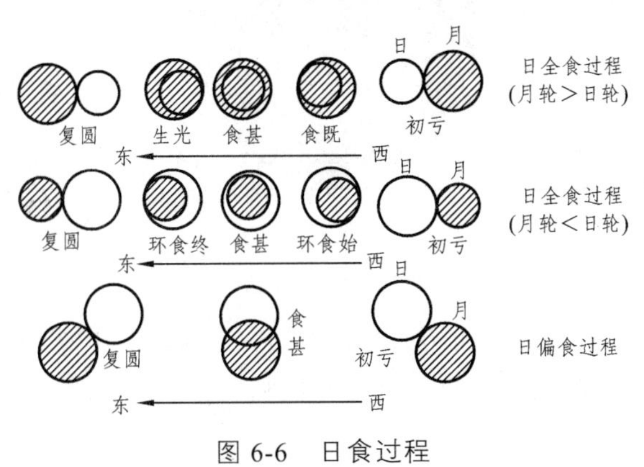

图 6-6　日食过程

初亏：月轮东缘同日轮西缘相外切，此刻日食开始发生。第一日偏食阶段开始。

食既：月轮东缘同日轮东缘相内切，日轮开始完全被月轮遮挡。第一日偏食阶段结束，日全食开始。

食甚：月轮中心与日轮中心最接近或重合。

生光：月轮西缘同日轮西缘相内切，日轮开始从被月轮遮挡下出露。日全食结束，第二日偏食阶段开始。

复圆：月轮西缘同日轮东缘相外切，日轮整体从遮挡中出来。第二日偏食阶段结束。

从图 6-6 看出，日环食的过程，同日全食过程很相似。只是由于此时月球位于远地点，其本影到达不了地球表面。月球伪本影从地表扫过时，太阳圆面的中心部分被月球所遮挡。但是，在整个日食过程中，月球始终不能完全遮掩日面，也不会有全食阶段，不会有真正像日全食过程中那样的食既和生光。如果把第一偏食阶段转变为日环食的时刻也叫作食既的话，那么，只能从日、月圆面内切这一点去解释这个概念，并不包含月面完全遮挡日面的含义。然而，就是从日、月圆面内切这一点来看，与日全食中的食既也不尽相同：日环食的食既是月轮西缘内切日轮西缘；日全食的食既则是日轮东缘内切月轮东缘。同样，如果把日环食转变为第二日偏食的时刻称为生光，即月轮东缘内切日轮东缘。那么，也只能用类似上面那样的解释去认识这一食相概念。根据这种认识，一次日环食的全过程，则可分为以下三个阶段：第一偏食阶段—日环食阶段—第二偏食阶段。

日偏食的全过程中，日面都只是一部分被月球遮掩，自始至终都是偏食。在日偏食过程中出现的食相有初亏、食甚和复圆，而没有食既和生光。食甚时，食面积达到最大，以此为分界，一次日偏食过程可分为两个阶段。

2. 月全食过程

对于月全食过程（见图 6-7）来说，这四种食相的含义是：

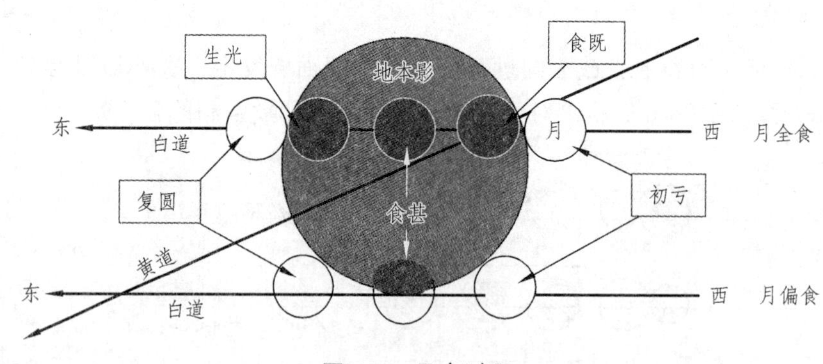

图 6-7 月食过程

初亏：月轮东缘同地本影截面的西缘相外切，此刻月食开始。第一月偏食阶段开始。

食既：月轮西缘同地本影截面的西缘相内切，月轮开始完全进入地本影。第一月偏食阶段结束，月全食开始。

食甚：月轮中心与地球本影截面中心最接近或重合。

生光：月轮东缘同地本影截面的东缘相内切，月轮开始从地本影中出露。月全食结束，第二月偏食阶段开始。

复圆：月轮西缘同地本影东缘相外切，月轮整体从地本影中出来。第二月偏食阶段结束。

从图 6-7 可知，在一次月偏食过程中，月面始终未能全部进入地球本影，而只有部分月面被遮，食相只有初亏、食甚、复圆，而无食既和生光。

在日食和月食过程中，当月轮中心与日轮或地本影截面中心最接近的瞬间，叫作**食甚**。食甚时，日轮或月轮被“食”的程度，叫作**食分**。食分的计算，以日轮和月轮的视直径的单位。例如，0.5 的食分，表示日轮和月轮的直径为的 50%（并非其面积的一半）被遮蔽。偏食的食分大于 0 小于 1；全食的食分大于等于 1。同一次日食，各地所见食分和见食时间，可以是不同的；但同一次月食，只要能见到全过程，各地所见的食分和见食时间皆相同。

日食和月食除日轮被食与月轮被食这一根本性区别之外，在现象上也还有不少区别，比较见表 6-2。

表 6-2　日月食比较

比较要素	日食	月食
种类	日食有全食、偏食和环食	月食有全食和偏食
本质	月球部分或全部遮掩太阳,月球挡住投向地球的阳光	月球部分或全部钻进地球本影锥内，投向月球的阳光被地球挡住
遮掩过程	月球自西向东赶超太阳的过程	月球自西向东赶超地球本影的过程
被食顺序	日轮西缘开始，日轮东缘结束	月轮东缘开始，月轮西缘结束
经历时间	日轮被食时间短	月轮被食时间长
景象	地球上的日食带内光线暗淡,突然有天黑的现象	月全食月面呈古铜色
见食地带	白昼日食带内可看到日食，见食的地区窄；见食的时刻也不同，较西地区先于较东地区	夜半球各地都能同时看到月食，见食的地区广
食分	日食时，各地所见食分不一样；即不同地方看到不同的日食景象	月偏食时，各地所见食分一样；即半个地球上的人见到相同的月食情景
次数	由于日食带范围不大,日食时地球上只有局部地区可见。对于全球范围，日食次数多于月食	对于具体观测地点，所见到的月食次数多于日食

四、日月食的规律性

（一）日月食的条件

日食和月食的发生，有一定的条件，弄清这些条件，人们就能推算和预告日月食的发生。由日、月食概念可知，日食必定发生在“朔”，月食必定发生在“望”，但并不是每逢朔望都有日、月食发生。其原因是，黄道和白道并不在同一平面内，二者约有 5°09′的交角。

从日月地三天体在宇宙中的绕转运动来看，日食的条件是，地球位于月球的背日方向（即月影所在的方向），从而位于日月连线的延长线上。月食的条件是，月球位于地球的背日方向（即地影所在的方向），从而位于日地连线的延长线上。为了便于说明，这个总条件可以分为两个具体条件：

1. 朔望条件

在朔日，日月相合，月球运行到日地之间，且日、月、地三者大致成一直线，日、月黄经差为 0°或接近 0°，只有在这样的时候，月影才有可能落到地球上。在望日，日月相冲，月球运行到日、地的同一侧，且日、地、月三者也大致成一直线，日、月黄经差为 180°或接近 180°，此时月球才会进入地影。所以，日、月食发生的起码条件是朔望条件。以日期来说，就是农历月初一及前后才有可能发生日食，农历月十五及前后可能发生月食。古巴比伦人早在公元前 9 世纪就已经知道日食必发生在朔，月食必发生在望的规律。

然而，朔日和望日，每个月都有，但日食和月食并非每个月都发生，原因是黄道平面与白道平面不重合，而且有黄白交角存在，因此，当日月合朔时，从正面看，日、月、地三者成一直线，但从侧面看，三者不一定成直线，即日、月黄经虽一致，但日、月黄纬却不一定相同，所以月球的影子不一定能扫到地球上。同理，当日月相冲（望）时，从正面看，日、月、地三者已成一直线，但从侧面看，却不一定成直线，即日、月黄纬不一定相同，所以月球不一定能进入地影。如图 6-8 所示。由此可知，要发生日、月食，必定还有更严格的条件。

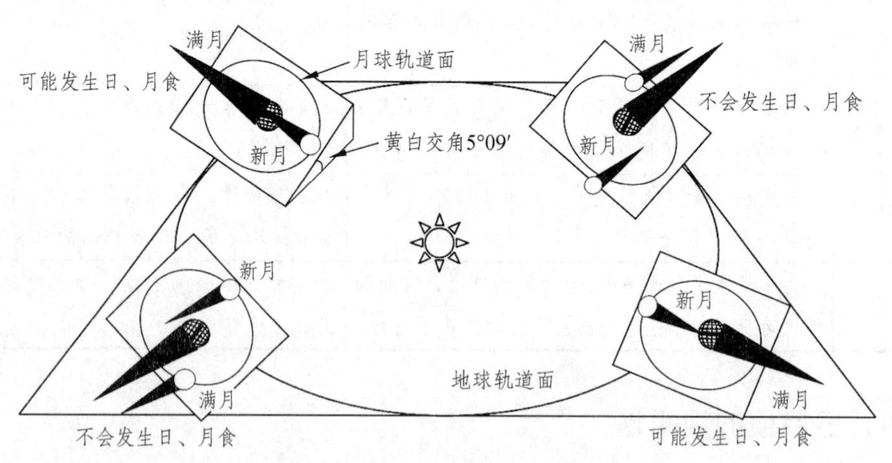

图 6-8　朔望的各类形式示意图

2. 交点条件

日食发生在朔，月食发生在望；但逢朔未必发生日食，逢望未必发生月食。经验告诉我们，大多数的朔望都不发生日、月食。这是因为，白道和黄道之间有 5°09′的交角（称**黄白交角**），而月轮和日轮的视直径都只有 32′左右。可见，朔望条件只是日、月食发生的必要条件，而不是充分条件。

黄道与白道有两个交点，其中一个叫**升交点**，另一个则叫**降交点**（见图 3-15）。太阳在黄道上运行，一个食年经过升、降交点各一次；月球在白道上运行，一个朔望月（比交点月略长）经过升降交点各一次。当太阳和月球不在黄白交点及其附近时，无论从哪个角度上看，日、月、地三者都不会成一直线。只有当太阳和月球同时运行到黄白交点及其附近时，才有可能日、月、地三者无论从什么方向看都成一直线或基本成一直线，地影或月影才有可能落到对方的身上，从而发生日、月食。

日食发生的交点条件是日、月相合于黄白交点及其附近（日食限）；月食发生的交点条件是日、月相冲于黄白交点及其附近（月食限）。

因此，朔日或望日，太阳和月球必须同时位于黄白交点及其附近，这样日、月、地三者才可能在一条直线上而产生相互遮掩。这就是说，发生日食的朔，不是任意的朔，而是日月相合于黄白交点上及其附近的朔，发生月食的望，不是任意的望，而是日月相冲于黄白交点及其附近的望。

（二）食限和食季

因为，日月都不是一个光点，而是一个视直径平均为 32′ 圆面。因此，二者不一定严格地位于黄白交点上，而是在距交点一定的范围内，也可能发生日、月食。这个范围，叫作**食限**。在天球上，食限内才有可能发生日、月食。若定义可能发生交食的一段时间为“食季”，那么就有日食季和月食季之分。

1. 食　限

人们对食限是这样规定的：日月相合（朔）时，可能发生黄道上的日轮与白道上的月轮接近到互相外切的现象。那么人们规定：当黄道上的日轮与白道上的月轮接近到互相外切时，日轮中心与黄白交点之间的角距离称为“**日食限**”，也就是太阳与黄白交点的一段黄经差，或日轮中心至黄白交点的一段黄道弧长，如图 6-9 所示。

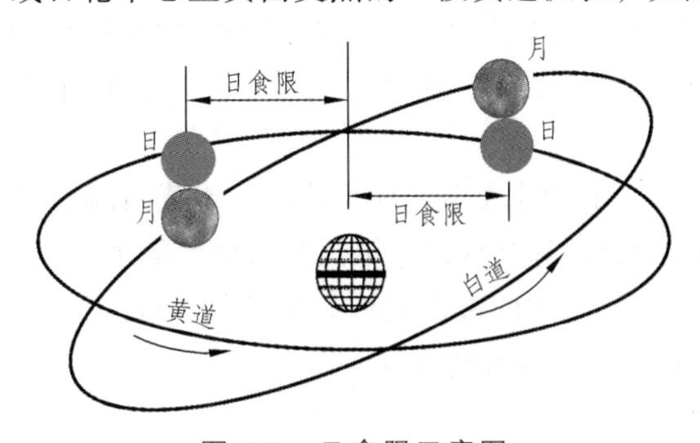

图 6-9　日食限示意图

同理，日月相冲（望）时，可能发生黄道上的地球本影和白道上的月轮相外切的现象，那么人们规定：当黄道上的地球本影和白道上的月轮相外切时，地球本影中心与黄白交点之间的角距离就是“**月食限**”，也就是地球本影中心与黄白交点的黄经差，亦是地球本影中心至黄白交点的一段黄道弧长。在图 6-9 中，地球本影截面代替日轮，即为月食限示意图。

食限的大小取决于黄白交角（4°57′～5°19′）、日地距离（1.471 亿～1.521 亿 km）和月地距离（363 300～405 500 km）等因素。一般来说，黄白交角愈大，日食限愈小；月地距离愈大，月轮的视半径愈小，日食限和月食限也愈小；日地距离愈大，日轮的视半径愈小，日食限也愈小，而地影截面的视半径却增大，因而月食限则变大。如 2000 年 7 月 16 日出现较长的一次月全食（历时 1 小时 47 分），主要是当时月球在近地点，地球在远日点，月食限较大，加上月中心与地影中心较接近的缘故。

因为影响食限因素是变化的，所以食限大小也有一定的变幅。若利用球面三角边的正弦定律计算可以得出食限的量值，如表 6-3 所示。

表 6-3　日月食限值

日、月食类型	日食		月食	
	偏食	中心食	偏食	全食
食限：最大限角	17.9°	11.5°	11.9°	6.0°
食限：最小限角	15.9°	10.1°	10.1°	4.1°

表 6-3 中的最大食限是指条件最好时的食限。以日食为例，若月球位于近地点，地球位于远日点、黄白交角最小时，月影就长些，日、月、地三天体在宇宙也易形成大致直线，所以食限可大一些。相反，最小食限就是条件最差时的食限。从表中还可看出，月食限比日食限小，这就意味着发生月食的可能性比发生日食的可能性小。

日月食要同时具备朔望条件和交点条件，在具体的食限发生各种类型的食。就食限来分别讨论发生的日月食的类型。

（1）日食与日食限。日食限角并不是一个固定不变的数值。其原因首先是日地距离和月、地距离都总是在一定范围内变化的，太阳、月球的视直径也就有相应的变化；其次，黄道和白道交角平均为 5°09′，其变化范围在 4°57′～5°19′之间。所以，日食限角也在一定的范围内变化着。朔日时，只有在太阳距黄白交点东西各 17.9°范围以内的情况下，才有可能发生日食。如果在朔日时，太阳位于距黄白交点东西各 15.9°以内，将必定有日食发生。

（2）月食与月食限。月食限角的数值也是在一定范围内变化的。月偏食最大限角为 11.9°，最小限角为 10.1°；月全食最大限角为 6.0°，最小限角为 4.1°。日月相冲时，若太阳恰好在距黄白交点 11.9°的范围之内，则可能发生月食；若太阳在距黄白交点 10.1°的范围之内，则必定会发生月食现象。

2. 食　季

食季是有可能发生日、月食的一段时间，它是同食限相联系的，食季有日食季和月食季之分。由于日、月食的发生必须同时兼具两个条件，并非所有朔、望都能发生，因此，一年中只有特定的一段时间，才能发生日、月食。我们知道，日、月食发生的条件是，太阳和月球必须同时位于同一黄白交点及其附近（日食），或分居两个黄白交点（月食）或其附近。比较起来，月球是频繁地（每月二次）经过黄白交点的，全年计 24 ~ 25 次；而太阳需隔半年才来到交点一次。所以，当时是否发生日、月食，主要取决于太阳是否位于黄白交点或其附近。太阳经过食限的这段时间，就被叫作食季。大体上说，一年有两个食季，相隔约半年。

（1）日食季

日食季是指太阳在黄道上运行在日食限里的那段时间。例如，日偏食的最小食限是 15.9°，太阳运行在黄白交点两侧各 15.9°的范围内都是在食限里，所以，日食限就是太阳在黄白交点两侧运行共 31.8°（即 15.9°×2 =31.8°）所需的时间。太阳在黄道上运行 31.8°约需 30.612 3 日，这就是最小日食季。

因为，太阳在黄道上平均每天运行速度是：360°÷365.242 5≈0.985 6°（即前述的约 59′），而黄白交点每年西移 19.4°，即每天西移约 0.053 2°。太阳东移，黄白交点西移，形成了此往西彼往东，加快了相对运动的速度。因此，太阳相对黄白交点的运行速度是：0.985 6°+0.053 2°=1.038 8°/日，则 31.8°÷1.038 8°≈30.612 3 日。

在这个日食季里，只要月球来会合，就会发生日食。日食季 30.612 3 日比朔望月 29.530 6 日长。那么，在一个食季里，月球必来会合一次，即会发生一次日食。因为有两个黄白交点，即一年有两个食季，所以，一年中必有二次日食发生。碰巧的话，每个食季首尾各一次，这样，一年便有四次日食。无疑，发生日偏食的机会比发生日全食的机会要多一些。

（2）月食季

月食季是指地球本影在黄道上运行在月食限里的那段时间。除了半影食，月偏食的最大食限是 11.9°，于是，月食季的长度为 24.2 日（即 11.9°×2÷1.038 8°≈22.93 日），这比朔望月 29.530 6 日短，所以，在一个月食季里，即地本影在黄道上运行到黄白交点前后 11.9°的那段时间里，月球不一定来会合。所以，有的年份连一次月食也没有；即使有，每个食季也只能一次，碰巧一年可以有二次。

综上所述，对全球来说，日食发生的次数要多于月食。但是，在日食发生时，只在昼半球狭长的日食带中可见到；而月食发生时，在整个夜半球的人们都可以见到月食现象。

所以对某个特定的地点来说，见到月食的机会反而比日食要多。

（三）发生日月食的概率

日、月食发生是有条件的。据统计，对全球而言，一个回归年内最多发生 7 次日、月食，最少发生两次日食。常见的是日、月食各两次。

回归年的长度是 365.242 2 日，食年是 346.620 0 日，回归年比食年长 19 日左右。在一个食年里有两种食季（日食季和月食季），因此，在一个回归年里就可能产生两种情况：其一，两个完整的食季加一个不完整的食季；其二，两个不完整的食季（一个在年头，一个在年尾）和一个完整的食季。于是，一个回归年内，可能发生交食的几种情形分析如下：

1. 一年发生 5 次日食和 2 次月食

如果回归年与食年基本同时起步，差不多年初就遇到食季，这样，一个回归年中就有两个完整的食季和 1 个不完整的食季。如上所述，每个食季有可能发生 2 次日食，两个完整的食季有可能发生 4 次日食。还有一个不完整的食季（年末 12 月份中、下旬），碰得巧，也可能发生 1 次日食。这样的年份，在两个完整的食季里，也可能各发生 1 次月食。所以，一年可能发生 5 次日食和 2 次月食，共交食 7 次。

2. 一年发生 4 次日食和 3 次月食

如果食年与回归年不是同时起步，年初和年末各遇一个不完整的食季，年中有一个完整的食季。碰得巧，年中完整的食季中发生 2 次日食，两个不完整的食季各发生 1 次日食；两个不完整的食季和一个完整的食季都各发生 1 次月食。一年就发生 4 次日食和 3 次月食，共交食 7 次。

3. 常见日月食

上述两种情况是特例，即条件最好，又凑巧时，一年发生日、月食的次数最多。但一般的年份所发生的日、月食的次数不会这么多。就日食而言，一年发生 2 ~ 3 次者居多，最少是一年发生 2 次。就月食来说，如果不算半影月食，每年发生 2 次的概率最大，约占 70%；有的年份 1 次都不会发生；如果连半影月食也算在内，一年最多可发生 5 次，最少也是 2 次，仍以一年发生 2 次本影月食的概率为最大，约为 60%，其次是一年发生 4 次半影月食，约占 8%；一年发生 3 次半影月食，也约占 8%；一年发生 1 次半影月食和 1 次本影月食，亦约占 8%。

总之，发生 7 次交食的年份极少，常见是日、月食各两次。2005 年至 2035 年在我国地区可见日、月食情况，见附录 10、11。

（四）日月食的周期

日食和月食的条件，包含各种周期性的天文因素，因而具有严格和复杂的周期性。首先，日食必发生在朔，月食必发生在望。朔望月就是月相变化的周期，其长度为 29.5306 日。其次，发生日、月食时，太阳必位于黄白交点或其附近。太阳经过黄白交点是周期性现象，其周期为交点年（食年），即 346.620 0 日。再次，发生日、月食时，月球也必同时来到黄白交点或其附近，月球连续二次经过同一黄白交点的周期为交点月，即 27.212 2 日。此外，月球接近近地点时，运行速度快；接近远地点时，运行速度慢。这种距离和速度的差异，也是一种周期性变化，其周期为近点月，即 27.554 6 日。

把上述四种周期组合成一种共同周期，即它们的最小公倍数，叫作**沙罗周期**。它的长度为 6585.32 日，相当于 223 个朔望月，几乎相当于 242 个交点月，约略相当于 239 近点月和 19 食年，列举如下：

朔望月（29.530 6 日）×223=6 585.32 日

交点月（27.212 2 日）×242=6 585.35 日

近点月（27.554 6 日）×239=6 585.55 日

食年（346.620 0 日）×19=6 585.78 日

按现行公历，沙罗周期相当于 18 年 11.32 日（如其间有 5 个闰年，则为 18 年 10.32 日）。经过这么长的一段时间后，太阳、月球和黄白交点三者的相对位置，以及月地距离，又回复到与原来近乎相同的情况。于是，上一个周期内的日月食系列又重新出现。在一个沙罗周期内，大体上有相等的日、月食次数和相同的日、月食种类。同时，每次日食和月食，都要在一个沙罗周期后重复出现。例如，1987 年 9 月 23 日的那次日环食，在 2005 年 10 月 3 日重现。

但是，由于沙罗周期并非太阳日的整数倍，相互对应的二次日食或月食，并不发生在一日内的同一时刻。它的不足 1 日的尾数 0.32 日，即约 1/3 日，使相互对应的二次日食或月食，在时刻上推迟约 8 小时，因此，在经度上偏西约 120°。如 1987 年 9 月 23 日的那次日环食，俄罗斯、中国和太平洋等处可见；而 2005 年 10 月 3 日将发生的日环食，改在大西洋、非洲和印度洋等处可见。另外，沙罗周期并不严格地等于交点月、近点月和食年的整数倍，因此，相互对应的日食或月食，只是大同小异，不可能完全一样。

影响日食和月食的因素是非常复杂的，各个因素的本身也会有变化。上述所有日食和月食周期，都不能包括影响日、月食的全部因素。因此，这些周期，都只能说明日食、月食发生的基本规律，以及每次日食、月食发生的大概日期和食相等情况。它们都不能完全避免误差的出现，不能十分准确地预告每次日食和月食的发生情况。

准确的日食、月食发生情况，如每次日食、月食发生的准确时间、食分、见食地区等，是根据专业天文工作者的精密计算预报的。这种准确的日食和月食预报，是任何一种日食和月食周期所不能取代的。

总之，沙罗周期并没有包含同日、月食有关的全部因素。它的简单的规律性，并没有绝对的意义，因此，不能代替日、月食的具体推算。

第二节 海洋天文潮汐

地球上的潮汐现象并不限于海洋，大气和固体地壳都有。但是，最明显的潮汐现象发生在海洋。海洋潮汐有多方面的因素，其中，最基本的因素是天文因素。本节主要说明的是海洋天文潮汐。

一、潮汐现象

1. 潮汐概述

因为海水是液体，具有流动性，所以它对外来的变形力的作用显得特别敏感。海水的运动通常分为 3 类，即洋流、潮汐和波浪。一般来说，洋流是海水的水平流动，潮汐是海面的垂直运动。在我国古代，人们把白天发生的海水涨落现象称为潮，夜晚发生的海水涨落现象称为汐，合称为潮汐。因此，所谓**潮汐**，就是海水面有规律的周期性涨落现象。

实质上，潮汐现象反映了海洋水体的周期性运动。这种海洋水体运动是全球性的。在水平方向上，表现为海水周期性的流动，称为潮流；在垂直方向上，表现为海洋水面的周期性升降。

在海洋潮汐现象中，海水面升高的过程叫**涨潮**，海水面下降的过程叫**落潮**。海水面在垂直方向升降过程中的水位，叫作**潮位**。涨潮和落潮互相交替，在每次涨潮中，海面上升到最高潮位时，叫作**高潮**；在每次落潮中，海面上降到最低潮位时，叫作**低潮**。从一次高潮（或低潮），到相邻的下一次高潮（或低潮）所经历的时间，称为潮汐的周期。如图 6-10 所示。涨潮和落潮，高潮和低潮，都是周期性地出现的，其周期是半个太阴日，即 $12^{h}25^{m}$。

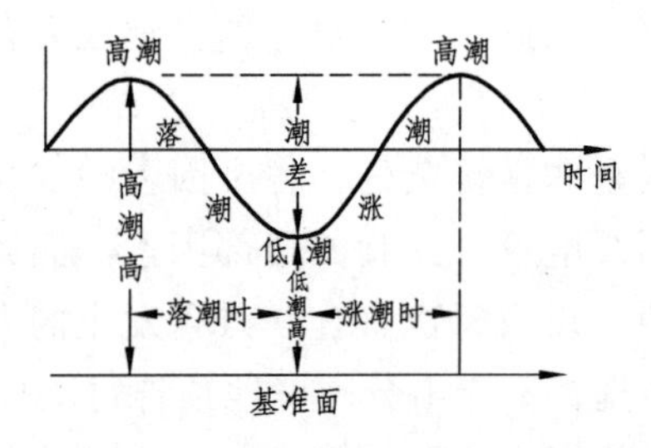

图 6-10　潮汐基本要素示意图

每一次海面升降运动都不是前一次的重复，而具有一些新的特点。例如，高潮不是同样的高；低潮也不是同样的低。高潮和低潮的水位差，称为**潮差**，也具有周期性的变化。在一个周期内，潮差由大变小，然后又由小变大。潮差最大时的海面升降，称为**大潮**；潮差最小时的海面升降，称为**小潮**，从大潮到大潮或从小潮到小潮的周期是半个朔望月，即 14.77 日。因此，每月有两次大潮和两次小潮，如图 6-11 所示。

此外，潮汐还是一种全球性现象，这里需要简单说明两点：第一，海水的量不会突如其来地增加，也不会莫名其妙地减少。既然有些地方发生海面上升的现象，在另外一些地方则必须发生海面的下降。反之，一些地方的海面下降，也表明了另外一些地方的海面在上升。这一种此起彼伏的运动称潮波。第二，海面的升降是通过海水的流动来实现的。海水的流入造成涨潮，海水的流出造成落潮。海水不断从正在落潮的海域，流向正在涨潮的海域，这样的水流叫**潮流**。总之，从全球范围来看，潮汐现象实际上是一种波动，但与一般质点波动不同；它既有垂直的升降，也有水平的流动。

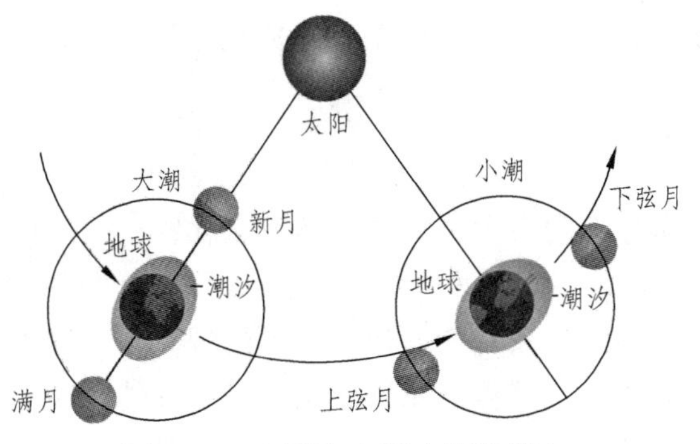

图 6-11 大潮和小潮（朔望潮）

2. 潮汐类型

潮汐是全球规模的海洋水体周期性运动。对于一个具体地点来说，一般表现为海水每天两次涨潮、两次落潮。每次高潮出现在月球到达中天位置以后。相邻两个高潮（或低潮）之间的时间，平均为 12 小时 25 分，相当于半个太阴日的长度。所以，一个太阴日内涨潮和落潮一般各发生两次。

一个太阴日是与潮汐变化有密切关系的一个基本时间数据。根据一个太阴日内海水的涨落情况，可将潮汐分为**半日潮**、**全日潮**和**混合潮**三种类型，如图 6-12 所示。

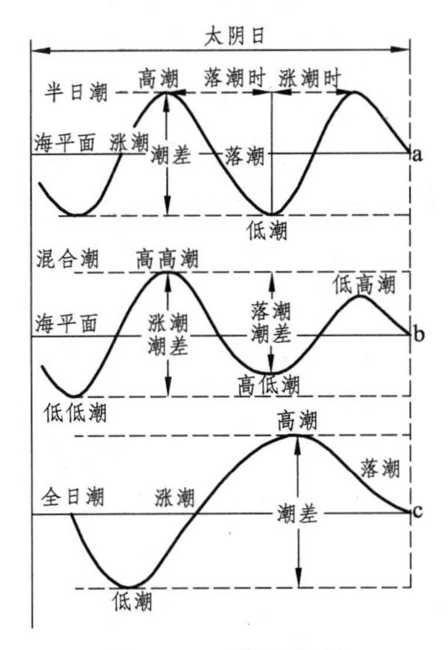

图 6-12 潮汐类型

在一个太阴日里出现两次高潮和两次低潮（即周期平均为 12 小时 25 分）的潮汐，叫作**半日潮**。

有的地区，在一个太阴日内海面的升、降过程各发生一次，即周期为 24 小时 50 分。这种潮汐叫作**全日潮**。

也有的地区，一个太阴日内海面升、降过程各有两次不完全相等的潮汐现象。这类潮汐叫作**混合潮**。

中国黄海、东海沿岸多数港口属半日潮海区，例如上海、青岛、厦门等地区的沿海区就是比较典型的半日潮海区；中国南海多数地方属于混合潮；有些地方如北部湾地区则属全日潮海区。

3. 潮汐变形

尽管海洋潮汐是全球性的现象，但是具体海域在特定时间的潮汐现象，都具有局部的和暂时的特点和成因。在这里所要讨论的是潮汐的全球性的因素。

从全球范围来看，潮汐现象首先是地球变形的现象，地球是一个球体。在这里，球体泛指正球体或扁球体或长球体。正球体是严格的球体，长球体是椭圆以长轴为轴回转而成的球体，扁球体和长球体都是球形体，而不是真正球体，假如地球本来是一个正球体，它要在自转过程中由一个正球体（$O_1A_1B_1$）变成明显的扁球体（$O_2A_2B_2$），又要在公转过程中由正球体变成轻微的长球体。这时，暂时忽视前者，着重说明后者，因为前者是永久性变形，而后者是周期性变形，称为**潮汐变形**，如图 6-13 所示。

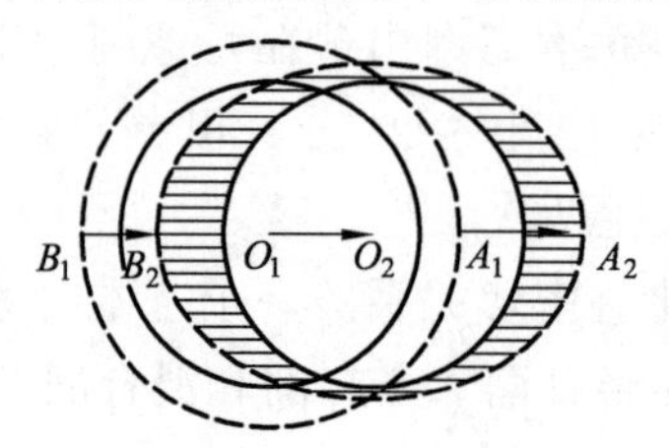

图 6-13　潮汐变形

潮汐变形是在天体相互绕转的过程中发生的，没有绕转就无所谓潮汐变形，也就无所谓潮汐现象。在这里，天体相互绕转是指地球和太阳环绕日地共同质心的运动和地球和月球环绕月地共同质心的运动。对地球上的潮汐现象来说，以后者为主。但是，为了说明简单起见，这里首先考虑的是地球和太阳的相互绕转。

地球和一切其他天体都在运动着。在这个前提下，地球和太阳的相互吸引使这两个天体发生绕日地共同质心的运动。这种运动可以简单地看成地球环绕太阳的公转，因为日地共同质心十分接近太阳的中心。

在地球在绕日公转过程中，为什么发生潮汐变形，为什么会由正球体变成长球体？因为，太阳对地球的吸引是差别吸引，所谓**差别吸引**，就是地球的不同部分，对太阳有不同的距离和不同的方向，因而受到不同的吸引。它包括引力大小的不同和方向的不同。具体地说，距离近，所受引力就大；距离远，所受引力就小。方向正，所受引力就正；方向偏，所受引力就偏。在日地系统中，因太阳引力，使地球在绕日公转的过程中由正球体变成长球体。同理，在地月系中，因月球的作用，地球的形状向长球体或扁球体发展。

二、引潮力

（一）引潮力及其分布

地球中心所受月球或太阳引力，无论大小或方向，都是整个地球的平均值，同这个平均值相比较，各地所受月球或太阳引力都有一个差值。这个差值是地球变形和潮汐涨落的直接原因，称**引潮力**，或称长潮力或起潮力。这样，各地所受太阳引力可以分解为两个分力，即平均引力和引潮力，如图 6-14 所示。引潮力=实际引力–平均引力；平均引力使地球环绕太阳公转，引潮力使地球发生潮汐变形。

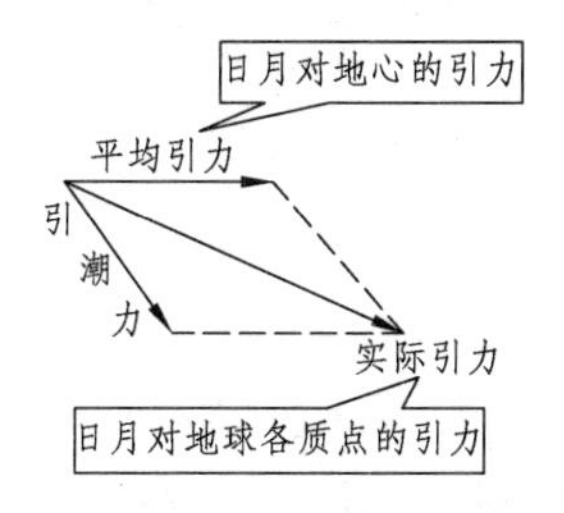

图 6-14　引潮力示意图

引潮力之所以使地球发生变形，是因为引潮力本身因地点而不同。众所周知，大小相等方向相同的力，或者大小和方向都不同的力，都能使一个物体发生变形。通过月地（或日地）中心的直线同地球表面相交的两点叫**垂点**，即正垂点和反垂点。**正垂点**是地球上距离月球或太阳最近的一点；**反垂点**是地球距离月球或太阳最远的一点。在以正垂点为中心的半个地球上，所受的月球或太阳引力大于全球平均值，这就是说，那里的引潮力是向月球或太阳的。在这个力的作用下，这半个地球在向月球或太阳降落的运动中总是超前的，也就是向前突出的。反之，在以反垂点为中心的半个地球上，所受的月球或太阳引力小于全球平均值，即那里的引潮力是背月球或太阳的，在这样力的作用下，这半个地球在向月球或太阳降落的过程中，总是落后的，也就是向后突出的。向月球或太阳的半个地球向前突出，背月球或太阳的半个地球向后突出。这样，整个地球就由正球体变成长球体。正反垂点的引潮力是全球最大的；正反垂点的连线，就是长球体的长轴所在。引潮力及其分布如图 6-15 所示。

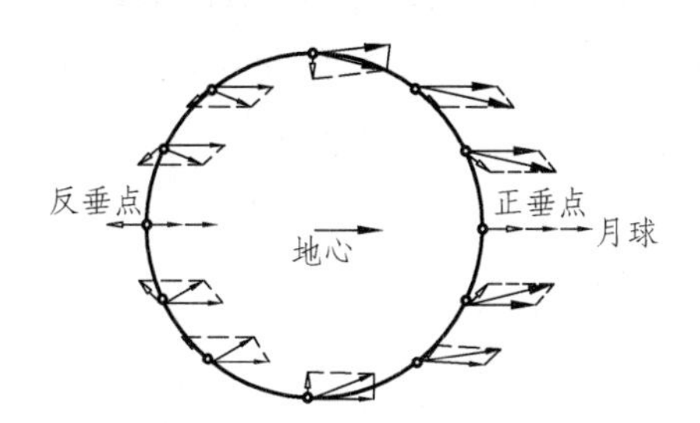

图 6-15　引潮力及其分布

用地球上的上下方向来说，正反垂点的引潮力都是正向上的。随着对正反两垂点的距离的增加，引潮力的方向先由向上逐渐变成水平，再由水平逐渐变成向下。在引潮力终于变成向下的地方，正是距正反两垂点最远的地方，也就是以正、反两垂点为两极的大圆。两头的引潮力向上，中间的引潮力向下；引潮力的水平分力都指向正反二个垂点，并在那里形成二个隆起，从而使地球由正球体变成长球体。如图 6-16 所示。

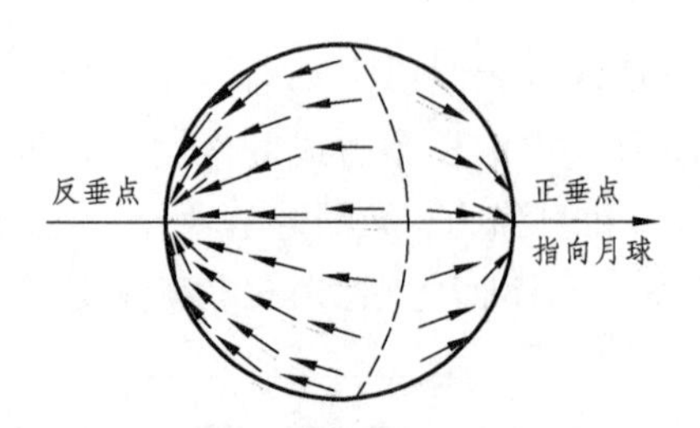

图 6-16　引潮力的水平分布

总之，由于太阳对地球上不同部分的差别吸引，地球在同太阳一起环绕日地共同质心公转的同时，由正球体变成长球体。同理，由于月球对地球不同部分的差别吸引，地球在同月球一起环绕月地共同质心公转的同时，由正球体变成长球体。在前一过程中，地心不断地向日地共同质心降落；在后一过程中，地心不断地向月地共同质心降落。

地球上的岩石具有很强的刚性，而海水是可以流动的。因此，地球由正球体变成长球体，即在正、反垂点的周围，形成两个水位特高的地区，称**潮汐隆起**。其中，一个始终朝向月球（或太阳），形成**顺潮**；另一个始终背向月球（或太阳），形成**对潮**。

这里必须注意的是，两个潮汐隆起虽然存在于地面上，却跟着天上的月亮（或太阳）运行。从全球范围看起来，地球向东旋转过去，而潮汐隆起始终停留在月下点或日下点；从一个特定的地点看起来，随着月球或太阳的东升和西落，海面周期性地发生涨潮和落潮。

（二）引潮力因素

一地的引潮力，是该地所受天体的实际引力同平均引力（即地心所受引力）的差值。为求引潮力的大小，便需求出地面和地心所受的天体引力。对于天体在地球上的正反垂点来说，情况最为简单，决定引潮力的大小，仅是天体质量（m）、天体距离（d）和地球半径（r）三个因素，如图 6-17 所示。因为在垂点上，地球半径和天体距离都在一直线上，天体对于地面和地心的引力，没有方向上的差异。

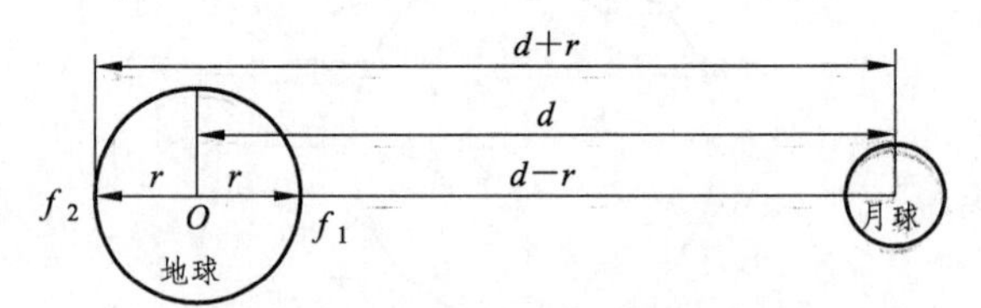

图 6-17　正反垂点的引潮力推算

如果考虑到地面上的点是天体的两个垂点，那么，只要知道这三项因素，就能求得引潮力。在垂点上，地球半径和天体距离都在同一直线上；天体对地面和地心的引力没有方向上的差别。

在正反两个垂点上，天体对地面的距离分别是（$d-r$）和（$d+r$）。这样，天体对于正垂点、地心和反垂点的单位质量的引力分别为 f_1、f_0 和 f_2，可按下列公式求得（式中，G 是万有引力常数）。

在正垂点：

$$f_1 = \frac{Gm}{(d-r)^2} \tag{6-1}$$

在地心：

$$f_0 = \frac{Gm}{d^2} \tag{6-2}$$

在反垂点：

$$f_2 = \frac{Gm}{(d+r)^2} \tag{6-3}$$

比较（6-1）、（6-2）、（6-3）式，显然

$$f_1 > f_0 > f_2$$

正垂点上引潮力就是 $f_1\text{-}f_0$，反垂点上的引潮力就是 $f_2\text{-}f_0$。所以

$$\begin{aligned} f_1 - f_0 &= \frac{Gm}{(d-r)^2} - \frac{Gm}{d^2} = Gm\frac{d^2-(d-r)^2}{(d-r)^2 d^2} \\ &= Gm\frac{d^2-(d^2-2dr+r^2)}{(d-r)^2 d^2} = Gm\frac{2r(d-r)}{(d-r)^2 d^2} \end{aligned} \tag{6-4}$$

$$\begin{aligned} f_2 - f_0 &= \frac{Gm}{(d+r)^2} - \frac{Gm}{d^2} = Gm\frac{d^2-(d+r)^2}{d^2(d+r)^2} \\ &= Gm\frac{d^2-(d^2+2dr+r^2)}{d^2(d+r)^2} = -Gm\frac{2r(d+r)}{d^2(d+r)^2} \end{aligned} \tag{6-5}$$

同 d 相比，r 是很小的。为简单起见，上式分子和分母中，同时略去括号内的 r，可以把（6-4）和（6-5）等式右边中的后面项加以简化。于是，在正、反垂点上的引潮力 F 为

$$F = \pm\frac{2Gmr}{d^3} \tag{6-6}$$

在（6-6）式中，以天体引力的方向为正。因此，在正垂点上，引潮力的方向与天体引力方向相同；在反垂点上，引潮力的方向与天体引力的方向相反。即正反垂点的引潮力方向，虽有正负之分，但它们都同地球引力的方向相反，都是向上。所以，由该公式可知，**引潮力的大小与天体距离的三次方成反比**。

（三）太阴潮和太阳潮

地球的引潮天体有二：月球和太阳。在太阳系中，前者距地球最近；后者的质量最大。由月球引起的潮汐，叫**太阴潮**；由太阳引起的潮汐，叫**太阳潮**。二者的相对大小，可以用上述引潮力公式（即 6-6 式）进行比较。该公式虽不是引潮力的普遍公式，它只适用于正反垂点（而且是近似的），不能用来比较二地的引潮力大小。因为它没有

包含引潮力天体的天顶距这个因素。通常，在比较太阳潮和太阴潮的相对大小的时候，只需要比较太阳和月球在各自的垂点的引潮力的大小，就可以无须涉及地点因素。因此，引用公式（6-6 式）就可以比较太阳潮和太阴潮的相对大小。

根据引潮力公式（6-6 式），可以获得太阳和月球对于各自垂点的引潮力，同各自的质量成正比，同各自的距离的立方成反比。太阳质量是地球质量的 333 000 陪，而地球质量又是月球质量的 81.3 倍，由此可见，太阳的质量约是月球质量的 27 100 000 倍，日地距离是月地距离的 390 倍（即 149 600 000÷384 400=390）。因此，如果太阳的引潮力是 1，月球的引潮力就是 2.189，即 3 902÷27 154 000=2.189。约略地说，月球对地球的引潮力是太阳的 2 倍多；或者说，太阳潮不及太阴潮的一半。太阳潮通常难于单独观测到，它仅能增强或减弱太阴潮，从而出现大潮和小潮。解析如下：

利用正垂点上的引潮力公式来比较月球与太阳引潮力的大小。

太阳质量、月球质量比较：$m_{日} = 27\,100\,000 m_{月}$

日地距离、月地距离比较：$d_{日地} = 390 d_{月地}$

代入公式比较：
$$\frac{f_{月}}{f_{日}} = \frac{\dfrac{2Gm_{月}r_{地}}{(d_{月地})^3}}{\dfrac{2Gm_{日}r_{地}}{(d_{日地})^3}} = \frac{2Gm_{月}r_{地}}{(d_{月地})^3} \times \frac{(d_{日地})^3}{2Gm_{日}r_{地}}$$

$$= \frac{m_{月} \times (d_{日地})^3}{m_{日} \times (d_{月地})^3} = \frac{m_{月}}{m_{日}} \times \left(\frac{d_{日地}}{d_{月地}}\right)^3$$

$$= \frac{(390)^3}{27\,100\,000} \approx 2.189$$

因此，太阴潮是太阳潮的二倍多。太阳的潮汐作用表现为对太阴潮差的干扰。

三、海洋潮汐的规律性

（一）海洋潮汐的周期性

两个潮汐隆起存在于地面上，却要受天上月球的曳引而随之移动。或者说，地球向东自转，而潮汐隆起却始终滞留在月垂点上。从一个特定地点看来，随着月球的周日运行，海洋便周期性地发生潮汐涨落。

潮汐的基本周期有二：每太阳日两次高潮和低潮、每朔望月两次大潮和小潮。

1. 每太阴日两次高潮和低潮

太阴潮是海洋潮汐的主体，因此，潮汐的周期性，首先是月垂点向西运动的周期性。月球垂点的向西移动，主要是由于地球的向东自转，其次是月球本身的向东公转。前者使月垂点每太阴日向西移动 360°；后者使月垂点每太阳日向东移动 13°10′。二者联合结果，使月垂点和它周围的潮汐隆起，以太阴日为周期，在地球上的中低纬度带自东向西运行。这两个潮汐隆起向哪里接近，那里就涨潮；从哪里离开，那里就是落潮。同理，它们到哪里，那里就是高潮；它们离开哪里最远，那里便是低潮。这样，在同一地点，一个太阴日内，就有二次涨潮和落潮，二次高潮和低潮。

太阴日长度为 24 时 50 分，因此，相应的高潮和低潮到来的时刻，逐日推迟约 50 分钟。

2. 每朔望月两次大潮和小潮

太阳潮和太阴潮同时存在，地球上的潮汐现象是二者合成的结果。由于地球的自转和公转，太阳垂点以太阳日为周期，在地球上南北回归线之间的地带向西运行。但太阳潮远不及太阴潮，其作用主要表现在对太阴潮的干扰。由于太阳日和太阴日是两个不等的周期，这种干扰同月球和太阳的会合运动相关，因而以朔望月为周期。

每逢朔望（旧历初一和月半），月球、太阳和地球成一直线，月球和太阳的垂点最接近，因而太阳潮最大程度地加强了太阴潮，从而形成一月中特大的太阴、太阳合成潮。这时，高潮特别高，低潮特别低，潮差最大，称为**大潮**。民谚有“初一月半看大潮”。大潮发生在朔望，因此又叫**朔望潮**，如图 6-11 所示。

反之，每逢上下弦（旧历初八、廿三），月球、地球和太阳三者形成直角，月球和太阳的垂点相距最远（90°），以致太阳潮最大程度地牵制和削弱太阴潮，从而形成一月中最低的高潮和最高的低潮，潮差最小，叫作**小潮**。民谚有“初八、二十三，到处见海滩”。小潮发生在每月的上下弦，故又称**方照潮**，如图 6-11 所示。

太阴（日）和朔望（月），是海洋潮汐的基本周期。据此，可推算和预告高潮的约略时刻和大潮的约略日期，特别是大潮期间的高潮时刻。

（二）海洋潮汐的复杂性

每太阴日的二次高潮和低潮，每朔望月的二次大潮和小潮，体现了海洋潮汐的基本规律性。此外，海洋潮汐还有一些次要的规律性。这些次要的规律，是对基本规律的复杂化。因此，我们把它们看成潮汐现象的复杂性。

月球和太阳，不仅有黄经的变化，而且，由于黄赤交角和黄白交角的存在，它们之间还有赤纬的差异。同时，月地距离和日地距离也要发生变化。这些都是海洋潮汐的因素。

1. 赤道潮与回归潮

如果月球的赤纬为零，它的两个垂点都落在赤道上，全球各地在一个太阴日内，都有相等的二次高潮和低潮，潮汐的高度则自赤道向两极递减，南北对称。这样的潮汐称为**赤道潮**（或称分点潮）。若月球赤纬不等于零，它的两个垂点便分居南北两半球，以致同一纬度（除赤道外）的顺潮与对潮有所不同，造成一日内二次高潮之间的差异，称为**日潮不等**。月球的赤纬愈大，日潮不等现象愈显著，月球赤纬最大（±28°35′）时所发生的潮汐，称为**回归潮**。

在一个交点月内，出现二次赤道潮和回归潮。由于这一变化，地球上各地在一个潮汐周期内，涨落的方式便有所不同。在赤道上，或发生赤道潮时，一太阴日内有等高的二次高潮和低潮，间隔均匀，叫作**半日潮**。其他日期，在纬度$\varphi \geqslant 90°-\delta$范围内，纬线全线位于顺潮（或对潮）半球内，以致那里每太阴日只有一次涨潮和落潮，这样的潮汐称为**全日潮**。如同极昼（夜）的情形一样，其发生范围视月球的赤纬（δ）而定，如图 6-18 和图 6-19 所示。在其他纬度地带，每太阴日虽有二次涨潮和落潮，但涨落高度有所不同，涨（落）潮历时也有差异，这样的潮汐称为混合潮。

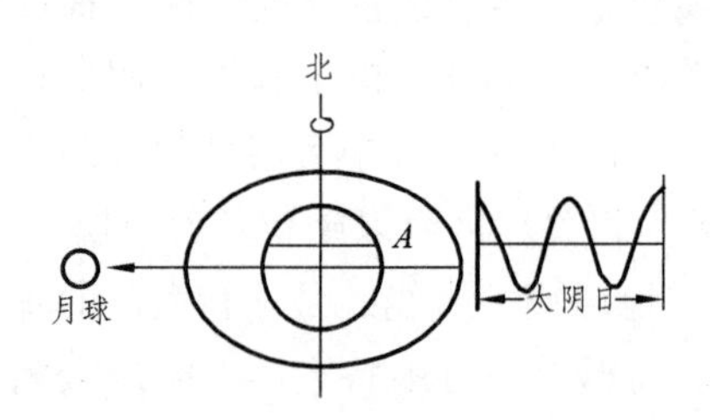

图 6-18　月球赤纬等于 0 的潮汐现象

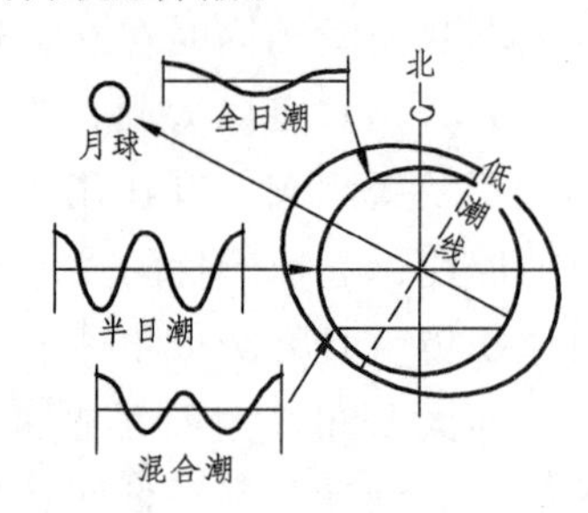

图 6-19　月球赤纬不等于 0 的潮汐现象

2. 二分潮与二至潮

太阳赤纬的变化，同样对潮汐产生影响。所不同的是，太阳潮 < 太阴潮，不像月球赤纬变化所造成的赤道潮与回归潮那样来得明显。但当太阳赤纬与月球赤纬的效应结合起来时，就出现潮汐现象的另一种周期变化：春秋二分前后的朔望，太阳和月亮都在二分点附近，太阳潮和太阴潮的潮汐隆起最为接近，潮差特大，日潮不等现象不显著，这时的潮汐称为**二分潮**。反之，冬夏二至前后的朔望，情形有所不同，称为**二至潮**。

3. 近地潮与远地潮

潮汐现象的复杂性，除了随月球赤纬而变化以外，还要因月地距离而变化。月球轨道的偏心率较大，月地距离在近地点时为 57 个地球半径，在远地点时为 64 个地球半径。按引潮力大小与天体距离的三次方成反比，近地点时的太阴潮比远地点时要大 39.1%。

近点月的平均周期为 27.554 6 日，比朔望月约短 2 日。因此，在每个朔望月里，近地潮同朔望潮出现的相对时间，是不断变动的。当近地潮遇上朔望潮时，潮差就特别大；而当远地潮遇上方照潮时，潮差便特别小。

同样的推论也完全适合于日地系统。**近日潮**与**远日潮**的变化周期为近点年（365.259 6 日）。由于太阳潮不及太阴潮的一半；而且，地球轨道的偏心率较小，所以，太阳潮的这种变化，只是叠加在太阴潮变化的不甚明显的起伏罢了。

除天文因素外，海洋潮汐还有气象因素和水文因素，天文因素总是周期性的，是可以预告推算的。气象因素是指气流情况，水文因素是指水流情况，二者都是非周期性的，只有在做好天气预报的基础上才是可以预告的。

海洋潮汐还有地文因素（也就是海盆因素，包括海水深度和海盆形状等）潮汐现象大体上存在于一切海域。但是，特别显著的潮汐，只发生在沿海。我国的钱塘潮之所以特别壮观，就同它所处的喇叭形河口位置有关。天文潮汐有各种不同的周期，其中特定的海盆条件就表现得特别明显。

摩擦力因素，海水本身具有一定的黏滞性，存在着摩擦力，在海水的运动过程中，海底也有一定摩擦作用。因此，一日间的高潮一般都落后于月球的上中天和下中天的时刻。其数值称高潮间隔，它因地点而不同。同理，一月间的大潮，一般都落后于日、月相合或相冲的日期，其数值一般是差 1 ~ 3 日。

以上所述仅限于海洋潮汐，其实，地球上的其他水体、气体和固体，也有潮汐现象。但是，同单纯的海洋潮汐比较起来，包括一切潮汐现象的整体是更加复杂的。

通常所说潮汐都是地球上的潮汐，其实，地球对太阳、月球也有潮汐影响。特别是地球对于月球的长期潮汐作用，导致目前月球的自转表现为“同步自转”。

四、潮汐作用

（一）潮汐摩擦

由于地球自西向东的自转，潮汐长球体的两个潮峰在地面上以太阴日为周期向西运行，形成潮波，在这过程中，海水对于海底具有摩擦作用，这就是**潮汐摩擦**。

若把月球对于地球的引力看成是集中于一点的话，那么，这一点总是偏高于地心的。之所以偏离地心原因有二。第一，如果把地球分成近月半球和远月半球，那么，它总是偏向近月半球的。这是因为，天体的引力同距离的平方成反比，近月半球所受的引力总大于远月半球。第二，如果按照月球绕转的东西方向，把地球分成偏东半球和偏西半球，那么，地球中的这一点总是偏向偏东半球。这是因为，由于海水的黏性，潮汐隆起的向西运行总是落后于月下点。总之，月球对地球的引力，既是偏向近月半球，又是偏向偏东半球。这样看来潮汐摩擦不是单纯的海水问题，而是地球整体的问题。

既然地月间的作用力是偏离地心的，它就产生力矩，就会影响地球和月球转动，具体地说，月球对于地球的引力有一个向西的分量；地球对于月球的引力有一个向东的分量。前者对于地球的向东自转起着减速作用，后者对于月球的公转起着加速作用。通常所说的潮汐摩擦，强调地球自转的减速，而自然界本身则包括地球自转减速和月球绕转加速两个方面。

值得特别注意的是，月球绕转的速度是同月地距离相适应的，因此，月球绕转加快的结果，必然使月地距离加大；而月地距离加大的结果，必然使月球绕转速度的减慢，这样看来，潮汐摩擦的后果是地球自转和月球绕转的速率变小，即周期变长，比较起来，地球自转周期变长加快，而月球公转周期变长减慢。现今月球绕转周期（恒星月）是地球自转周期（恒星日）的 27 倍。随着潮汐摩擦的持续进行，二者之间的差值将会逐渐减小。在遥远的未来，总有一天，二者会变得完全相等，到那时，地球上的恒星日和恒星月是相等的；月球和地球保持相对静止，当然，那时的一天和一月，不同于今天的一天和一月。同时，这种情况不会维持很久的，因为地球和太阳并不是相对静止的。

根据古代日、月食记录的分析研究表明，由于潮汐摩擦，地球的自转周期每个世纪变长 0.001 6^s。这个变化虽然很小，可是经过长期积累，便变化明显。根据这个数据，目前的日长比两千年前的日长要长 0.032^s（即 0.001 6×20=0.032^s）。从对古珊瑚化石生长线（环脊）的研究得知，在 37 000 万年前，每年约有 400 天左右，即当时地球的自转周期约为目前地球的自转周期的 9/10。如果在两千年前有一个严格同当时的地球自转同步的理想钟表，一直保持当年的走时的速度不变，那么，到今天，它的走时要比现代钟表快 11 688^s（即 0.016×365.25×2 000=11 688^s），即约为 3^h15^s，如果不考虑这差值，据现代的天文数据推算远古天文事件，不可能十分准确的，因此，从长远的观点来看，潮汐摩擦的作用，是不可忽视的。

（二）引潮力是一种瓦解力——洛希极限

海水具有流动性，如果它只受地球的吸引，那么地表各处的引力应是均匀的，海水分布也应具有均匀性，但如考虑月球的引力作用，情况就不同了，地表各部分受到的引力与地球中心同样质量部分受到引力差称为引潮力。引潮力有使天体瓦解的作用。从对海洋潮汐分析的情况来看，一天体施与另一天体上的引潮力在正、反两个方向把天体拉长，引潮力与距离的三次方成反比，当绕中心天体旋转的小天体（如卫星）的距离小到一定限度以内，引潮力可能超过小天体内物质间的引力，使小天体瓦解。当然这个极限距离与小天体的密度也有关系。如果小天体内物质松散，在较远一些的距离上就会瓦解。法国天文学家洛希 1848 年首次求得了这个极限距离，称为**洛希极限**。如果用 A 表示这个距离，则有

$$A = 2.455\,39\left(\frac{\rho}{\rho'}\right)^{1/3} R$$

式中，R 为中心天体半径，ρ 为中心天体密度，ρ' 为绕转小天体的密度。

如果卫星落在行星的洛希极限内，就会被行星的引潮力拉碎。太阳系中土星、木星、天王星、海王星都有光环，具有一定的普遍性，一般认为行星环是原来外面的卫星落入洛希极限内被引潮力瓦解形成，或在演化初期残留在洛希极限内的物质无法凝聚成卫星而形成的。

在天文学中，潮汐这一概念已被引申到其他天体的研究中来，成为研究某些天体的形状、距离、运动和演化等不可缺少的因素。如密近双星由于彼此间起潮作用，常常发生物质交流，银河系对星团的引潮力是导致星团逐渐瓦解的重要因素之一，河外星系的物质桥也被认为可能是彼此之间的引潮力引起的。

就日月地系统而言，长期的潮汐效应人类应该重视，特别是潮汐对地球自转有一

种制动作用，能使地球自转逐渐变慢，引发时间的度量等就要受影响。

五、潮汐的地理意义

潮汐现象在国民经济中具有重要的意义，各种海洋事业、海岸带开发都与潮汐涨落密切相关。

（1）人们根据潮汐涨落规律，张网捕鱼，引海水晒盐，发展滩涂养殖业。

（2）潮汐发电，是沿海无污染、廉价的电力来源。它也是最早被人们认识并利用的是潮汐能。1913 年，德国在北海海岸建立了世界上第一座潮汐发电站。1967 年，法国朗斯潮汐发电站是世界上最大的海洋能发电工程。近期在苏格兰艾莱岛西部一个崎岖不平的半岛上又建一座具有开创性的潮汐发电站，它可以向英国的国家电网供电。这是潮汐能首次得到商业利用。1957 年，中国在山东建成了中国第一座潮汐发电站。

（3）潮汐作用的范围影响到港口建设和海运的发展。

（4）潮汐景观对旅游业发展的影响。例如：我国最大最壮观的潮汐是钱塘江潮，潮头高达 8 m 左右，潮头推进速度每秒达近 10 m，其壮观景象，汹涌澎湃，气势雄伟，犹如千军万马齐头并进，发出雷鸣般的响声，实为天下奇观。钱塘江在杭州湾流入东海，河口外宽内窄，宽处达 100 km，狭处只有几千米。每年钱塘大潮来临时，都吸引了大量游客来此观潮旅游。

（5）一个国家的领海也与潮汐现象有关。领海是指海岸向海洋延伸若干距离的海水领域。海岸线因潮汐涨落而进退，因此，国际上规定，计算一个国家的领海，以大潮时，即海水落得最低时候的海岸线为准。

练习题

一、名词解释

1.日食　2.月食　3.食甚　4.食分　5.食限　6.食季　7.潮汐　8.潮流　9.引潮力

二、填空题

1. 日、月食在本质上的区别是：日食是月球________________________，月食是月球____________________。

2. 日食包括______、______和______；月食包括________和________。

3. 日食总是从日轮的____缘开始，__缘结束；月食总是从月轮的____缘开始，__缘结束。

4. 日、月食从初亏到食既是________阶段，从食既到生光是________阶段，从生光到复圆是______阶段。

5. 发生日、月食的条件有二：一是日食必发生于____，月食必发生于____；二是太阳和月球都位于________或其附近的一定限度内。

6. 潮汐是海水____________运动，海面的________叫涨潮，海面的________叫落潮，海面水位最高时叫________，海面水位最低时叫________、________和________的水位差叫潮差。

7. 引潮力的大小同引潮天体的________成正比，同引潮天体的__________成反比。

8. 潮汐摩擦使地球自转变__________、月球绕地转动变_________、恒星日变______，恒星月变____，从而改变着地月系的运动状况。

三、选择题

1. 地表某地处于月本影锥内，此时该地观测到的现象是（　）。

A. 月全食　B. 月偏食　C. 日全食　D. 日偏食　E. 日环食

2. 月轮东缘同日轮西缘相外切是（　）。

A. 月食初亏　B. 月食复圆　C. 日食初亏　D. 日食复圆

3. 月轮东缘同地本影截面的东缘相内切是（　）。

A. 月食食既　B. 月食生光　C. 日食食既　D. 日食生光

4. 下列同期中，不参与计算沙罗周期的是（　）。

A. 回归年　B. 朔望月　C. 交点月　D. 近点月

5. 向着引潮天体的潮汐隆起，称为（　）。

A. 顺潮　B. 对潮

6. 每逢朔望，会发生朔望潮。那么朔望潮属于（　）。

A. 大潮　B. 小潮

7. 发生地球海洋潮汐的动力，其中起主要作用的是（　）。

A. 太阳引潮力　B. 月球引潮力　C. 行星引潮力　D. 其他恒星引潮力

四、判断题

1. 月食没有环食的原因主要是地球伪本影长度不能到达月球表面。（　）

2. 影响本影的长度大小的因素是太阳大小、射影天体的大小及其与太阳的距离。（　）

3. 在伪本影里，太阳一侧光线照射不到，而另一侧光线可照射到。（　）

4. 食分是指食甚时，月轮或日轮被掩食的程度。（　）

5. 月食必发生于望，也就是说每当望日必有月食发生。（　）

6. 日月两轮相重合时，黄白交点到日轮中心的弧长叫日食限。（　）

7. 黄白交角越大，日月食限越小。（　）

8. 月地距离越大，月轮视半径越小，日月食限变小。（　）

9. 日地距离越大，日轮视半径越小，日月食限变小。（　）

10. 日地距离越大，使地球本影截面增大，月食限变小。（　）

11. 引潮力的大小同引潮天体的质量成正比，所以太阳的引潮力大于月球的引潮力。（　）

12. 方照日，日月垂点相距最远，形成潮差最小的方照潮。（　）

13. 引潮力使地球产生永久性变形，并且由正球体变成长球体。（　）

14. 没有月环食的原因是日地距离远大于月地距离。(　　)

五、问答题

1. 日月食发生的条件是什么?

2. 为什么就全球而论，发生日食的次数比月食多，而一地见到月食的次数远多于日食?

3. 简述日全食的过程?

4. 比较日食、月食的不同。

5. 日偏食和月偏食产生的原因是什么? 为什么月食无环食?

6. 日食和月食在景象和观测上主要有哪些不同? 为什么有这些不同?

7. 当月球位于近地点附近时，可能发生日环食吗?

8. 在什么条件下，日全食和月全食延续的时间最长?

9. 什么叫食限? 食限的大小决定于什么? 什么叫食季? 食季的长短取决于什么?

10. 为什么海洋潮汐不是某个海域的特殊现象，而是一种全球性现象

11. 为什么会有日潮不等?

12. 简述海洋潮汐的周期变化规律?

13. 潮汐摩擦对地球和月球有着怎样的影响?

14. 什么是地球的潮汐变形? 它是怎样发生的?

15. 分析潮汐的地理意义。

课程实验实训

实验实训项目一览表

序号	实验项目名称	实验类型	实验要求	建议学时
1	地球仪的使用	综合性	必做	4
2	天球仪的使用	综合性	必做	4
3	星象仪的使用	验证性	选做	2
4	经纬网图的应用设计	设计性	必做	4
5	地方时和标准时换算	综合性	必做	4
6	阳历和农历的推算	综合性	必做	4
7	星空观测	验证性	选做	2
8	日月食形成图设计	设计性	必做	4
9	日食观测	综合性	选做	4
10	月食观测	综合性	选做	4

实验一　地球仪的使用

一、实验的目的和要求

（1）通过对地球仪的观察、探究，能借助地球仪指出经纬线及基本特点；（2）通过地球仪的使用，能运用地球仪和经纬网确定一地的位置，并能简要说出位置特点；（3）用相关数据说明地球大小，了解地球仪的基本构造；（4）学会在地球仪上识别经纬线（度）和地理事物；（5）了解地球内部结构划分方法以及地球内部构造等。

二、实验内容或原理

（1）地球仪制作原理；（2）经纬线、经纬度、经纬网、地理坐标、东西半球的划分与确定；（3）地球自转、公转造成的昼夜交替现象和四季变化现象；（4）海陆分布及其地形变化，对气候、动植物等的影响；（5）地球内部圈层结构的划分和特点。

三、实验仪器或试剂

多媒体展示台、地球仪、区时转换仪。

四、实验步骤

（一）地球仪的基本构造，地球仪与地球有什么区别

1. 认识地球的形状和大小

（1）远方驶近的船只的情形；

（2）麦哲伦的环球航行；

（3）宇航员在宇宙飞船中或登临月球时，观看地球的情形；

（4）极半径、赤道半径、赤道周长和表面积；

（5）地球表面起伏。写出海陆分布和陆地的山脉、高原、盆地、平原等地形。

2. 观察地球仪的基本构造

（1）地球仪是地球按比例缩小的模型，实验使用地球仪的比例尺是多少？

（2）地球仪为何倾斜 66°34′?

（3）简要描述观察地球仪的地轴、极点、底座、固定架、球面及经纬网等。

（4）地球仪与地球的区别。

（二）地球仪的经纬线、经纬度的划分，经纬线的特点

（1）观察地球仪，什么是经线、纬线？

（2）经纬度如何划分？

（3）列表（见表 S1-1）说明经纬线的特点（包括形状、长度、指示方向、0°线、度数变化规律、度数符号、半球划分、相互关系）。

表 S1-1　经纬线的特点

特点	纬线	经线
形状		
长度		
指示方向		
0°线		
度数变化规律		
度数符号		
半球划分		
相互关系		

（三）经纬网有什么用处

（1）确定地理位置：读取某地的地理坐标；

（2）划分半球；

（3）划分纬度带；

（4）划分温度带。

（四）识别地球仪的地理事物

（1）不同颜色、符号和文字表示的陆地、海洋、山脉、冰川、洋流、河湖、国家和城市等地理事物的位置、形状和名称等（举例）；

（2）七大洲和四大洋；

（3）国家名称（举例）。

（五）地球内部圈层结构的划分和特点

1. 通过地震波在介质及其传播速度的变化对地球内部圈层进行划分

借助地震波传播速度、通过介质种类和距离地表深度的关系，说明划分地球内部三个圈层的主要依据和主要界面，并分析说明界面附近地震波传播速度的变化特征。

完成下列问题：

（1）介绍地震波及其在不同介质的传播情况。

（2）描述划分地球内部三个圈层的主要依据和主要界面及其距离地表深度，并列表比较。

（3）绘制地球内部圈层示意图。

（4）描述岩石圈的构成和软流圈的特征。

2. 地球内部各圈层的特点

（1）列表比较地球内部三个圈层的界面、深度和特征等。

（2）通过网络查找地球内部划分三个圈层的特征及图示。

五、教学方式

由指导教师通过多媒体 PPT 与素材的演示，介绍地球仪模型制作以及使用的注意事项，针对实验内容组织学生讨论与探究，然后由学生提出实验设计，了解地球仪的操作与技能要求，通过小组团队式的合作，完成对整个流程的观测与记录，并对观测结果进行分析。

六、考核要求

认识地球仪、经纬网模型，演示经度和纬度，学会在地球仪上找到已知地点的地理坐标。分析昼夜长短变化和四季变化的原因，时区的划分、日界线的规定和区时的推算等。

七、实验报告要求

由于地球仪的使用的实验内容较多，指导教师可根据学生提出的实验设计，要求该学生或该组学生按其设计的项目完成实验报告。

实验二　天球仪的使用

一、实验目的和要求

（1）熟悉天球仪结构；（2）了解天球的各种坐标和天体的相对位置；（3）并学会在天球仪上求解一些天文学的问题。

二、实验内容或原理

观察天球仪的结构，演示天球的视运动，在天球仪上直接求解问题或按已知条件在天球仪上求解问题。

三、实验仪器或试剂

多媒体展示台、天球仪、圆规等。

四、实验步骤

（一）了解天球仪的构造

天球仪由球体、底座、支架、子午圈、地平圈高度方位架等组成。天球仪用粗红线表示天赤道，它的下方标有赤经度数，它的上方标有恒星时数。每隔 15°（90°）有一赤经圈。以春分点为零度绕天赤道一周为 360°。以天赤道为零度向南北两天极，每隔 10°（15°）有一赤纬圈。到南北天极均为 90°。赤经和赤纬组成了赤道坐标网。

天球仪用黄线表示黄道。在它的上方标有以 10 日为间隔的月份和日期。用红圈表示太阳在二十四节气时的位置。

在天球仪上，全天共分 88 个星座，并用粗红虚线勾画出星区界线，按中外习惯将各星座内的恒星用实线连接起来，以便辨认。它与粗红的天赤道和粗黄的黄道一起，以十分醒目的形式给教学带来方便。

（二）天球仪的校正

凡是求解有关天体在当时当地的视运动问题，都必须将天球仪调整到与观察者赤道坐标系统相符合的位置，这种调整叫作天球仪的校正。

（1）方位校正：使地平圈上所注的东南西北四个正方位和当地实际方位相符合，就是方位的校正。这样天球仪上的子午圈就和实际天球子午圈相一致了。

（2）纬度校正：凡是与观测地点有关的问题，都必须对天球仪进行纬度的校正。因为天极的地平高度等于当地纬度。所以，只要转动子午圈，使天极（观测者在北半球上是北天极，在南半球上是南天极）高度等于当地的地理纬度即可。经过纬度订正以后，即可在天球仪上演示天体在当地周日运动的一般情况：在地平圈上使天球往西方向旋转（因为地球自转自西向东）。

（3）时间校正：如果讨论具体时刻的天象，还必须对观测时刻进行时间校正。由于天球仪上使用的是恒星时，必须把观测时刻（区时，北京时间，地方时等）化为恒星时，则可在天赤道上找到与恒星时相应的赤经线，把它置于午圈下即可。

（三）演示天球的视运动，了解天球坐标和天体的相对位置

（1）地球公转造成星空的四季变化，在天球仪上如何观察？

（2）地球自转造成太阳、恒星等天体的东升西落，在天球仪上如何观察？

（3）了解各天球坐标的建立和天体的相对位置。

（四）天球仪的具体运用

1. 在天球仪上直接求解问题

（1）读取恒星赤经和赤纬的近似值（见表 S2-1）。

① 在天球仪上找到所要确定的恒星。

② 将它转到午圈的下面，在天赤道上读出它的赤经值，在午圈上读出它的赤纬值。

表 S2-1　读取恒星赤经和赤纬的近似值

恒星名	北落师门	五车二	天狼星	心宿二	轩辕十四	牛郎星	织女星
星座名							
赤经 α							
赤纬 δ							

（2）已知赤经和赤纬找出某恒星（见表 S2-2）。

① 按已知赤经值在天赤道上找出它所在的赤经线（非整时赤经线用内插法确定），转动天球仪，使其位于午圈下边。

② 在午圈上找出已知赤纬度数，则刻度下边的星就是要找的某星。

表 S2-2　已知赤经和赤纬找出某恒星

赤经 α	04^h35^m	05^h14^m	07^h38^m	07^h44^m	19^h50^m	20^h41^m
赤纬 δ	$+16°26'$	$-08°13'$	$+05°17'$	$+28°01'$	$+08°49'$	$+45°12'$
星座名						
恒星名						

（3）读取某日的太阳黄经、赤经和赤纬的近似值（见表 S2-3）。

① 在黄道上找到春分日、夏至日、秋分日、冬至日的点，该点即太阳某日在天球上的视位置，就可直接在黄道上读出太阳的黄经值。

提示：二十四节气的太阳黄经差为 15°，其中立春 315°。

② 将太阳在该日的点转到午圈下边（上中天），在天赤道上读出它的赤经值，在午圈上读出它的赤纬值。

表 S2-3 读取某日的太阳黄经、赤经和赤纬的近似值

日期	3 月 21 日	6 月 22 日	9 月 23 日	12 月22 日
太阳黄经 λ				
太阳赤经 α				
太阳赤纬 δ				

二十四节气的太阳黄经度分别为：

春季：立春 315°，雨水 330°，惊蛰 345°，春分 360°，清明 15°，谷雨 30°

夏季：立夏 45°，小满 60°，芒种 75°，夏至 90°，小暑 105°，大暑 120°

秋季：立秋 135°，处暑 150°，白露 165°，秋分 180°，寒露 195°，霜降 210°

冬季：立冬 225°，小雪 240°，大雪 255°，冬至 270°，小寒 285°，大寒 300°

（4）测量两星间的角距离（如轩辕十四与大角星－牧夫座，牛郎星与天津四）。

① 张开圆规两脚对准要量度的两颗星。

② 将两脚移到天赤道或黄道上，即可读出两星间的角距离。

2. 按已知条件在天球仪上求解问题

（1）已知日期和时间求当时当地的可见天象。

① 天球仪做方位校正。

② 按当地纬度调整天极高度。

③做天球仪的时间校正。进行时间校正后低平圈以上半球即为可见天象。

（2）求已知恒星时的某恒星时角。

求已知恒星时时刻的恒星时角，就是求该时刻某恒星的赤经线与午圈在天赤道上所夹的弧段，即是该星的时角。如该星在午圈西边，时角为正；在午圈的东边，时角为负。

① 做天球仪的时间校正，将天球仪固定不动。

将春分点置于午圈上，在天赤道上找到已知恒星时时刻的赤经数。

转动天球仪到该时刻，赤经线与午圈重合。

② 找到所求恒星，它的赤经线与午圈在赤道上所夹的弧段既是该星的时角。例如求地方恒星时为 7^h50^m 和 4^h20^m 时天狼星的时角各是多少？

将春分点从午圈起向西转 7^h50^m（即 7^h50^m 赤经圈与午圈重合），这时天狼星的赤经线与午圈的夹角，就是它的时角，约 1^h09^m；将春分点从午圈起向西转 4^h20^m，可读得天狼星的时角约 21^h39^m。

（3）求某地某日太阳出没时刻和出没方位，上中天高度和昼夜时间长度。

① 按已知地理纬度调好天极高度。

② 在黄道上确定某日太阳的位置。

③ 将该日太阳置于午圈上，在午圈上读出太阳的上中天高度。

④ 转动天球仪，使太阳位于地平圈上，此时太阳位置即日出点（在东方）或日没点（在西方），这两点的方位角，即日出（或日没）的方位角。

⑤ 从天赤道上数一下日出点在天赤道上的投影与午圈之间的间隔时数，即上午时间长度，乘 2 即得昼长。

五、教学方式

采用野外、室外观测实习为主，室内实验为副进行。由指导教师通过多媒体 PPT 与素材的演示，为学生提出要求，然后由学生提出实验设计，要求学生根据实验目的，掌握天球仪操作，熟悉天球仪的教学功能。

六、考核要求

（1）在天球仪上读出已知恒星的赤经和赤纬。
（2）在天球仪上找出已知赤经度和赤纬度的恒星名称。

七、实验报告要求

由于天球仪的使用的实验内容较多，指导教师可根据学生提出的实验设计，要求该学生或该组学生按其设计的项目完成实验报告。

实验三　星象仪的使用

一、实验目的和要求

（1）了解星象仪的结构和使用方法；（2）熟悉该星象仪的天球、地平圈、星座所处方位、时刻、日期、月份标志；（3）利用星象仪认识星座。

二、实验内容或原理

（1）熟悉星象仪的结构和使用方法；（2）结合星图，初步识别不同形状的星座和著名恒星；（3）结合星图，利用旋转星象仪指导学生找到北极星，北斗七星等；（4）利用旋转星象仪观测四季星空的变化，并分析四季星空变化的原因。

三、实验仪器或试剂

旋转星象仪、星图。

四、实验步骤

（1）旋转星象仪的结构和使用方法的学习，掌握旋转星象仪的演示方法；（2）熟悉该星象仪的天球、地平圈、星座所处方位、时刻、日期、月份标志；（3）观测该星象仪，识别不同季节、月份、日期及时刻的星座和亮星；（4）根据四季星空的变化，分析四季星空变化的原因。

五、教学方式

采用室内操作实验进行。由指导教师通过对星象仪制作原理，包含内容以及观察方法等介绍，观测该星象仪，识别不同季节、月份、日期及时刻的星座和亮星，并与室外星空比较。组织学生分组讨论四季星空变化的原因。

六、考核要求

（1）该星象仪包含的结构和使用方法与技能；（2）不同季节（月份、日期及时刻）能观测到的主要星座及亮星；（3）分析四季星空变化的原因。

七、实验报告要求

由于星象仪包含的内容，指导教师要明确学生星象仪的观察方法，四季星空的主要星座和亮星，四季星空变化的原因等内容来完成实验报告。

实验四　经纬网图的应用设计

一、实验目的和要求

了解经纬网的来历，掌握经纬网的判读，利用经纬网信息确定地理坐标、方位、最短航线以及测算昼夜长短、地方时、日出日落时间等，以期达到巩固经纬网知识，训练经纬网的制作能力，训练经纬网判读和应用测算的基本能力。

二、实验内容或原理

确定地理坐标，确定范围和面积，判断南、北半球和东、西经度，确定两点之间的最短距离（最短航线），确定两点之间的相对位置，计算同一条经线（圈）或纬线上两点间的距离，利用经纬网判断地图上的方向，测算地方时及地方时之差、昼夜长短、日出日落时间。

三、实验仪器或试剂

地球仪、区时转换仪、时区图、经纬网图。

四、实验步骤

依据地球自转方向来建立经纬网，指导学生制作全球经纬网立体图（侧视）、半球经纬网图、局部经纬网图等，根据实训内容制作相关经纬网图。

（1）确定地理坐标（绝对位置）：人们为了便于确定各地的绝对地理位置，人为地在地球仪上画出了东西向的纬线和南北向的经线，并赋予每一条纬线和经线一定的数值，即纬度和经度。这些纬线和经线交织成网，被称为经纬网。这样地表每个地点的绝对地理位置就可以用经过该点的唯一的纬线和经线的度数来表示，即地理坐标。

（2）确定地球自转方向：东经度向东递增，西经度向东递减，所以在经纬网图上，东经度的递增方向或西经度的递减方向就是地球的自转方向。

（3）利用经纬网，判断地图上的方向：由于经线指示南北方向，纬线指示东西方向，故可利用经纬网判断地图上的方向。

（4）利用纬度和经度递增方向判断南北半球、纬度带和东西经度、东西半球：我们以赤道为界划分南、北半球，纬度向北递增的为北半球，向南递增的为南半球；纬度 30°和 60°划分高、中、低纬度地带；回归线和极圈划分热带、温带和寒带。经度向东递增的为东经度，向西递增的为西经度；西经 20°和东经 160°划分东西半球。

（5）确定两点之间的相对位置：可利用两地的纬度高低和所在的南、北半球，确定两地的相对位置关系。纬度向北递增的为北半球，向南递增的为南半球；北半球纬度越高越偏北，南半球纬度越高越偏南；当一地在北半球且另一地在南半球时，位于北半球的偏北，位于南半球的偏南。当两地的经度都为东经度时，度数大的偏东，度数小的偏西。当两地的经度都为西经度时，度数大的偏西，度数小的偏东。当一地的经度为东经度且另一地的经度为西经度时，若两地经度之和小于 180°，东经度的偏东，西经度的偏西；若两地经度之和大于 180°，东经度的偏西，西经度的偏东。

（6）计算同一条经线（圈）或纬线上两点间的距离：并不是所有纬线或经线（圈）上经度或纬度相差 1°，距离都相差约 111 km，只有在赤道上经度相差 1°和同一条经线（圈）上纬度相差 1°，距离才相差约 111 km（赤道周长约为 40 000 km，故 40 000 km/360°≈111 km/1°）。任意纬线上经度相差 1°，距离相差约（$111\cos\theta$）km。

（7）确定范围和面积：① 在同一幅经纬网图上，跨经度差和纬度差相同（经度差并不一定等于纬度差）的区域，纬度越高，表示的实际范围越小。② 图幅面积相同的两幅地图，跨经纬度差越大，所表示的实际范围越大，比例尺越小。③ 相同纬度地带且跨纬度差和经度差相同（经度差并不一定等于纬度差）的两幅图，其所示实际面积相等，图幅面积大的，比例尺大。

（8）用劣弧法确定两点之间的最短距离（最短航线）：如果将地球看作一个正球体，过地表任意两点和地心的平面与地表相交的大圆被地表这两点分割为两段，长的为优弧，短的为劣弧，其中劣弧为这两点间的最短距离。① 当地表任意两点位于赤道或同一条经线（圈）上时，因为赤道和经线圈本身就是过地心的大圆，所以这两点间的最短距离（最短航线）为赤道或该经线（圈）被这两点分割的劣弧长度。② 当地表任意两点位于同一纬线（赤道除外）上时，纬度越高，纬线圈周长越短，所以同一纬线（赤道除外）上的两点，其最短距离的劣弧线向较高纬度凸出，北半球的向北凸，南半球的向南凸。③ 地表任意两点间（不在同一纬线和同一经线（圈）上）的最短距离，就是过这两点和地心的平面与地表相交的大圆被地表这两点分割的劣弧长度。

（9）推算时区：根据已知中央经线的标准经度数换算该地所在的时区。方法如下：经度数除以 15°，如被整除时，商数即为时区数；若除不尽，则可根据余数的大小来判断：当余数大于 7.5°时，商数加 1 为时区数；当余数小于 7.5°时，商数即为时区数。东经度为东时区，西经度为西时区。

（10）确定地方时和地方时之差：地球上经度每相差 15°，地方时就相差 1 小时；经度相差 1°，地方时就相差 4 分钟，且偏东的地方时刻偏早。这样，就可以根据两点间的经度差来换算地方时之差和地方时。不管在什么形式的经纬网图上，只要能计算出相邻两条经线之间或两地之间的经度差，就能计算出地方时之差。

（11）昼夜长短的判断与推算：要求某点的昼夜时间的长短，可过该点作一条纬线，这条纬线被晨昏线分为昼半球和夜半球两段弧。向着太阳的那段弧长就是昼长，背着太阳的那段弧长即夜长。根据自作图上的各点位置，判断昼夜长短。

（12）利用经纬网求日出日落时间：判断方法有① 晨线确定日出时间，昏线确定日落时间；② 同一条经线，时间相同；③ 根据两条经线的经度间隔数推算时间。

五、教学方式

采用室内操作为主进行。学生根据指导教师的指导，按照实验项目的内容要求，制作相关的经纬网图，做出说明和推理或推算结论，要求分组讨论进行。

六、考核要求

（1）根据实训内容，小组讨论确定符合实训内容要求的最佳经纬网图。

（2）每个实训内容都要制作经纬网图，并做出说明和推理或推算结论。

七、实验报告要求

在了解经纬网的来历，掌握经纬网的判读方法的基础上，根据考核要求来完成实验报告。

实验五　地方时和标准时换算

一、实验目的和要求

（1）掌握地方时与标准时的确定；（2）运用理论时区的划分，学会地方时与标准时的换算。

二、实验内容或原理

地方时的换算；标准时的换算；地方时与标准时的互换。

三、实验仪器或试剂

天球仪、区时转换仪、时区图等。

四、实验原理

1. 时间的推算

同一地点的任何时刻，恒星时与视太阳时之间，有如下的换算关系：

$$恒星时=视太阳时+太阳赤经-12^{h}$$

$$视太阳时=恒星时-太阳赤经+12^{h}。$$

对于平太阳时，还必须通过时差校正。故有

$$时差=视太阳时（视时）-平太阳时（平时）$$

2. 地方时与经度

地方时与经度的关系：同一条经线上的观测点，地方时相同，不同经线上的观测点，地方时不同。两地的地方时之差等于这两地的经度之差，即

$$T_1-T_2=\lambda_1-\lambda_2$$

3. 区时与经度

全球划分为 24 个时区，每个时区跨经度 15°，在同一时区内，都采用本区中央经线的地方平时作为该区的统一时间，称为区时，又称标准时。相邻两个时区的区时差为 1 小时，不相邻两个时区的区时差等于这两个时区的区号差。

五、实验过程及结果

1. 时间的推算

例：求 6 月 22 日地方恒星时为 7^h 时的平太阳时，时差为 -2^m52^s。

具体步骤如下：

（1）将春分点置于午圈上，在天赤道上找到 7^h 的赤经数；

（2）转动天球仪到该时刻，赤经线与午圈重合；

（3）找到这时太阳的赤经线（即 6 月 22 日太阳的赤经 $\alpha=6^h$），它与午圈的夹角即为它的时角，然后再把时角的度数加上 12^h，即得到此时视太阳时=13^h；

（4）换算平太阳时，还必须通过时差校正。已知 6 月 22 日的时差为 -2^m52^s，根据时差=视太阳时-平太阳时，得 $13^h2^m52^s$。

2. 地方时与经度

（1）根据两地经度差进行地方时换算；

（学生设计项目）

（2）根据两地地方时差进行经度换算。

（学生设计项目）

3. 区时与经度

（1）标准时换算。

（学生设计项目）

（2）已知地方时求算标准时。

（学生设计项目）

（3）结合我国疆域推算地方时、区时。

（学生设计项目）

六、教学方式

采用室内操作与计算为主进行。学生根据指导老师的要求做好相关资料的收集，要求分组操作、讨论和计算。

七、考核要求

结合区时转换仪、时区图等条件进行地方时的换算、标准时的换算、地方时与标准时的互换。

八、实验报告要求

（1）学习利用区时转换仪、时区图等的情况；（2）各项实验内容的详细换算过程。

实验六　阳历和农历的推算

一、实验目的和要求

（1）了解阳历和农历编制的依据；（2）掌握阳历编制的基本方法；（3）学会公历置闰的基本法则；（4）掌握农历编制的基本方法；（5）学会农历置闰的基本法则；（6）掌握公历和农历的基本内容。

二、实验内容或原理

（1）阳历：编制的依据、公历月份大小及安排、公历置闰的基本法则、公历的优缺点；（2）农历：利用天文年历编制农历、农历置闰的基本法则、农历的优缺点。

三、实验仪器或试剂

天球仪、农历年表、干支表等。

四、实验步骤

1. 阳　历

人类根据天体运行的周期确定年月日的长度，地球绕太阳的周期确定为年，根据不同的参考点，即能够测定得出不同长度的年，其中以视太阳中心为参考点测得的回归年，其值为 365.242 2 日。回归年与人类日常生产生活息息相关，所以使用回归年作为阳历编制的依据。但回归年不是日的整数倍，而历年必须是整日数，同时要求多个历年的平均长度尽可能接近回归年，应得安排置闰，置闰的依据是回归年的非整日数，即 0.242 2 日。

2. 农历的编制

农历编制规定，农历月的序数由当月含的中气决定，雨水所在的月份为正月，春分所在的月份为二月，其余依次类推（见表 S6-1）。农历的大小月，由相邻的两个朔日之间的日数决定，29 天为小月，30 天为大月。从天文年历中的节气和月相表中顺序摘出 12 个中气和每个合朔的日期列表，当年的农历就可以很容易地编制出来。

表 S6-1　农历月份及中气

中气名称	农历月序号	中气名称	农历月序号
雨水	正月	处暑	七月
春分	二月	秋分	八月
谷雨	三月	霜降	九月
小满	四月	小雪	十月
夏至	五月	冬至	十一月（冬月）
大暑	六月	大寒	十二月（腊月）

五、实验过程及结果

1. 阳　历

（1）编制的依据。

（2）公历月份大小及安排。

（3）公历置闰的基本法则。

（4）公历的优缺点。

（5）平年全年共有多少个星期？如何快速算出某一日期是星期几？

2. 农　历

（1）农历的编制。

材料一：已知 2009 年 1 月 26 日、2 月 25 日、3 月 27 日、4 月 25 日、5 月 24 日、6 月 23 日、7 月 22 日、8 月 20 日、9 月 19 日、10 月 18 日、11 月 17 日、12 月 16 日、2010 年 1 月 15 日、2 月 14 日均为朔日；又已知 2 月 18 日雨水，3 月 20 日春分，4 月 20 日谷雨，5 月 21 日小满，6 月 21 日夏至，7 月 23 日大暑、8 月 23 日处暑、9 月 23 日秋分、10 月 23 日霜降、11 月 22 日小雪、12 月 22 日冬至、2010 年 1 月 20 日大寒。

材料二：已知 2012 年 1 月 23 日、2 月 22 日、3 月 22 日、4 月 21 日、5 月 21 日、6 月 19 日、7 月 19 日、8 月 17 日、9 月 16 日、10 月 15 日、11 月 14 日、12 月 13 日、2013 年 1 月 12 日、2 月 10 日均为朔日；又已知 2 月 19 日雨水，3 月 20 日春分，4 月 20 日谷雨，5 月 20 日小满，6 月 21 日夏至，7 月 22 日大暑、8 月 23 日处暑、9 月 22 日秋分、10 月 23 日霜降、11 月 22 日小雪、12 月 21 日冬至、2013 年 1 月 20 日大寒。

材料三：已知 2014 年 1 月 31 日、3 月 1 日、3 月 31 日、4 月 29 日、5 月 29 日、6 月 27 日、7 月 27 日、8 月 25 日、9 月 24 日、10 月 24 日、11 月 22 日、12 月 22 日、2015 年 1 月 20 日、2 月 19 日均为朔日；又已知 2 月 19 日雨水，3 月 21 日春分，4 月 20 日谷雨，5 月 21 日小满，6 月 21 日夏至，7 月 23 日大暑、8 月 23 日处暑、9 月 23 日秋分、10 月 23 日霜降、11 月 22 日小雪、12 月 22 日冬至、2015 年 1 月 20 日大寒。

材料四：已知 2017 年 1 月 28 日、2 月 26 日、3 月 28 日、4 月 26 日、5 月 26 日、6 月 24 日、7 月 23 日、8 月 22 日、9 月 20 日、10 月 20 日、11 月 18 日、12 月 18 日、

2018年1月17日、2月16日均为朔日；又已知2月18日雨水，3月20日春分，4月20日谷雨，5月21日小满，6月21日夏至，7月22日大暑、8月23日处暑、9月23日秋分、10月23日霜降、11月22日小雪、12月22日冬至、2018年1月20日大寒。

材料五：已知2020年1月25日、2月23日、3月24日、4月23日、5月23日、6月21日、7月21日、8月19日、9月17日、10月17日、11月15日、12月15日、2021年1月13日、2月12日均为朔日；又已知2月19日雨水，3月20日春分，4月19日谷雨，5月20日小满，6月21日夏至，7月22日大暑、8月22日处暑、9月22日秋分、10月23日霜降、11月22日小雪、12月21日冬至、2021年1月20日大寒。

根据资料推算：① 农历年的干支纪年及生肖、② 农历大小月（包括是否有闰月）、③根据是否有闰月判断该农历年是闰年或平年？

① 推算干支纪年及生肖。

方法：某年的天干就是这个年份的个位数所对应的天干，地支就是这个年份除以12所得余数的对应地支。如：2001年——农历辛巳蛇年。

天干：甲 乙 丙 丁 戊 己 庚 辛 壬 癸

4 5 6 7 8 9 0 1 2 3

地支：子 丑 寅 卯 辰 巳 午 未 申 酉 戌 亥

4 5 6 7 8 9 10 11 0 1 2 3

生肖：鼠 牛 虎 兔 龙 蛇 马 羊 猴 鸡 狗 猪

② 安排农历大小月。

方法：农历月份的大小只能逐月推算，因为日月合朔之日定为初一，那么大小月的确定——取决于连续两次合朔所跨的完整日数。

③ 判断闰年与平年。

方法：根据是否有闰月判断该农历年是闰年或平年。

（2）农历置闰的基本法则。

（3）农历的优缺点。

六、教学方式

采用室内操作为主进行。学生根据指导教师的要求收集有关时间和历法推算的基础资料，按照实验要求进行历法的推算，要求分组进行。

七、考核要求

（1）阳历：①编制的依据②公历月份大小及安排③公历置闰的基本法则④公历的优缺点⑤平年全年共有多少个星期？如何快速算出某一日期是星期几？

（2）农历的推算：农历年份的干支纪法、农历月份的大小及名称、农历闰月等。

八、实验报告要求

根据相关材料推算的阳历与农历编制的依据、置闰法则、优缺点等来完成实验报告（见表 S6-2）。

表 S6-2　20××年××（干支）年

初一的阳历日期	农历月天数	农历月大小	有关中气及阳历日期	农历月名称
	此处无需填写任何内容			

实验七　星空观测

一、实验目的和要求

（1）通过肉眼对星空的观测；（2）认识天空中主要的星座和亮星及其相对位置；（3）了解星星的分布格局，并掌握星空指示的时间、方向、变化规律和星图的用法。

二、实验内容或原理

（1）利用星图熟悉星空分布大势，记住全天主要亮星及其所在星座、星区和相对位置；（2）认识四季星空，掌握星空变化规律；（3）掌握观星的基本方法。

三、实验仪器或试剂

天球仪、星图、手电筒。

四、实验步骤

（1）熟悉星空分布大势。

（2）掌握星空变化规律。

（3）熟悉北半球四季星空。

（4）掌握观星的基本方法。

① 利用北斗星（大熊座）观星；② 利用星图观星；③ 用活动星图观星；④ 用天球仪观星。⑤ 肉眼观测行星。

五、教学方式

采用室外观测实习为主，室内讲解为辅进行。由指导教师通过观星指南教学录像（或软件）的演示，并讲解室外观测星空的技能。然后根据在晴朗的夜晚组织学生进行室外观测，要求分组进行，发挥团队合作的智慧和力量，做好观测记录。

六、考核要求

观测你所在地某日观测时刻的星空分布大势，填好观星记录，并用天球仪进行验证，然后再到室外与实际星空对照认星。

七、实验报告要求

根据室外观星记录，绘制你所观测地某日某时刻的星空分布大势，学会了那些室外星空观测的方法。

实验八　日月食形成图设计

一、实验目的和要求

（1）了解日月食现象与射影天体的关联性，分析天体影子的类型及其长度；（2）掌握日月食的形成条件和种类；（3）掌握日月食的过程，分析日月食各种食相的特点；

（4）分析日月食形成的食限和食季；（5）训练日月食各种类型图制作的基本技能。

二、实验内容或原理

（1）在太阳光的照射下，地球或月球的影子的类型及其长度；（2）日食形成原理，进而分析日食的种类及其形成条件；（3）月食形成原理，进而分析月食的种类及其形成条件；（4）分析日食各种食相的特点；（5）分析月食各种食相的特点；（6）分析日月食形成的食限和食季及其影响因素，比较日、月食的发生次数和见食机会；（7）日食和月食的周期。

三、实验仪器或试剂

地球或月球的影子图、日食形成图、日食形成图、食限图等。

四、实验步骤

（1）地球或月球的影锥：月球和地球都是自身不发光且不透光的天体，在太阳光照射下而产生影子。由于太阳、月球和地球都是球形天体。因此，月球和地球的影子呈圆锥形，称为影锥。按其受光的强弱，影锥分为三部分：本影、半影和伪本影。绘制地、月影锥图，描述各部分影锥，列表填写地、月本影长度和月地距离。

（2）日食形成原理，进而分析日食的种类及其形成条件：日食是日月会合运动产生的，日、地、月三个天体相互遮掩的天文现象。朔望条件：日食必须发生在朔（初一）日月相合；交点条件：因为黄道和白道有 5°9′的交角，在交点或其附近，日月才有机会互相遮掩。因此，朔日，太阳和月球必须同时位于黄道和白道的交点上，这样日、月、地三者才可能在一条直线上而产生相互遮掩。这就是说，发生日食的朔，不是任意的朔，而是日月相合于黄白交点上或其附近的朔。根据“地球、月球本影长度和月地距离”的数据，分析日食的三种类型的形成条件。

（3）月食形成原理，进而分析月食的种类及其形成条件：月食是日月会合运动产生的，日、地、月三个天体相互遮掩的天文现象。朔望条件：月食必须发生在望（十五）日月相冲；交点条件：因为黄道和白道有 5°9′的交角，在交点或其附近，日月才有机会互相遮掩。因此，望日，太阳和月球必须同时位于黄道和白道的交点上，这样日、月、地三者才可能在一条直线上而产生相互遮掩。这就是说，发生月食的望，不是任意的望，而是日月相冲于黄白交点上或其附近的望。根据“地球、月球本影长度和月地距离”的数据，分析月食的两种类型的形成条件。

（4）分析日食各种食相的特点：制作日食的形成过程图示，分析日食的初亏、食既、食甚、生光和复圆五种食相的特点。

（5）分析月食各种食相的特点：制作月食的形成过程图示，分析月食的初亏、食既、食甚、生光和复圆五种食相的特点。

（6）分析日月食的食限和食季及其影响因素，比较日、月食的发生次数和见食机会：根据日月食形成的条件，制作日月食限图，引用日月食限大小数据，进而分析形成日月食的食限和食季及其影响因素，比较日、月食的发生次数和见食机会。

（7）日食和月食的周期：与日食和月食相关的周期是沙罗周期，它是朔望月、交点月、交点年和近点月的共同周期。经历一个沙罗周期后，日、月、交点三者相对位置及月地距离远近，长度相同；一个沙罗周期内，大体上有相同次数和种类的食；每一次日月食，都要在一个沙罗周期后出现。沙罗周期没有绝对意义：即非回归年的整数倍，对应的食不发生在同一日期；非太阳日的整数倍，对应的食不发生在同一钟点。沙罗周期未包括同日月食有关的全部因素，不能代替日月食的推算。

五、教学方式

采用室内操作为主进行。学生根据指导教师的指导，按照实验项目的内容要求，制作相关的天体影锥图、日月食各种类型的形成图和食限图等，做出说明和推理或推算结论，分析日月食的五种食相的特点。要求分组讨论进行。

六、考核要求

（1）根据实训内容，小组讨论确定符合实训内容要求的最佳的天体影锥图、日月食各种类型的形成图和食限图等。

（2）每个实训内容都要做出说明和推理或推算结论。

七、实验报告要求

通过实训，了解日食和月食是日、地、月三个天体运动形成的天文现象，掌握日月食形成的原理、条件，制作相关的天体影锥图、日月食各种类型的形成图和食限图等，做出说明和推理或推算结论，分析日月食的五种食相的特点来完成实验报告。

实验九　日食观测

一、实验目的和要求

掌握日食的观测方法，认识太阳大气分层。

二、实验内容或原理

利用发生日食时观测日食过程并做记录。

三、实验仪器或试剂

天文望远镜、钟、秒表等。

四、实验步骤

（1）日食来临前，准备好日食观测的仪器设备，做好分工，按照各自的任务做好观测的准备工作；（2）熟悉并掌握日食的每一个食相的观测方法与记录方法；（3）观测期间，一边观测，一边描绘每一个食相，并标明对应时刻；（4）在描绘日全食食相的同时，要记录气温，气压、温度等气象要素，并观察生物的异常反应；（5）观测色球和日冕的形状和颜色，记录出现时刻；（6）观测日饵，尽快数日饵，并把它们的位置、形状、大小和颜色记录下来；（7）观测完毕后认真整理记录进行分析，绘出一套日食过程的食相图，并根据自绘食甚时的食相图，求出食分。

五、教学方式

采用野外、室外观测实践为主，室内实验为副进行。由指导教师通过多媒体 PPT 与日食素材的演示，组织学生讨论日食观测的技能，然后由学生首先提出日食观测设计，通过小组团队式的合作，完成对整个流程的观测与记录，并对各小组观测结果进行对比。

注意日食不常有，观测机会少，但指导教师也要介绍日食的观测方法。

六、考核要求

一地的日食现象的时间较短，一定要事先做好充分的准备，才能确保充分的观测日食的各种现象；而月食现象往往观测时间较长，但也要注意对全过程进行观测；要求观察记录要详细，并对观察结果进行分析。

七、实验报告要求

要求根据观测记录及其分析结论是否达到所设计的实习内容和实习目的，因为日月食现象与天气等诸多因素有关，因此可以适当修改实习内容和实习目的。但各组对比的结果应相差不大，要求实验报告的数据与观测记录相一致。

实验十　月食观测

一、实验目的和要求

（1）理解形成月食的条件（望日、黄白交点、月食限等）；（2）掌握地球本影锥和月地距离的相关知识；（3）了解发生月食的日期、地点和时间长度；（4）掌握月食过程的观测方法。

二、实验内容

（1）利用发生月食观测月食过程并做记录；（2）分析月食形成的条件；（3）分析月面颜色变化的原因（如遮掩、气候气象等条件）。

三、实验仪器及用品

记录时刻的钟表和秒表、白色观测纸、记录本、指南针、量角器等。

四、实验原理及方法

月球是距离地球最近的自然天体，也是地球的卫星，月球围绕地球转的同时又一起与地球绕太阳转。日、月、地在宇宙中的位置及其运动，构成了日月地系统，但视太阳运动的轨道平面与月球运动的轨道平面不重合，两者有 4°57′ ~ 5°19′的交角（黄白交角）存在，平均为 5°09′。在望日，日月分别位于地球的两侧，并有可能在同一条直线上时，月球以每日约 13°10′的速度追赶太阳（每日约 59′），当月球穿进地球本影锥里，就会出现月食的天象。由于红光的折射作用，灰白色的月球将逐渐被食变成古铜色的“红月亮”。

五、实验步骤

（1）月食来临前，准备好观测的仪器用品。观测者注意力集中，分工合作，完成各自的观测工作。（2）记录每个食相（初亏、食既、食甚、生光、复圆）发生的时刻及月面颜色的变化。并尽可能测定每个食相的方位和高度。（3）从初亏开始每隔 15 ~ 20 分钟描绘一食相图（食甚时食相图必须包括在内）。所有食相图都应记录对应的时刻，得出一套月食全过程的食相图，并求出食分值。

六、教学方式

一次月全食有初亏、食既、生光、复圆等几个重要时间点。其中初亏是指月面刚开始进入地球本影的时间，标志着月食的开始。食既为月面完全进入地球本影的时间，生光为月面开始移出地球本影的时间，从食既到生光的阶段为月食的全食阶段。复圆为月面完全移出地球本影的时间，也意味着月食的结束。

七、实验报告要求

要求根据观测记录及其分析结论是否达到所设计的实习内容和实习目的，因为日月食现象与天气等诸多因素有关，因此可以适当修改实习内容和实习目的。但各组对比的结果应相差不大，要求实验报告的数据与观测记录相一致。

参考书目

[1] 金祖孟，陈自悟. 地球概论[M]. 3版. 北京：高等教育出版社，1999.

[2] 余明. 地球概论[M]. 2版. 北京：科学出版社，2016.

[3] 刘南. 地球概论[M]. 北京：高等教育出版社，1987.

[4] 徐庆华. 地球概论[M]. 北京：北京师范大学出版社，1991.

[5] 郭瑞涛. 地球概论[M]. 北京：北京师范大学出版社，1988.

[6] 方明亮. 地球概论习题集[M]. 北京：高等教育出版社，1992.

附　录

附录 1　希腊字母表

字母	读音	中文读音	字母	读音	中文读音	字母	读音	中文读音
α	Alpha	阿尔发	ι	Iota	约塔	ρ	Rho	柔
β	Beta	贝塔	κ	Kappa	卡帕	σ	Stgma	西格马
γ	Gamma	伽马	λ	Lambda	兰布达	τ	Tan	套
δ	delta	德尔塔	μ	Mn	缪	υ	Upsilon	宇普西隆
ε	Epsilon	伊普希龙	ν	Nu	纽	φ	Pht	斐
ζ	Zeta	截塔	ξ	Xi	克西	χ	Cht	喜
η	Eta	艾塔	ο	Omtcron	奥密克戎	ψ	Pst	普西
θ	Theta	西塔	π	P	派	ω	Omega	欧米伽

附录 2　恒星识别

1. 国际通行的星空区划——88 个星座

人们用想象的线条将星星连接起来，并构成各种各样的图形，或把某一块星空划分成几个区域，取上名字。这些图形连同它们所在的天空区域，就叫作星座。1922 年国际天文学会把星座的名称做了统一的界定，规定全天有 88 个星座，其中北天 29 个，黄道 12 个，南天 47 个。

现行 88 个星座的名称中，只有 5 个星座是 1922 年国际天文学大会命名的，其他皆是沿用过去的名称，其中，46 个是古代命名的，有 37 个是 17 世纪以后命名的。所有星座的名称中约有一半是动物的名字，既有希腊神话中的动物，又有地理大发现以后新发现的动物；另有 1/4 是神话人物的名字，其余 1/4 则是仪器和用具的名字。由于历史的原因，星座的排列很不规则，范围亦不等，甚至差别很大。

星座内恒星的命名，一般采用星座名称加上拉丁字母（希腊字母），拉丁字母的顺序与星座内恒星的亮度相对应（如天瓶座 α 星、大熊座 β 星等），但也有少数例外情况（如双子座中的 β 星反而比 α 星亮，可能古代的情况与现代不一样）。当 24 个拉丁（希腊）字母用完之后，就用数字代替字母，通常数字是按恒星的赤经依次排列，如大熊座 80 星，等等。

附 88 个星座名称：

北天星座：小熊、天龙、仙王、仙后、鹿豹、大熊、猎犬、牧夫、北冕、武仙、天琴、天鹅、蝎虎、仙女、英仙、御夫、天猫、小狮、后发、巨蛇、盾牌、天鹰、天箭、狐狸、海豚、小马、三角、飞马、蛇夫。

黄道带星座：双鱼、白羊、金牛、双子、巨蟹、狮子、室女、天秤、天蝎、人马、摩羯、宝瓶。

南天星座：鲸鱼、波江、猎户、麒麟、小犬、长蛇、六分仪、巨爵、乌鸦、豺狼、南冕、显微镜、天坛、望远镜、印第安、天燕、凤凰、时钟、绘架、船帆、南冕、圆规、南三角、孔雀、南鱼、玉夫、天炉、雕具、天兔、天鸽、大犬、船尾、罗盘、唧筒、半人马、矩尺、杜鹃、网罟、剑鱼、飞鱼、船底、苍蝇、南极、水蛇、山案、蝘蜓、天鹤。

古代天文学家为了表达太阳在黄道上所处的位置而将黄道这个大圆划分为 12 段，称为黄道 12 宫，每宫占 30 度，又将黄道 12 宫和黄道附近的 12 个星座联系起来，如白羊座所在的那个宫称为白羊宫。由于岁差运动，黄道 12 宫和 12 个黄道星座渐渐错开，如今白羊宫已和双鱼座重合在一起。

2. 星座分布与四大星区

初学者普遍感到困惑的是，面对茫茫星海，一筹莫展，分不清这星或是那星。为此，我们将星空化整为零，化繁为简，具体做法是：

划分星区：按一年分为四季的传统，把球形天空（天球）按其赤经分成四个枣核形的星区。每一星区北起天北极，南至天南极，各跨赤经 6^h（90°）；每区的中央赤经线分别是 0^h，6^h，12^h 和 18^h 的时圈，即春分圈、夏至圈、秋分圈和冬至圈。每个星区各以其主要的拱极星座命名，由西向东依次为仙后星区、御夫星区、大熊星区和天琴星区，简称为后、御、熊、琴。

删简星座：全天共有 88 个星座，平均每一星区占有 22 个星座。经过删简，只选其中的 20 个，平均每一星区只选 5 个星座。

简化被选定的星座：全天肉眼可见的恒星约有 6 千颗，平均每一星座拥有 68 颗。我们只选其中比较明亮的十分之一，平均每一星座只含 6 颗，全部共约 120 颗恒星，包括赤纬—45°以北全部 15 颗一等星，大多数二等星和部分三、四等星。

经过这番分区和简化以后，全天星座可用附图 2-1 所示的四瓣简明星图表示。后、御、熊、琴四大星区，分别拥有一、七、三、四颗一等星。

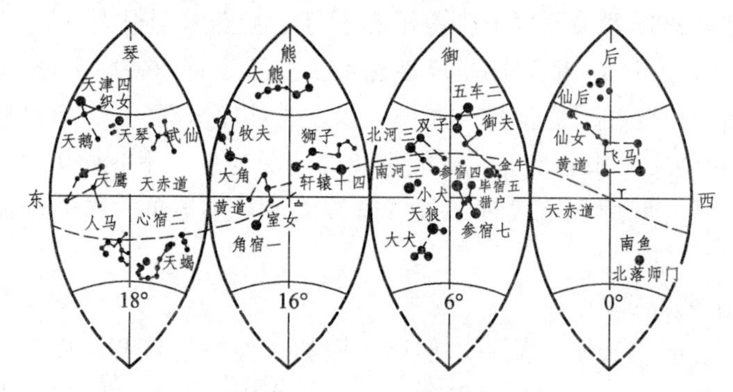

附图 2-1 四瓣简明星图

四瓣简明星图说明：仙后区的北落师门有“海角孤星”之称。御夫区的七颗亮星，构成以参宿四为中心的“新年花环”。大熊区的南北两“角”，与轩辕十四构成等腰三角形。天琴区的织女、牛郎和天津四，构成直角三角形。四大星区及其主要星座、亮星及特征见附表 2-1。

附表 2-1　四大星区、主要星座、亮星及特征表

星区	星座	亮星及主要特征
仙后星区	仙后座	形似字母“w”，利用它可找到北极星
	仙女座	三颗亮星排列成一条直线
	飞马座	为一大四边形，东北方向那颗星属仙女座
	南鱼座	南鱼座α号，中文名称北落师门，是本区惟一的一等星，南天球星座，接近地平线，位置偏南，附近星稀，西方有“海角孤星”之称
御夫星区	御夫座	亮星组成明显的五边形，我国古代称五车。御夫座主星α星（五车二）是北天最主要亮星
	金牛座	著名的黄道星座，有一簇“V”字形的星群、金牛座主星α星（毕宿五）呈红色
	猎户座	全天最壮丽的星座、横跨天赤道，世界各地都能见到。它由二颗一等星（参宿四和参宿七）和五颗二等星组成
	大犬座	形如砍刀。大犬座主星α星（天狼）是全天最明亮的一颗恒星
	小犬座	星很少，小犬座主星α星（南河三）是著名的一等星，它同参宿四、天狼星构成一个等边三角形
	双子座	黄道星座，星呈两行排列。亮星有β星（北河三）和α（北河二）、前者是一等星
大熊星区	大熊座	北天球著名星座，七颗亮星排列成古代熨斗形状，故称“北斗”。可用它的两颗指极星（天枢、天璇）来找北极星。民谚：“识得北斗，天下好走”
	牧夫座	形如风筝，也像一条倒挂的领带。牧夫座主星α星（大角）是北斗头等亮星。正处于北斗七星柄的自然延长线上
	狮子座	黄道著名星座，形如雄狮，由头部的“镰刀”和尾部的三角形组成。狮子座主星α星（轩辕十四）是一等星，在镰刀柄位置，位于黄道上
	室女座	黄道星座，呈不规则“土”字形。室女座主星α星（角宿一）是一等星。南北两角（大角和角宿一）同轩辕十四，构成大直角三角形
天琴星区	天琴座	星座范围较小，主星α（织女）是北斗头等亮星。织女有四颗暗星组成一个菱形，是传说中织女用以织布的“梭子”
	天鹰座	接近天赤道和银河。主星α（牛郎）中名河鼓二，它与西侧的二颗暗星组成“牛郎三星”民间俗称（扁担星），与织女星隔河相望
	天鹅座	呈明显十字形，整个星座位于银河中，主星α（天津四）是一等星
	天蝎座	著名的黄道星座，形如张着两螯的巨蝎。主星α（心宿二）是红色亮星，古称“大火”，心宿二与两侧的两颗暗星合称“心宿三星”
	人马座	位于银河最明亮部分，即银河中心方向所在，东部六颗星组成“南斗”

附录 3　北半球中纬度地区各季节最亮星

可见季节	星名（中文名）	光谱型（颜色）	距地球/光年	目视星等	绝对星等	表面有效温度/K	半径（地球=1）	赤经/（h m s）	赤纬/（° ′ ″）
春季	大犬座α（天狼星）	AO（白）	8.7	−1.45	1.45	9 970	1.68	06 44 24	−16 41 30
	船底座α（老人星）	FO（白）	196.0	−0.73	−4.59	7 460	46	06 23 34	−52 41 12
	御夫座α（五车二）	GO（黄）	45.0	0.08	−0.59	5 280	14	05 15 26	+45 58 54
	小犬座α（河南三）	F5（淡黄）	11.4	0.35	2.67	6 510	2.07	07 38 25	+5 16 12
	双子座β（河北三）	KO（橙）	36.0	1.15	0.97	4 830	9	07 44 17	−28 04 06
	狮子座α（轩辕十四）	B8（青白）	84.0	1.32	−0.67	12 200	3.6	10 07 28	+12 03 00
夏季	牧夫座α（大角）	KO（橙）	36.0	−0.06	−0.24	4 400	23	14 14 53	+19 16 12
	半人马座α（南门二）	G2（黄）	4.3	−0.01	4.42	5 800	1.2	14 38 26	−60 46 00
	天蝎座α（心宿二）	MO（红）	424	0.9～1.06	−4.64～4.48	3 650	600	16 28 22	−26 23 42
	室女座α（角宿一）	B2（青白）	260	0.99	−3.51	23 900	7.9	13 24 18	−11 04 24
秋季	天琴座α（织女星）	AO（白）	26.4	0.04	0.50	9 660	2.76	18 36 22	+38 46 00
	天鹰座α（牛郎星）	A5（白）	16.3	0.77	2.31	8 010	1.68	19 49 57	+08 49 24
	天鹅座α（天津四）	A2（白）	1630.0	1.25	−7.21	10 400	106	20 40 51	+45 13 12
冬季	猎户座α（参宿四）	MO（红）	652.0	0.4～1.0	−6.67～−5.47	3 500	900	05 54 15	+07 24 18
	金牛座α（毕宿五）	K5（橙）	68.0	0.75～0.95	−0.81～−0.61	3 900	47	04 34 57	+16 28 24
	南鱼座α（北落师门）	A3（白）	23.0	1.16	1.95	8 800	1.5	22 56 43	−29 42 48

附录 4　八大行星的主要物理参数

行星	赤道半径		体积	质量		平均密度	表面重力加速度	脱离速度	扁率
	km	地球半径=1	地球体积=1	g	地球质量=1	g/cm^3	地球重力加速度=1	km/s	
水星	2 440	0.383	0.056	3.330×10^{26}	0.055 4	5.46	0.37	4.3	0.0
金星	6 050	0.949	0.856	4.870×10^{27}	0.815	5.26	0.88	10.3	0.0
地球	6 378	1.000	1.000	5.976×10^{27}	1.000	5.52	1.00	11.2	0.003 4
火星	3 395	0.532	0.150	6.421×10^{26}	0.107 5	3.96	0.38	5.0	0.009
木星	71 400	11.20	1316	$1.900\ 0\times10^{30}$	317.94	1.33	2.64	59.5	0.064 8
土星	60 000	9.41	745	5.688×10^{29}	95.18	0.70	1.15	35.6	0.108
天王星	25 900	4.06	65.2	8.742×10^{28}	14.63	1.24	1.17	21.4	0.030 3
海王星	24 750	3.88	57.1	1.029×20^{29}	17.22	1.66	1.18	23.6	0.025 9

附录 5　八大行星自转数据

行星	自转的恒星周期	赤道和公转轨道交角
水星	$58^{d}.646$	<28°
金星	243^{d}	177°
地球	$23^{h}56^{m}4^{s}.1$	23°26′
火星	$24^{h}37^{m}22^{s}.6$	23°59′
木星	（赤道）$9^{h}50^{m}.5$	3°05′
土星	（赤道）$10^{h}14^{m}$	26°44′
天王星	24 ± 3^{h}	97°55′
海王星	22 ± 4^{h}	28°48′

附录6　世界大洋的面积和深度

名称	面积/（$1.0\times10^6 km^2$）	平均深度/m	最大深度/m
太平洋	179.63	4 028	11 033
大西洋	93.36	3 627	8 382
印度洋	74.92	3 897	7 725
北冰洋	13.10	1 296	5 449
总计	361.06		

附录7　世界大洲的面积和高度

洲名	面积/（$1.0\times10^6 km^2$）	平均高度/m
亚洲	44.3	960
欧洲	9.6	340
非洲	29.3	750
大洋洲	8.9	340
北美洲	24.1	720
南美洲	17.8	590
南极洲	14.1	2 200
总计、平均	148.9	875

附录8　各纬度上的最长昼和最短昼

纬度	最长昼	最短昼
0°	12^h 07^m	12^h 07^m
10°	12^h 43^m	11^h 33^m
20°	13^h 21^m	10^h 55^m
30°	14^h 05^m	10^h 13^m
40°	15^h 01^m	09^h 20^m
45°	15^h 37^m	08^h 46^m
50°	16^h 22^m	08^h 05^m
55°	17^h 23^m	07^h 10^m
60°	18^h 52^m	05^h 53^m
65°	22^h 03^m	03^h 36^m
65°43′	24^h 00^m	03^h 03^m
67°25′	45天（5月30日至7月13日）	00^h 00^m

附录 9　农历（夏历）（1898～2060 年）闰月表

阳历年份	干支	闰月	阳历年份	干支	闰月	阳历年份	干支	闰月
1898	戊戌	三	1952	壬辰	五	2006	丙戌	七
1900	庚子	八	1955	乙未	三	2009	己丑	五
1903	癸卯	五	1957	丁酉	八	2012	壬辰	四
1906	丙午	四	1960	庚子	六	2014	甲午	九
1909	己酉	二	1963	癸卯	四	2017	丁酉	六
1911	辛亥	六	1966	丙午	三	2020	庚子	四
1914	甲寅	五	1968	戊申	七	2023	癸卯	二
1917	丁巳	二	1971	辛亥	五	2025	乙巳	六
1919	己未	七	1974	甲寅	四	2028	戊申	五
1922	壬戌	五	1976	丙辰	八	2031	辛亥	三
1949	己丑	七	1979	己未	六	2033	癸丑	十一①
1925	乙丑	四	1982	壬戌	四	2036	丙辰	六
1928	戊辰	二	1984	甲子	十	2039	己未	五
1930	庚午	六	1987	丁卯	六	2042	壬戌	二
1933	癸酉	五	1990	庚午	五	2044	甲子	七
1936	丙子	三	1993	癸酉	三	2047	丁卯	五
1938	戊寅	七	1995	乙亥	八	2050	庚午	三
1941	辛巳	六	1998	戊寅	五	2052	壬申	八
1944	甲申	五	2001	辛巳	四	2055	乙亥	六
1947	丁亥	二	2004	癸未	二	2058	戊寅	四

紫金山天文台 1998 年新编的《大众百年历》中，2033 年癸丑年闰七月改为闰十一月。这年如闰七月，则冬至就成了十月三十日，只有闰十一月才能使冬至日在十一月，闰十一月是极为罕见的。

附录10　2005—2035年我国可见日食的时间、类型及主要可见地区

时间	日食类型	主要可见地区
2005-10-03	日环食、日偏食	拉萨大部分、青海西南部看见日偏食
2006-03-29	日全食、日偏食	这个西部能看见日偏食
2007-03-19	日偏食	拉萨、昆明、广州、北京等地
2008-08-01	日全食、日偏食	新疆东部、甘肃东北部、宁夏南部、陕西中部、山西西南部、河南西部可见日全食，除海南部分岛屿外全国其他地区可见偏食
2009-01-26	日环食、日偏食	中国南方可见日偏食
2009-07-22	日全食、日偏食	西藏东南部、云南西北部、四川南部、重庆大部、湖北大部、湖南北部、安徽南部、江西北部、江苏南部、浙江北部、上海大部分可见全食（即长江中下游流域），全国其他地区可见偏食
2010-01-15	日环食、日偏食	云南中北部、四川东南部、重庆大部、湖北西北部、河南东南部、安徽北部、江苏北部、山东南部可见环食，除黑龙江最东端外，全国其他地区都可见偏食
2011-01-04	日偏食	乌鲁木齐等地
2011-06-02	日偏食	哈尔滨等地
2012-05-21	日环食、日偏食	广西东南部、广东大部、福建东南部、台湾北部可见环食，除新疆、西藏最西部外，全国其他地区可见偏食
2015-03-20	日全食、日偏食	新疆北部可见日偏食
2016-03-09	日全食、日偏食	中国除了新疆、青海北部、甘肃西北部、宁夏北部、陕西北部、山西北部、河北北部、北京、天津、内蒙古、东北三省西部大部外，都可见日偏食
2019-12-26	日环食、日偏食	这个全国可见日偏食
2020-06-21	日环食、日偏食	西藏中部、四川、贵州、湖南、江西、福建部分地区可见日环食，全国其他地区可见日偏食
2021-06-10	日环食、日偏食	中国北部可见日偏食
2027-08-02	日全食、日偏食	新疆西南角、西藏西部、云南南部可见日偏食
2028-07-22	日全食、日偏食	广西南部、广东南部、湖南、海南诸岛可见日偏食
2030-06-01	日环食、日偏食	内蒙古东北部、黑龙江北部可见日环食，全国其他地区(除南沙等岛屿外）都可见日偏食
2031-05-21	日环食、日偏食	全国（除新疆北部、华北、山东、东北外）都可见日偏食
2032-11-03	日偏食	全国（除南海部分岛屿外）都可见
2034-03-20	日全食、日偏食	西藏北部、青海西部可见全食，中国西部可见偏食
2035-09-02	日全食、日偏食	新疆中南部、甘肃北部、内蒙古中南部、河北中部、北京大部、天津北部、辽宁南部可见全食，全国其他地区（除河南部分岛屿）可见偏食

附录 11　2005—2035 年我国可见的月食时间、类型及交食

月食日期	食类型	交食时间（北京时间）	
		初亏时刻	复圆时刻
2005-10-17	月偏食	19:29	20:35
2006-09-08	月偏食	02:04	03:42
2007-03-04	月全食	03:36	09:06
2007-08-28	月全食	16:45	20:25
2008-08-17	月偏食	03:34	06:40
2010-01-01	月偏食	02:52	03:58
2010-06-26	月偏食	18:18	20:54
2011-06-16	月全食	02:19	06:03
2011-12-10	月全食	20:48	24:14
2012-06-04	月偏食	17:53	20:13
2013-04-26	月偏食	03:52	04:28
2014-10-08	月全食	17:08	20:36
2015-04-04	月全食	18:15	21:45
2017-08-08	月偏食	01:23	03:18
2018-01-31	月全食	19:48	23:11
2019-01-17	月偏食	04:02	07:00
2021-05-26	月全食	17:45	20:52
2021-11-19	月偏食	15:49	18:47
2022-11-08	月全食	17:09	20:49
2023-10-29	月全食	03:35	04:53
2025-09-08	月全食	0:27	03:56
2026-03-03	月全食	19:15	21:18
2028-07-07	月偏食	01:15	03:35
2028-12-31	月全食	23:10	02:37（次日）
2029-12-21	月全食	04:56	8:30
2030-06-16	月偏食	01:25	3:46
2032-04-25	月全食	21:30	01:00（次日）
2032-10-19	月全食	01:27	04:40
2033-04-15	月全食	01:30	05:00
2033-10-08	月全食	17:15	20:35

附录 12　常用数据

1. 地球常用数据

（1）地球质量：M=5.974 2×10^{27} g

（2）地球半径：

赤道半径（a）=6 378.140 km

极半径（b）=6 356.755 km

平均半径=6 371.004 km

（3）扁率 $\frac{a-b}{a}$：1∶298.257

（4）赤道周长= 40075.13 km

（5）纬度 1°长度 =111.133－0.559cos2φ km（纬度φ处）

（6）经度 1°长度 =111.413cosφ－0.094cos3φ km

（7）标准大气压 P_0 =760 mmHg（毫米汞柱）=101.325 kPa

（8）大气中的声速（0 °C）v =331.36 m/s

（9）大气中的声速（常温）v =340 m/s

（10）地球表面磁场强度= 5×10^{-5} T

（11）地球磁极：

北磁极：76°N，101°W

南磁极：66°S，140°E

（12）地球表面重力加速度（φ= 45°）：g = 9.806 1 m/s^2

（13）地球表面积 = 5.11×10^8 km^2

陆地面积 = 1.49×10^8 km^2（占总表面积的 29.2%）

海洋面积 = 3.62×10^8 km^2（占总表面积的 70.8%）

（14）地球体积 = 1.0832×10^{12} km^3

（15）地球平均密度 = 5.518 g/cm^3

（16）地球上任意一点的线速度：0.465 cosφ km

（17）地球年龄≈ 46 亿年

（18）光行差常数（J2000）k = 20.495 52"

（19）黄赤交角（J2000）ε = 23°26'21".448

（20）岁差周期= 25 800 年

（21）平均轨道速度= 29.79 km/s

（22）环绕速度：7.9 km/s

（23）日地距离：最远 15 210 万 km

最近 14 710 万 km

平均 14 960 万 km

（24）公转轨道偏心率：0.016 7

（25）平均轨道速度：2 938 km/s

（26）恒星年：365.256 36 日即 365 日 6 小时 9 分 9.7 秒

（27）回归年：365.242 20 日即 365 日 5 小时 48 分 46.1 秒

（28）近年点：365.259 64 日即 365 日 6 小时 13 分 53.2 秒

（29）食年：346.623,03 日即 346 日 14 小时 52 分 53 秒

（30）平恒星日：23 小时 56 分 4 秒=0.997 269 平太阳日

（31）赤道上自转线速度：465 m/s 或 40 176 km/d

（32）一平太阳日：1.002 737 91 恒星日=24 时 3 分 56.56 秒（恒星时）

（33）地球总面积：$5.10 \times 108\ km^2$

陆地面积：$1.48 \times 10^8\ km^2$，占总面积 29%

海洋面积：$3.16 \times 10^8\ km^2$，占总面积 71%

（34）北半球陆地面积：$1.01 \times 10^8\ km^2$，占北半球面积 39%

（35）南半球陆地面积：$0.48 \times 10^8\ km^2$，占南半球面积 19%

（36）陆地平均高度：875 m

（37）陆地最高点：8 844.43 m（珠穆朗玛峰）

（38）陆地最低点：−399 m（死海）

（39）海洋平均深度：3 729 m

（40）海洋最深点：11 033 m（马里亚纳海沟）

2. 太阳常用数据

（1）太阳质量=1.9891×10^{33} g

（2）日地距离：

日地平均距离（天文单位）=$1.495\ 978\ 70 \times 10^{11}$ m（1 亿 5 千万 km）

日地最远距离=$1.521\ 0 \times 10^{11}$ m

日地最近距离=$1.471\ 0 \times 10^{11}$ m

（3）太阳常数 f=1.97 $k/cm^2 \cdot min$（卡/厘米 ^{2} · 分）

（4）太阳半径 R=69 6265 km

（5）太阳表面积=$6.087 \times 10^{12}\ km^2$

（6）太阳体积=$1.412 \times 10^{18}\ km^3$

（7）太阳平均密度=$1.409\ g/cm^3$

（8）太阳表面有效温度=5770 K

（9）自转会合周期：

赤道=26.9 天

极区=31.1 天

（10）光谱型：G2V
（11）目视星等=−26.74 等
（12）绝对目视星等=4.83 等
（13）热星等=−26.82 等
（14）绝对热星等=4.75 等
（15）太阳表面重力加速度=2.74×10^4 m/s^2（为地球表面重力加速度的 27.9 倍）
（16）太阳表面脱离速度=618 km/s
（17）太阳中心温度：1.5×10^7 K
（18）太阳中心密度：160 g/cm^3
（19）地球附近太阳风的速度：450 km/s
（20）太阳运动速度（方向 α=18^{h}07^m，δ=+30°）=19.7 km/s
（21）太阳主要化学成分：氢（71%）、氦（27%），氧、碳、氮、氖；硅、铁等
（22）太阳年龄≈50 亿年
（23）太阳活动周期=11.04 年

3. 月球常用数据

（1）月球质量 M=7.3506×10^{25}g（相当于地球的 1/81）
（2）月球直径=3476.4 km
（3）月球体积=2.200×10^{10} km^3
（4）月球平均密度=3.34 g/cm^3
（5）月地平均距离=384 401 km
近地点平均距离=363 300 km
远地点平均距离=405 500 km
（6）月球表面积≈1/14 的地球表面积
（7）黄道与白道交角=5°09′
（8）轨道偏心率=0.0549
（9）赤道面与黄道面交角=1°32′
（10）赤道面与白道面交角=6°41′
（11）平均轨道速度=1 km/s
（12）在平均距离处满月的亮度=−12.7 等
（13）月球表面温度：
最高温度=+127 °C
最低温度=−183 °C
（14）月球表面重力加速度=1.62 m/s^2（为地球表面重力加速度的 1/6）
（15）月球表面脱离速度=2.38 km/s
（16）月球年龄≈46 亿年

4. 天文学常用数据

（1）长度

1 天文距离单位（AU）=1.495 978 70×10^{11} m

1 光年（ly）=9.460 553 6×10^{15} m=63 239.8 天文距离单位

1 秒差距（pc）=3.085 678×10^{16} m

=206 264.8 天文距离单位

=3.261 631 光年

（2）时间

日：

平恒星日（从春分点到春分点）=86 164.091 平太阳秒

=23 时 56 分 4.091 秒（平太阳时）

地球平均自转周期（从恒星到恒星）=86 164.100 平太阳秒

平太阳日=86 400 平太阳秒

月：

交点月=27.212 22 日=27 日 05 时 05 分 35.808 秒

分点月（春分点到春分点）=27.321 58 日=27 日 07 时 43 分 4.512 秒

近点月=27.554 55 日=27 日 13 时 18 分 33.120 秒

朔望月=29.530 59 日=29 日 12 时 44 分 2.976 秒

恒星月=27.321 66 日=27 日 07 时 43 分 11.424 秒

年：

食年（黄百交点到黄白交点）=346.620 03 日

回归年（春分点到春分点）=36 524 220 日

格里历年=365.242 5 日

儒略年=365.250 0 日

恒星年=365.256 36 日

近点年=365.259 64 日

原子时秒长——铯原子跃迁频率 9 192 631 770 周经历的时间

（3）数学常数

圆周率=3.141 592 653 6…

1 弧度（1rad）=57°17'44".806 25=57.295 779 513 1°

=3 437.746 770 78'=206 264.806 264.806 25"

1 度 deg=0.017 453 292 5 弧度

自然对数的底 e=2.718 281 828 5…

（4）物理学常用常数

光速 c=299 792 458 m/s=299 792 458×10^2 cm/s

普朗克常数 h=6.626 176×10^{-34} J/s（焦耳/秒）

高斯常数 k=0.017 202 098 95

引力常数 G=606 720×10^{-11}（N·m^2/kg^2）

电子电荷 e=1.602 189 2×10^{-19}（C）

=1.602 189 2×10^{-20}（电磁单位）

=4.803 242×10^{-10}（静电单位）

电子静止质量=9.109 534×10^{-31} kg

=5.485 802 6×10^{-4}原子质量单位

质子静止质量=1.672 648 5×10^{-27}kg

=1.007 276 470 原子质量单位

阿伏伽德罗常数=6.022 045×10^{23}（mol）

原子质量单位 μ=1.660 566 55×10^{-27}（kg）

玻耳兹曼常数 k=1.380 662×10^{-23}（J/K）

斯忒藩-玻耳兹曼常数 σ=5.670 32×10^{-8}（W/m^2·K^4）

=5.670 32×10^{-12}（J/cm^2·s·K^4）

维恩位移定律常数 $\lambda_m T$=2.897 79×10^{-3}（m·K）

中子静止质量=1.674 93×10^{-27} kg

哈勃常数 H：50 ~ 75（km/s）/Mpc

（热化学的）1 Cal=4.184 0 J

1 eV=1.602 189 2×10^{-19}（J）

绝对零度 T_0=−273.15 °C

附录 13　中国直辖市及省会城市的经纬度表

地名	北纬	东经	地名	北纬	东经
北京	39°57′	116°19′	南京	32°02′	118°50′
上海	31°12′	121°26′	合肥	31°51′	117°18′
天津	39°08′	117°10′	杭州	30°14′	120°09′
重庆	29°32′	106°32′	长沙	28°11′	113°
哈尔滨	45°45′	126°41′	南昌	28°41′	115°52′
长春	43°52′	125°19′	武汉	30°37′	114°21′
沈阳	41°50′	123°24′	成都	30°39′	104°05′
呼和浩特	40°49′	111°48′	贵阳	26°35′	106°42′
石家庄	38°02′	114°28′	昆明	25°	102°41′
太原	37°52′	112°34′	拉萨	29°40′	91°10′
济南	36°38′	117°	福州	26°05′	119°18′
郑州	34°48′	113°42′	广州	23°08′	113°15′
西安	34°16′	108°54′	南宁	22°48′	108°20′
兰州	36°03′	103°49′	海口	20°02′	110°20′
银川	38°20′	106°16′	台北	25°03′	121°31′
西宁	36°38′	101°45′	香港	22°18′	114°10′
乌鲁木齐	43°48′	87°36′	澳门	22°12′	113°30′